电子与嵌入式系统
设计译丛

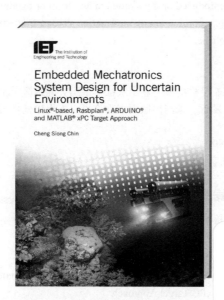

Embedded Mechatronics System Design
for Uncertain Environments

Linux-based, Rasbpian, ARDUINO and MATLAB xPC Target Approach

嵌入式机电一体化系统
设计与实现

[新加坡] 曾庆祥（Cheng Siong Chin） 著

蒲华燕 罗均 张财志 译

机械工业出版社
CHINA MACHINE PRESS

北京市版权局著作权合同登记 图字：01-2021-3374 号。

图书在版编目（CIP）数据

嵌入式机电一体化系统：设计与实现 /（新加坡）曾庆祥著；蒲华燕，罗均，张财志译 . — 北京：机械工业出版社，2024.3

（电子与嵌入式系统设计译丛）

书名原文：Embedded Mechatronics System Design for Uncertain Environments: Linux-based, Rasbpian, ARDUINO and MATLAB xPC Target Approach

ISBN 978-7-111-75285-1

Ⅰ. ①嵌… Ⅱ. ①曾… ②蒲… ③罗… ④张… Ⅲ. ①机电一体化 – 系统设计 Ⅳ. ① TH-39

中国国家版本馆 CIP 数据核字（2024）第 050527 号

机械工业出版社（北京市百万庄大街 22 号 邮政编码 100037）
策划编辑：赵亮宇 责任编辑：赵亮宇
责任校对：李可意 王 延 责任印制：常天培
北京机工印刷厂有限公司印刷
2024 年 5 月第 1 版第 1 次印刷
186mm×240mm · 22 印张 · 518 千字
标准书号：ISBN 978-7-111-75285-1
定价：129.00 元

电话服务 网络服务
客服电话：010-88361066 机 工 官 网：www.cmpbook.com
010-88379833 机 工 官 博：weibo.com/cmp1952
010-68326294 金 书 网：www.golden-book.com
封底无防伪标均为盗版 机工教育服务网：www.cmpedu.com

译 者 序

当前，嵌入式控制系统广泛应用于水下机器人航行器（Underwater Robotic Vehicle，URV）、陆地机器人和检查用的爬升机器人等机电系统。正如本书中所描述的，URV 可用于探索海洋的极深处，收集食物和石油等资源，还可以监测环境、支持国防行动等。但 URV 在极端环境中运行，这使得嵌入式系统设计过程变得复杂，控制系统设计难以实现。大多数情况下，对于这些在复杂环境中工作的机电系统，需要用到实时操作系统并进行大量工作来设计及开发硬件系统。当前，还缺乏完整介绍从初始概念（机械和电气）、建模和仿真（数学关系）、图形用户界面（软件）到快速实际实现（机电系统测试）此类嵌入式系统的书籍。

我们在诸多有关嵌入式控制系统的专著中选择了本书，希望把它介绍给中国的高校、研究院所及企业。这是一本易于理解、应用性很强的书，不但详细讲解了如何用 MathWorks 的 xPC-Target 等标准 PC 硬件进行原型设计，模拟、测试和部署实时系统，还讲解了使用基于 Linux 的操作系统、PIC-Microchip、ARDUINO 和 Raspberry Pi（树莓派）的软硬件设计方法，涉及的开发工具除了 Ubuntu/Fedora、Python、Qt、MATLAB/Simulink，还有 PIC-Microchip、ARDUINO、Raspberry Pi 等开源软件开发包。除此之外，本书还包含详细的案例分析和开发步骤，非常适合作为相关专业研究生和高年级本科生的教材或参考书，也可以作为相关研究人员和工程师的工具书。

本书作者曾庆祥博士现为英国纽卡斯尔大学新加坡分校（Newcastle University in Singapore）系统建模与设计专业副教授、中国重庆大学机械与运载工程学院客座教授。长期从事机器人、海洋工程、能源系统和声学等领域智能系统建模和复杂系统仿真的研究，取得丰硕成果。本书的翻译工作由国家杰出青年科学基金获得者、重庆大学机械与运载工程学院院长、机械传动国家重点实验室主任罗均教授组织，其中蒲华燕教授负责第 1~4 章的翻译，张财志研究员负责第 5~7 章的翻译，最后由罗均教授完成全书统稿、校订及译稿审定工作。

本书的翻译是团队集体智慧的结晶，重庆大学易进、马捷、刘富櫶、刘鸿亮、黄静、陈永兵、陈旭、曹喜军、景艳、孙智、牟力胜、侯磊、刘浩、曾韬、张原志、李栋军等多位老师、博士后、博士及硕士研究生为此做了大量的初译及资料查询工作。在翻译过程中，原书作者给予了大量支持和指导，同行专家也给予了多方面的帮助、支持和关怀。在此对所有为本书翻译工作做出贡献的同人表示衷心的感谢。当然，书中涉及机电系统、软件及计算机等专业名词较多，由于译者水平有限，难免会有翻译不妥之处，恳请广大读者批评指正。

前　言

嵌入式控制系统的快速原型设计主要受系统配置、规格和操作系统的限制，而介绍如何从最初的概念（机械和电气）、建模和仿真（数学关系）、图形用户界面（软件）到实际应用（机电系统测试）的嵌入式系统书籍十分缺乏。因此，在设计阶段处理物理机电系统设计部分时，难以实现控制系统的设计。

不管是在当前的文献中还是在工业应用中，都有许多有趣的机电系统。在水下机器人航行器（URV）等海洋车辆上的应用反映了机电系统的多学科性质，即将各种独立工程学科的数学方面统一起来。水下机器人航行器的应用范围非常广泛，例如探索海洋的极端深度、采集从食物到石油的各种资源、监测环境、支持国防行动、运输货物以及支持娱乐活动。此类系统大多在极端环境下运行，面临着巨大的静水压力、强大的作用力、电子设备的不良影响以及电磁信号的高衰减等挑战。系统的人机交互和实际应用使嵌入式系统的设计过程变得复杂。对于传感器平台的监控和开发方法也有强烈的需求，以便在原型阶段和实际实施中开发出更智能、更高效的系统。此外，本书还演示了其他面临类似问题的用于真空清洁的陆地机器人和用于检查的爬壁机器人，介绍了在磁悬浮式输送系统、温度监测、人脸识别以及在不确定环境中利用摄像机和振动传感器进行的视觉检测等方面的应用。

为了实现更高效、可持续的嵌入式控制系统设计，通常使用低成本的微控制器为典型的机器人系统构建运动控制系统。虽然位置控制很容易实现，但更高级的控制应用超出了微控制器的能力，例如在水下实现不同的速度和位置控制的算法、信息流和实时性要求等。上述控制系统由 ADC、DAC、SBC 或与工作站 / 主机 PC 连接的 DSP 组成。通常，还需要实时操作系统，如 QNX、UNIX 或 RT-Linux。在这些系统中，需要做大量的工作来处理硬件之间的接口代码、驱动程序和通信。尽管这种系统更具成本效益和计算效率，特别是对于基于 Linux 的操作系统，但与控制系统设计相比，它通常需要更多计算机工程和底层编程方面的专业知识。因此，用于计算机编程的时间随着分配给控制算法设计的大量时间的减少而增加。

基于此，本书提出了基于 MathWorks 的 xPC-Target 使用标准 PC 硬件进行原型设计、仿真、测试和部署实时系统的方法。xPC-Target 广泛应用于汽车系统设计、过程控制、振动控制、控制工程教学以及机器人系统等领域。当然,使用基于 Linux 的操作系统的传统设计以及 PIC-Microchip、ARDUINO 和树莓派的使用在本书中也有介绍。

本书是为寻求开发易于控制的嵌入式系统的应用程序的读者准备的。内容的选择以使工程师或学生能够处理嵌入式系统设计的基本目标为指导。本书可以作为基于 Linux 的嵌入式系统、xPC-Target、PIC-Microchip、ARDUINO 和树莓派的入门课程的教材、参考书或实验练习材料。有关 MATLAB 和 xPC-Target 的更多信息,可参考相应软件包中的帮助文档、手册和在线资源。

本书内容分为七章,并附有部分程序代码。主要内容包括基于 Linux 的系统设计、基于模型的仿真以及 xPC-Target 系统设计。书中还包含各种实际系统的应用,如水下机器人航行器、爬壁机器人、磁悬浮式输送系统、温度监测、人脸识别以及在不确定环境中利用摄像机和振动传感器进行的视觉检测等方面的应用。由于不可能在每一章中涵盖所有主题,因此各章将重点介绍嵌入式系统设计过程中涉及的内容。本书采用的软件工具包括 Ubuntu/Fedora,Python,Qt,MATLAB/Simulink,以及来自 PIC-Microchip、ARDUINO 和树莓派的其他开源软件开发工具包。

- 第 1 章介绍嵌入式系统的设计。
- 第 2 章讨论使用基于 Linux 的操作系统和系统架构设计方法进行嵌入式系统设计的软件及配置,以及基于 Linux 的系统在水下航行器上的实现和测试。
- 第 3 章介绍嵌入式水下航行器系统的建模与仿真。
- 第 4 章演示如何使用 xPC-Target 进行嵌入式系统原型设计和测试。
- 第 5 章介绍 PIC 在实际应用中的使用。
- 第 6 章展示 ARDUINO 在实际应用中的使用。
- 第 7 章演示树莓派在实际应用中的使用。

致　　谢

　　我要感谢所有为嵌入式系统设计的发展做出贡献的人。特别是我的学生、行业合作伙伴和同事，我从他们那里得到了大量帮助。我要特别感谢我已故的硕士论文导师 Neil Munro 教授，他用计算机辅助软件使控制工程活了起来。他在鲁棒控制和计算机辅助控制工程方面的造诣让我受益匪浅。在此，我也要衷心感谢刘伟成博士给予我的指导和帮助。同时，感谢我的前研究助理林伟鹏先生和这些年来为嵌入式系统工作和使用 Ubuntu 与 Fedora 进行测试做出贡献的学生。此外，我还要感谢加拿大渥太华大学信息技术与工程学院的 Tuncer Ören 教授给予我激励和建议。最后，我要感谢编辑和审稿人为本书提出评审意见。

　　我还想向我的家人表达我的感激之情。我要特别感谢 Irene（我的妻子）、Giselle（已故大女儿）、Millicent（二女儿）、Tessalyn（三女儿）和 Alyssa（小女儿）的支持和理解，没有她们的支持和理解，这项工作就不可能完成。我想与我坚强善良的大女儿 Giselle 分享我的喜悦和成果，她在连续经历几次心脏手术后于 4 岁去世，如果没有她的存在以及她对待生活的态度，很多事情都不会发生。

曾庆祥（Cheng Siong Chin）

目　　录

1.1　嵌入式系统概述

在当今激烈的市场竞争环境中，工程师面临着持续不断的挑战，即以较低的价格生产出具有高性能、高可靠性和高价值的复杂工程系统。这样的需求源于微型处理器技术（小型并且廉价）的迅猛发展，因此，机电工程师必须从整体上来看待一个系统，并给出最优的嵌入式解决方案。如图 1.1 所示，现代的系统和产品必须依赖于机械系统、传感器、执行器与计算机之间的和谐交互，才能实现嵌入式控制系统的正常运行。

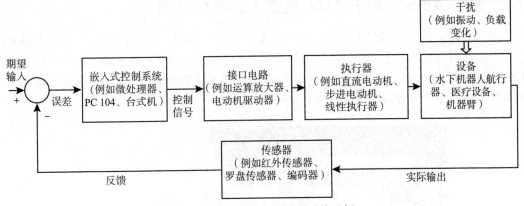

图 1.1　典型的嵌入式控制系统示例

因此，机电工程师需要跨越多种工程领域之间的障碍，获取必要的技能与经验，使自己能够：

- 选择机械部件和驱动器并将其集成到微处理器；
- 选择传感器并实现合适的接口电路；
- 开发相关进程的模型；
- 设计、仿真、实现合适的控制系统；
- 使用软件和硬件构建机电系统。

此外，设备的动力学往往是未知的，且因负载与环境的变化，具有高度的非线性与不确定性。因此，我们很有必要理解嵌入式控制系统在应对系统或设备的不确定性上的作用。

嵌入式系统的定义有很多。在本书中，嵌入式系统指的是用于特定任务的紧凑型计算机系统，它通常嵌入一个完整的系统中，这个系统包括物理机械和电气部分。嵌入式系统的任务是进行预编程作业。然而，有了人工智能，它可以智能地处理不同的场景。通常，嵌入式系统的尺寸较小，其输入和输出系统［数字输入/输出、模拟输入/输出、高清多媒体接口（HDMI）端口、通用串行总线（USB）端口和其他端口配置］适用于广泛的应用。人工操作员通过调试接口、固件、支持软件和网络与系统直接交互，获得嵌入式系统的性能信息。它允许监控输出响应或消息。有时，可以使用特定的输入来洞察系统的行为。

PIC、ARDUINO 和树莓派都是嵌入式系统中常用的微控制器类型。例如，树莓派就作为一种低成本的小型单板机（SBC）被广泛应用于嵌入式系统中。此外，PC/104 和 PC/104-Plus 等其他几种具有不同尺寸的小型单板机也很常用，包括来自 Diamond Systems 公司的 Athena III PC104、Helios PC/104、Helix PC/104、Rhodeus PC/104 SBC、Aries PC/104-Plus、Atlas PCI/104-Express 和 Venus 3.5 Inch Core i7/i5。用户可以根据应用和工程成本因素进一步优化功耗和性能。接下来将展示在不同应用中使用的嵌入式系统的示例。这里对它们进行了简要描述，以向读者介绍嵌入式系统设计的类型以及在这些应用中面临的挑战。

1.2 基于 Athena III PC104 的嵌入式系统示例

图 1.2 中所示的远程控制的水下航行器（ROV[1-4]，也称"遥控潜水器"）用于在海上任务中对接和回收较小的水下航行器。该航行器安装了 6 个电动无刷推进器。以下传感器和执行器连接到使用 Athena III PC104 并通过 Ubuntu 操作系统软件运行附加数据采集（DAQ）卡的 SBC。它有 6 个推进器支持其向指定方向移动。

图 1.2 ROV 原型，对接环靠近海面[2]

在图 1.3 中，采用基于 Python 的集成开发环境（IDE），通过开放源代码平台开发了具有图形用户界面的主机，通过以太网连接与 ROV 进行通信。其余部件封装在铝制外壳中。该航行器有一根脐带电缆连接至水面船舶进行通信，同时提供电源（230V 交流电源）。固定在航行器底部的带有网的保持架由一对线性执行器打开和关闭，以将回收的航行器固定到位。该嵌入式系统中使用的主要组件如下所示。

- 用于测量 ROV 速度的 NavQuest 多普勒测速仪（DVL）。
- Druck 压力传感器，用于测量 ROV 的下潜深度。
- XSENS 惯性测量单元（IMU），用于测量 ROV 的位置和角度。
- 两个 USB 摄像机，用于捕捉水下图像。
- USB 推力控制器操纵杆，用于远程控制。
- 6 个 DC Tecnadyne 无刷电动推进器，连接到一个 ISO-6 推进器驱动器上，以控制 6 个推进器的速度。
- 2 个带步进驱动的 Ultra Motion 线性执行器，用于降低和升高对接环。

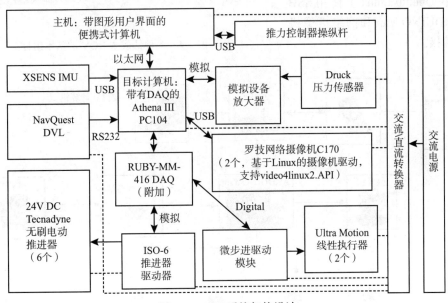

图 1.3　ROV 系统架构设计

1.3　基于 ARDUINO 的嵌入式系统示例

图 1.4 所示为另一种使用 ARDUINO 微控制器的低成本 ROV。它的运动包括沿 X 轴方向的运动（向前）、沿 Z 轴方向的运动（垂荡）和绕 Z 轴的旋转（偏航）。有一个网络摄像机面向前方，用于导航和检查；有两个水平推进器和两个垂直推进器，用于在浅水中操纵航行器。

ARDUINO Yun 需要与远程遥控器（如 iPhone）和便携式计算机通信，以控制推进器和网络摄像机。ARDUINO Yun 有一个名为 ATmega32U4 的微控制器和一个名为 Atheros AR9331 的微处理器，运行 Linux 和 OpenWrt 无线堆栈。Yun 可以在无线网络下工作。这款支持无线网络的 ROV 可以在浅水中通过 iPhone 应用程序 Yun Buddy 进行控制。ARDUINO Yun 通过路由器接收和分析来自 Yun Buddy 的命令，并相应地控制航行器的轨迹。如图 1.5 所示，ARDUINO Yun 连接有 4 个电动机。

可以通过无线局域网（WLAN）建立 ARDUINO Yun、便携式计算机和 iPhone 之间的通信链路。Yun Buddy 界面显示了一系列可用的命令，这些命令允许对航行器进行方向控制。ARDUINO Yun 附有 USB 网络摄像机以实现实时视频反馈，ARDUINO Yun 和计算机都将连接到路由器的局域网。在 Ubuntu Linux 上使用 SSH 建立 ARDUINO Yun 和网络摄像机之间的连接。

图 1.4　一种低成本 ROV 的基本组件

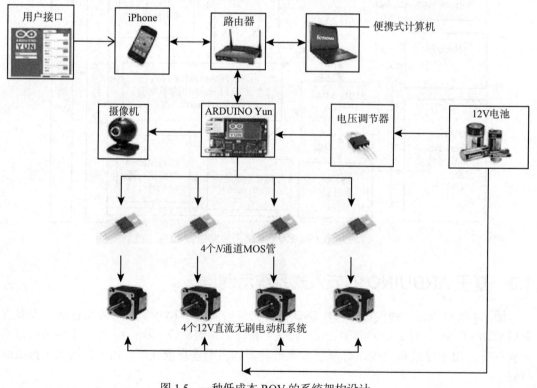

图 1.5　一种低成本 ROV 的系统架构设计

1.4　基于树莓派的嵌入式系统示例

嵌入式系统的下一个例子是使用树莓派对船体上的生物污垢[5-7]进行图像识别（见图 1.6）。打印的污垢图像用于仿真船体上存在的污垢。左侧显示的是通过移动连接（位于"船"上）连接到云存储和右侧本地机器的微处理器。主机设备（位于"陆上"）用于污垢识别和分析。微处理器（即树莓派 3B 型，见图 1.7）上运行的是 Raspbian 系统，本地主机使用的是 Ubuntu 操作系统。从树莓派摄像机模块获得的结果可以通过 HDMI 线显示在主机屏幕上。

图 1.6　污垢图像识别系统设置概览[5]

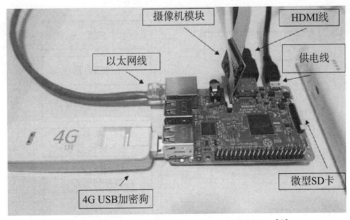

图 1.7　污垢图像识别系统的树莓派配置[5]

1.5　基于 PIC 的嵌入式系统示例

最后一个例子是使用 Microchip 公司的 PIC18F4520 的真空清洁机器人[8-9]（见图 1.8）。PICkit 2 开发编程器 / 调试器（PG164120）可以通过 C 语言编程软件控制硬件。凭借

Microchip 强大的 MPLAB-IDE，PICkit 2 支持在线调试。使用 MPLAB-IDE 环境可以很容易地将代码下载到微控制器中。该嵌入式系统中使用的主要组件如图 1.9 所示。由 16 个引脚组成的数字输入 / 输出端口被 2 个红外传感器、7 个发光二极管、4 路双列直插式开关和 1 个蜂鸣器使用。两台伺服电机用于驱动两个轮子，一台伺服电机用于提供吸力。模拟输入端口被用于超声波传感器以检测机器人前方的物体。两个红外传感器用于检测桌面，以防止机器人跌落。

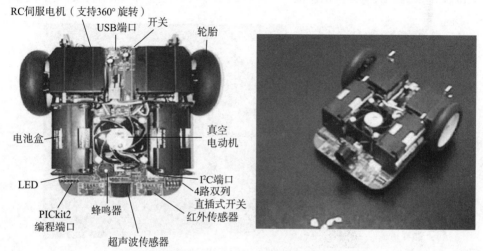

图 1.8 采用 PIC18F4520 的两轮驱动真空清洁机器人[8-9]

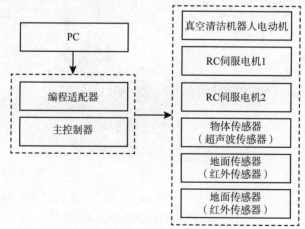

图 1.9 两轮驱动真空清洁机器人的系统架构设计[8-9]

1.6 动机

如上述示例所示，各种微控制器被嵌入系统并在不确定的环境中使用。它们被用于水下、船上或者陆地环境，受到风、浪、水下水流、温度、压力和其他不可预见的外部因素的干扰。而且，跨学科的系统涉及计算、通信网络、机械、电气和电子设计，为实现共同的目标，需要加以协调。在不确定环境下运行的嵌入式机电系统的设计所面临的问题总结如下：

- 能够完成高效控制的数值建模；
- 针对其跨学科性质，要求有系统的设计方法。

第一，由于航行器的非流线型外形以及计算机辅助软件的数值建模可能不精确，因此航行器的数值建模具有很大的挑战性。数值建模和控制技术在许多工程应用中是必不可少的。在过去的几十年里，这项技术已经在工业及公共设施中得到发展并发挥了重要作用。然而，在控制系统的原型阶段，主要受到模型复杂性、嵌入式系统配置和接口测试的限制。由于所使用的操作系统、接口、传感器和执行器规格不同，因此还没有设计嵌入式系统的标准方法。有必要为基于 Linux 和基于 Windows 的嵌入式系统提出一种系统化的方法。首先，我们需要研究可用于设计系统方法的系统类型。

第二，缺乏关于如何系统地使用和配置嵌入式系统的信息和细节。例如，Linux 有一个与基于 Windows 的嵌入式系统相同的图形接口。但是，Linux 与其他操作系统不同，因为它是开源的，与基于 Windows 的系统相比，它是免费的、易于定制的。然而，如果用户没有足够的知识，有时很难使用和配置这些设备。当嵌入式系统使用基于 Linux 的操作系统时，构建系统等应用需要消耗大量时间和精力用于测试，并且用 C/C++ 编写会很困难。

为了实现更易于访问的程序，实时操作环境需要新的软件和硬件。本书涵盖了使用 xPC-Target（https://www.mathworks.com/tagteam/37937_xpc_target_selecting_hardware_guide.pdf）的实时控制系统，用于实现水下机器人系统控制。利用 MATLAB、Simulink、Real-Time Workshop、xPC-Target 和 C/C++ 编译器，I/O 板以硬件在环仿真的方式与 Simulink 模块和嵌入式系统相连接。它为实现水下航行器实时控制系统提供了一种方便的方法，不需要任何底层语言编程。

Microchip（https://www.microchip.com/about-us/company-information/about）是一家微控制器供应商，总部位于美国亚利桑那州。通过 C 语言编程软件，采用开发编程器 / 调试器对硬件进行控制。它是一个低成本的开发工具，具有一个易于使用的接口，用于 Microchip 的 Flash 系列微控制器的编程和调试。功能齐全的 Windows 编程接口支持基线、中端、8 位、16 位、32 位微控制器系列和许多 Microchip 串行 EEPROM 产品。为了方便进行原型测试、分析和改进，可以通过将程序下载到嵌入式处理器中来实现完整的 C 代码程序。

ARDUINO 开源平台（https://www.arduino.cc/en/Guide/Introduction）是在 Ivrea 交互设计学院创建的，旨在为没有电子和专业编程背景的学生提供快速制作原型的简易工具。它由一块物理可编程电路板（通常称为微控制器）和一个在计算机上运行的软件或 IDE 组成，用于编写计算机代码并将其上传到物理电路板上。ARDUINO 平台已经非常流行。与大多数以前的可编程电路板不同，ARDUINO 不需要单独的硬件（称为编程器）将新代码加载到电路板上。用户只需要使用 USB 线即可。此外，ARDUINO 的 IDE 使用了 C++ 的简化版本，使得编程更容易。最后，ARDUINO 提供了一个标准的外形尺寸，将微控制器的功能分解成一个更易访问的封装。

树莓派（https://www.raspberrypi.org/about）是由英国 Raspberry Pi 基金会设计的一种单板计算机（Single-Board Computer，SBC）。由于树莓派运行的是名为 Raspbian 的 Linux 操作系统，因此许多用户并不经常使用它。因此，托管 SSH 连接可以方便地使用树莓派。脚本编程和存储都在 Python IDE 中完成。摄像机通常用于图像和视频记录。它通过柔性电缆连接器连接，用于将文件保存在树莓派中。

尽管应用程序和嵌入式系统中产生的系统完全不同，但它们至少有一个共同点，即存在多个相互作用的子系统、组件和人员。复杂系统各部分之间的相互作用可能会产生不可预测的行为，这些行为可能会产生期望的或不期望的影响。设计步骤应提供有价值的工具和技术，以了解、预测和评估复杂系统的行为，从而开发和评估各种方法，引导系统朝着更理想的状态发展，从而实现更高效、更健壮、更具成本优势的工程化复杂系统，并渗透到现代社会。

1.7　嵌入式系统原型的系统设计方法

如前所述，可能存在由外部干扰和数值建模误差引起的系统不确定性和测量误差等问题。应该有一种统一的方法来处理这些场景下的原型设计过程。建议步骤主要可以归纳为系统设计与架构、程序设计、系统实现、测试。这些步骤将在以后的章节中使用，以便读者系统地阅读。

1）理解应用程序的需求和规范，包括检查基本的操作特征、网络通信、系统配置、外部工作环境和面临的问题。

2）制定控制目标，包括确定控制参数。

3）系统设计与架构，涉及物理硬件选择、成本、知识需求、功能特征、附加组件交互的确定、储能系统类型、约束或限制以及控制方法。

4）程序设计，包括通过考虑软件的功能、可用性、软件原理知识、功能特征、约束或限制以及编程来选择物理软件，利用计算机辅助软件对嵌入式系统进行数值建模。

5）系统实现，包括通过硬件 – 软件在环仿真（通常在实验室或受控环境中进行）实现开环（第一次测试子系统）或闭环系统（验证闭环系统功能的下一步）。

6）测试，在外部或实际环境中进行，包括检查设计功能以满足目标，在不同的环境中验证设计以测试健壮性能，并在最终确定嵌入式系统设计之前对设计进行调优。

正如上述步骤所示，必须定义应用程序并确定系统面临的问题和挑战，包括查看市场或互联网上可用的原型，并搜索有用的出版物，以深入了解与应用程序相关的问题。此外，还需要从最终用户（甚至是提供子组件的供应商）那里获得更多信息，以理解所需组件的规范。

在制定了控制目标之后，必须确定控制变量。控制参数必须是可测量的，或者至少是从给定的可控和可观测系统中估计出来的。如果没有，则需要在选定硬件和软件后进行仿真。控制变量的数目通常比具有多种状态的多变量系统的数目多。然后，硬件的选择是必不可少的，因为它决定了是否需要个别子系统的额外的数值模型。例如，一些生成开 / 关功能的设备不需要动态建模，而传感器需要校准，通信端口（如 RS232、USB 等）需要考虑。毫无疑问，成本是决定硬件选择的另一个因素。储能系统的类型需要选择，例如，磷酸铁锂（LiFePO$_4$）电池因其高比功率、高比能量密度、长循环寿命、低自放电率和高放电电压而得到广泛应用。然而，在给定的项目时间框架内，应该考虑规格说明、成本和可用性之间的平衡。

另一个需要考虑的是软件。它可以分为用于微控制器或 SBC 的操作系统和用于数值模型仿真的软件。操作系统应该易于使用，或者可以从在线资源或手册中学习。系统动力学模型的建模软件通常为 MATLAB 和 Simulink，模型的数值条件是决定仿真结果准确性的关键。事实上，在大多数情况下，仿真结果与实验结果并不匹配。然而，它提供了对动态系统行为的洞察，或可以用于充分控制目的的模型。其他计算机辅助设计软件，如 SolidWorks、AutoCAD 和 Pro/ENGINEER，用于获得物理模型表示和参数，包括质量、转动惯量，以及制造和数值模型仿真所需的公差。

然后设计控制器来控制系统，使其满足控制目标。例如，摄像机用于捕捉和识别图像。如果需要将摄像机定位在特定位置，显然需要使用控制器来完成。在选定和设计嵌入式系统后，对选定的硬件和软件进行测试。硬件与软件在环测试将提供一种手段来实时仿真系统，主要目标是测试硬件、软件接口和下载到目标系统或嵌入式系统的代码的功能。控制系统的设计需要保证其能够很好地运行，即能够控制参数到期望的值。下一步是在指定的工作环境中验证系统。嵌入式系统应该在不同的环境中或加上外部干扰的情况下进行测试，以表明系统在当前设置（即外壳设计、板载电源、用户输入设备和图形用户界面）下是健壮的。如果在不同测试场合存在控制参数误差、结果不一致等问题，则需要对嵌入式系统中的控制系统进行调优。有时会需要同时修改硬件和软件。最后一步是将原型包装成一个像样的产品，以供演示和实现可能的商业化。这需要在改善产品外观和重新安排电子和机械部件的布局上做出一些努力。

综上所述，在嵌入式系统设计中可以采用以下准则。

1）应用分类。

- 应用领域
- 要互连的设备 / 微控制器类型
- 互连类型：耦合式、嵌入式
- 技术就绪水平（根据 TRL 级别分为 1~9）

2）规格说明。

3）操作系统种类。

操作系统种类	是 / 否	操作系统种类	是 / 否
Linux	☐	UNIX	☐
MATLAB	☐	Mac OS X	☐
Microsoft Windows	☐	其他：	☐

4）技术和标准。

技术	是 / 否	技术	是 / 否
OPC-UA	☐	Java	☐
JSON	☐	X10	☐
基于 MATLAB	☐	C/C++	☐
.NET	☐	MTConnect	☐
MODBUS	☐		☐

标准	是 / 否	标准	是 / 否
IEC 61131-3	☐	智能消息语言（Smart Message language，SML）	☐
IEC 61850	☐	IEC 62714	☐
IEC 61499	☐	ISO/IEC9506	☐
IEC 62264	☐	其他	☐

5）接口 / 系统设计和架构的草图。

6）输入 / 输出类型。

模拟输入 / 输出变量：读☐，写☐，其他：

模拟输入 / 输出端口数：

数字输入 / 输出变量：读☐，写☐，其他：

数字输入 / 输出端口数：

其他通信端口：RS232 ☐，ICP ☐，USB ☐，SCSI ☐，HDMI ☐，其他：

处理程序：开始☐，停止☐，上传☐，选择☐，获取状态☐，其他：

处理事件：事件通知☐，订阅☐，其他：

其他：

7）实现和测试。

测试类型	是 / 否	测试类型	是 / 否
现场测试	☐	软件在环仿真 / 验证	☐
实验室测试	☐	其他：	☐
硬件在环测试	☐		☐

8）在嵌入式系统的实现中有什么不可遵循的。

9）受益于嵌入式系统的应用类型。

应用类型	是 / 否	分数（1~5）	应用类型	是 / 否	分数（1~5）
监督	☐		仿真	☐	
监控	☐		高级控制	☐	
分布式 DAQ	☐		其他：	☐	
实时控制	☐				

然而，在实现后评估嵌入式系统设计的以下性能是至关重要的。请注意，可以应用"高""中""低""未使用"来评估所示的每个性能参数。

1）应用领域的当前可用性级别。

2）当前就绪程度。

3）当前的技术完整性水平。

4）当前的自动化水平。

5）技术的当前可用性。

6）当前经济效益。

7）嵌入式系统的当前潜力。

8）当前健壮度。

总之，如果没有良好的参考和指导，从零开始系统设计是不容易的。本书将提供如何执行快速系统原型设计的指导，以实现在不确定环境中运行的特定应用的嵌入式系统。注意，不可能在一本书中演示所有的应用和场景。不管怎样，这本书将为那些想了解如何制作嵌入式系统原型的人提供一个很好的起点。

参考文献

［1］Chin，CS，Lin，WP，and Lin，JY. Experimental Validation of Open-Frame ROV model for Virtual Reality Simulation and Control. Journal of Marine Science and Technology 2018, 23（2），267–287.

［2］Lin，WP，Chin，CS，Looi，LCW，Lim，JJ，and the，EME. Robust Design of Docking Hoop for Recovery of Autonomous Underwater Vehicle with Experimental Results. Robotics. Guest Editors：Prof. Thor I. Fossen and Prof. Ingrid Schjølberg，NTNU，Trondheim，Norway 2015，4（4），492–515.

［3］Lin，WP，Chin，CS，and Mesbahi，E. Remote Robust Control and Simulation of Robot for Search and Rescue Mission in Water. MTS/IEEE OCEANS 2014，Taipei，China.

［4］Lin，WP and Chin，CS. Remote Underwater Dual Cameras Video Image Acquisition System using Linux Based Embedded PC104. MTS/IEEE OCEANS 2014，Taipei，China.

［5］Chin，C，Si，JT，Clare，AS，and Ma，MD. Intelligent Image Recognition System for Marine Fouling using Softmax Transfer Learning and Deep Convolutional Neural Networks. Complexity

2017, 5730419, 9. https://doi.org/10.1155/2017/5730419.

［6］Guo, JY, Chin, CS, Maode, MA, and Clare, AS. Intelligent Fouling Detection System using Haar-like Cascade Classifier with Neural Networks. Advances in Computer Communication and Computational Sciences. Springer, 2018. DOI: 10.1007/978-981-13-0344-9_34.

［7］Guo, JY, Chin, CS, Clare, AS, and Maode, MA. Interactive Vision-based Intelligent System for Active Macfouling and Microfouling Detection on Hull. MTS/IEEE OCEANS 2016, Shanghai, China.

［8］Chin, C. Application of an Intelligent Table Top Vacuum Robot Cleaner in Mechatronics System Design Education. Journal of Robotics and Mechatronics 2011, 23（5）, 645–657.

［9］Chin, CS and Yue, KM. Vertical StreamCurricula Integration of Problem-Based Learning（PBL）using Autonomous Vacuum Robot in Mechatronics Course. European Journal of Engineering Education 2011, 36（5）, 485–504.

第 2 章
基于 Linux 的嵌入式系统设计

2.1 Linux 操作系统

本节对 Linux 操作系统做了概述。有关 Linux 的介绍性说明，请参阅 http://www.tldp.org/LDP/intro-linux/intro-linux.pdf。Linux 是一种开放源码的、免费的操作系统。它拥有库、编译器、调试和开发工具。RedHat 和 Mandriva 等多家公司提供了 Linux 发行版，这些 Linux 发行版带有社区开发的友好的用户界面（见图 2.1）。用户无须在终端输入任何字符，即可开始使用应用程序。

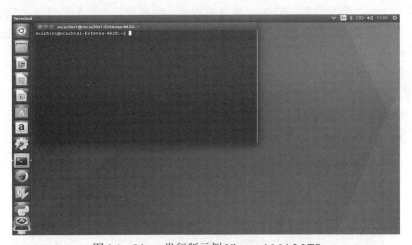

图 2.1 Linux 发行版示例 Ubuntu 16.04.2 LTS

Linux 系统基于开源的 GNU 工具，这些工具提供了使用该系统的标准方法。大多数发行版都带有一整套开发工具，这些工具提供预编译的软件包供程序员安装。一些流行的 GNU 软件如下：

- GCC：GNU C 编译器。
- Bash：GNU 终端。
- Gnome：GNU 桌面环境。
- GDB：GNU 程序调试工具。

Linux 内核不是 GNU 项目的一部分，但它包含了很多非 Linux 专用的开发和实用工具。这样的系统可以称为 GNU/Linux 系统。内核在系统中很重要。它控制外围设备与底层硬件之间的通信。内核还确保进程在准确的时间开始和停止。内核是一个很庞大的话题，其中包含大量信息，需要详细讨论。请注意，Linux 系统中的大多数东西都被视为文件，但进程文件除外。

- 特殊文件：用于输入和输出的管理。
- 目录：提供其他文件列表的文件。
- 链接：使文件或目录在系统文件树的多个部分可见的系统。
- 网络编程接口：一种特殊的文件类型，类似于传输控制协议（TCP）/ IP，提供了受文件系统访问控制保护的进程间联网。
- 命名管道：和网络编程接口类似，为进程之间相互通信而不使用网络套接字语义提供了一种方式。

在终端中输入命令"ls -l"后，文件系统的重要细节如图 2.2 所示。名为 root 的"拥有者"是拥有该文件的用户（即 mcschin1）。"组"是用户所加入的组。权限字段"-rwx r-x r--"是用户、组成员和其他用户的文件权限，如图 2.3 所示。

标准根目录包括大多数基本命令（见表 2.1）、系统配置文件和服务器程序、一些临时空间、系统库以及数据分区中管理用户的主目录。根目录包含开始和运行系统的所有数据。交换空间仅适用于在正常操作期间对用户隐藏的系统。内核位于不同的分区上，因为它是系统最重要的文件。直接访问根目录是一个不错的方法。内核和随附的数据文件在 /boot 目录中。它的组成结构如下：

- 用户程序目录（/usr）。
- 第三方和其他软件目录（/opt）。
- 用户数据目录（/home）。
- 临时数据目录（/var）。

图 2.2　Ubuntu 16.04.2 LTS 中的文件系统示例

```
- rwx r-x r--
 | \ / \ / \ /
 |  V   V   V
 |  |   |   |     \__ Other permissions: [r] 'r'ead access granted
 |  |   |   |                             [-] 'w'rite access denied
 |  |   |   |                             [-] e'x'ecuting denied
 |  |   |    \__ Group permissions: [r] 'r'ead access granted
 |  |   |                           [-] 'w'rite access denied
 |  |   |                           [x] e'x'ecuting granted
 |  |    \__ Owner permissions: [r] 'r'ead access granted
 |  |                           [w] 'w'rite access granted
 |  |                           [x] e'x'ecuting granted
 |   \__ File type: [-] normal file
 |                  (alternatives: 'd'irectory, sym'l'ink,
                     'c'haracter device, 'b'lock device, ...)
```

图 2.3 用户、组成员和其他用户的文件权限（请参阅 https://askubuntu.com/questions/700258/how-to-check-if-running-as-root-not-asking-for-sudo）

表 2.1 Linux 基本命令

命令	描述
ls	显示当前工作目录中的文件列表，类似于 DOS 中的 dir 指令
cd	更换目录
passwd	更改当前用户的密码
file	显示名称为 filename 的文件类型
cat	在屏幕上显示文本文件的内容
pwd	显示当前工作目录
exit	离开本次会话
man	读取手册页
info	读取信息页

终端（shell）是与系统交互的高级方法。终端使用户可以轻松地使用系统以实现任务自动化。大多数配置文件存储在 /etc 目录中，并且可以使用 cat 命令查看其内容。

计算机的设备在 /dev 目录中以文件方式显示。这种处理设备的方式的优势在于，系统和用户都不需要知道设备的规格。为了安全起见，这些文件通常与主系统文件分开存放。这种方式有助于在必要时设置更有针对性的权限。许多文件都需要更多权限，例如 /var/tmp，该权限需要所有用户都可编辑。子目录可以包含更多重要数据，例如配置文件和程序。

2.2 为嵌入式系统构建 Linux 环境

本节使用 Athena-II / Hercules-II SBC Linux 2.6.23 演示 Linux 的安装过程（www.diamondsystems.com）。供应商提供的软件开发工具包（SDK）包含了为 SBC 创建基于 Linux 2.6.23 或更高版本的平台映像所需的所有工具。OS 映像包含用于演示和验证硬件功能的程序。可引导的 Linux 系统映像主要包括以下功能：

- 以太网 / 局域网功能。
- DHCP、SSH、SCP、FTP。
- PS / 2 接口的鼠标和键盘。
- USB 1.0-2.0 端口。
- 串口 RS232/422/485。
- IDE 存储设备。
- 适用于 Linux 2.6.23 的 Diamond 通用驱动程序 6.0x。
- DAQ 演示程序（适用于 AV 系列的板卡）。

在安装基于 Linux 的操作系统之前，用于开发的计算机必须满足以下网址所示的硬件要求：http://www.diamondsystems.com/products/linuxdevkit。

- 1GHz 32 位（x86）或 64 位（amd64）处理器。
- 1GB 的系统内存（32 位），2GB 的系统内存（64 位）。
- 7GB 的可用硬盘空间，用于完整安装系统。
- 一个或多个介质驱动器：DVD-ROM 驱动器和 USB 2.0 端口。
- 软件必须运行 Linux Flavor OS。

举个例子，编译通用驱动程序内核模块（Universal Driver Kernel Module，DSCUD）的步骤如下。需要注意的是，如果用户选择 Ubuntu 16.04.2 或 Fedora 26 作为操作系统，那么编译和安装 DSCUD 的命令会和下面所提到的命令有所不同。以下步骤中的大多数命令都是为 Fedora 11 编写的。但是，可以找到对应的用于 Fedora 和 Ubuntu 最新版本的命令。

1）安装 Fedora（请参阅 https://fedoraproject.org/wiki/Installing_Fedora_11_Leonidas）或 Ubuntu 操作系统（请参阅 https://tutorials.ubuntu.com/tutorial/tutorialinstall-ubuntu-desktop#0）。简而言之，安装应涵盖以下步骤：

（a）下载 Fedora / Ubuntu。

（b）检查计算机是否从 USB 启动。

（c）必要时使用键盘上的 F2 键或者 Delete 键修改 BIOS 引导。

（d）安装前试用 Fedora / Ubuntu。

（e）制作可启动的 USB 工具。

（f）安装 Fedora / Ubuntu。

（g）创建用户名、密码和计算机名。安装完成后，将使用该用户 ID 登录。

2）基本的编译工具。由于操作系统不附带 gcc/g ++ 编译器，因此需要通过运行以下命令终端进行安装：

```
$ yum install gcc
$ yum install ncurses-devel
$ yum install gcc-c++
```

注意以下安装要求：

（a）Linux 内核源代码（2.4.x.x~2.6.x.x）。

（b）Fedora 11 live OS 是使用 2.6.29.4 内核构建的。因此，请下载对应版本的内核源代码。你可以从网址 https://en.wikipedia.org/wiki/Fedora_version_history#Fedora_11 参考 Fedora 版本历史记录。

（c）内核模块源代码。

3）下载内核源代码。如果嵌入式系统使用的是 Linux 内核的标准版本，则可以从 www.kernel.org 网站下载源码。如果是修补的或自定义的内核，则必须从提供自定义内核的组织那里获取内核源代码。将内核源代码提取到开发系统上，以便在 /usr /src/Linux 中可用。以下是正常完成此操作的示例：

```
$ tar xvzf kernel-source-2.6.x.tar.gz
$ mv linux -2.6.x /usr/src/linux -2.6.x
```

4）准备内核源代码树。在构建内核模块前，需要对内核源代码进行配置，以使其包含所有所需的代码。

（a）编辑 /usr/src/linux-2.6.x/ 下的 Make 文件。

（b）在 "EXTRAVERSION" 字段中添加以下行："EXTRAVERSION"=.4-167.fc11.i586。

（c）字段代码的内容取决于所运行的内核版本。该版本信息可以通过运行以下命令找到：

```
$ uname-r
```

如果显示 2.6.9.4-167.fc11.i586，则 EXTRAVERSION= .4-167.fc11.i586。上面的操作是为了避免驱动程序版本在正在运行的内核中加载时出现错误。第一步是配置内核，运行以下命令，将出现一个列出许多选项的菜单。

```
$ cd /usr/src/linux
$ make menuconfig
```

选择正确的 CPU 类型 Processor Type and Features，然后转到 Loadable Module Support，并确保启用了 Enable loadable module support。退出菜单，保存内核配置。运行以下命令以完成内核源代码的构建：

```
$ make
```

命令运行结束后，就可以使用此内核源代码来构建内核模块了。

5）构建 dscudkp.ko 模块：

```
Run ./install.sh
```

该安装程序编译的内核模块，支持 Diamond Systems 公司生产的具有中断驱动的 DAQ 功能的产品。如果你不使用开发板的中断驱动功能，则无须运行此安装程序。有关该驱动程序的在线文档，请访问 http://docs.diamondsystems.com/DSCUD/。按 Control-C 键退出此安装程序，或按 Enter 键继续。

```
Step One: Locate Kernel Source Code
---------------------------------------------
The installer will now scan your system looking for Linux kernel source code. The /usr/src directory and
the /lib/modules directory will be scanned.
Select a Linux kernel version below that you will run on your TARGET system  Type the number next to
the selection and hit ENTER.
0 ) Kernel 2.6.24.1 (/lib/modules/2.6.24.1-DMP/build)
1 ) Kernel 2.6.27.9 (/lib/modules/2.6.27.9-DMP/build)
2 ) Kernel 2.6.24.1 (/usr/src/linux-2.6.29.4)
3 ) Kernel 2.6.24.7 (/usr/src/linux-2.6.24.7)
4 ) Kernel 2.6.27.9 (/usr/src/linux-2.6.27.9)
For example: Enter '2'

Step Two: Compile Kernel Module
---------------------------------------------
The installer is now ready to compile the Linux kernel module  If errors occur  see the README file in
this directory as well as the online DSCUD documentation for help.
This kernel module will only load under the exact Linux  kernel version which you have installed in the
directory /usr/src/linux-2.6.29.4.
--> Compiling kernel module for your system <--
rm-f dscudkp.ko dscudkp.o dscudkp.mod.*
make-C /usr/src/linux-2.6.24.1 SUBDIRS=/usr/local/DSCUD modules
make[1]: Entering directory `/usr/src/linux-2.6.24.1'
CC [M] /usr/local/DSCUD/dscudkp.o
Building modules, stage 2.
MODPOST 1 modules
CC /usr/local/DSCUD/dscudkp.mod.o
LD [M] /usr/local/DSCUD/dscudkp.ko

make[1]: Leaving directory `/usr/src/linux-2.6.24.1'
--> Installing module dscudkp.o in /lib/modules/misc <--
mkdir-p /lib/modules/misc
cp dscudkp.ko /lib/modules/misc/


Step Three: Final Instructions

-----------------------------
The dscudkp kernel module has been installed in /lib/modules/misc/. You must copy this
file to the same location on your target system. The load.sh script will load the kernel
module so that it can be used by the driver. You must run this script each time the Linux
system boots. See the README file for help with this. Driver installation has
completed.
```

在上面的示例中，编译 dscudkp.ko 是为在 Linux -2.6.29.4 系统上使用。如果用户完成了所有步骤，则将 /lib/modules/misc/dcudkp.ko 和 /usr/local/DSCUD-7.00 目录复制到目标板，并且所有文件必须放在同一位置。将文件复制到目标系统后，将目录更改为 DSCUD-7.00 并运行以下命令加载驱动程序：

```
$ cd /usr/local/DSCUD-7.00/
$ ./load.sh
```

到目前为止，在目标系统上安装和设置 DSCUD 支持已完成。

6）编译测试 / 演示应用程序。驱动程序是链接硬件和应用程序的库。下面是一个示例：

```
$ gcc myapp.c-o myapp-I/usr/local/DSCUD-7.00 -L/usr/local/DSCUD-7.00 -ldscud-
7.00 -lm -lpthread
```

7）执行已编译的程序。切换成 root 用户并运行在上一步中生成的可执行文件，如下所示：

```
$./myapp
```

现在，Linux 镜像上的组件列表如下：

- 英特尔 82574 千兆以太网驱动程序，在镜像中的路径为 /lib/modules/2.6.29.4-167.fc11. i586/kernel/Driver/net/e1000e/path。
- Tunnel Creek 平台的 VGA 集成显卡驱动器。
- 4 个 USB 端口的 USB 2.0/1.1 驱动。
- ALC262 音频驱动。
- 用于远程桌面的 SSH 服务。
- HTTP 服务器。
- FTP 服务器。
- Minicom 串口应用程序。
- Athena III Demo 应用程序，文件路径为 /home/dscguest/Desktop 和 /home/Diamond/ Desktop/Path。
- DSCUD-7.0 库，文件路径位于 /usr/local/DSCUD-7.00/ path。

8）英特尔以太网驱动程序编译。

第 1 步，安装内核头文件。安装 kernel-devel 软件包，该软件包根据正在运行的内核不同而有所不同。运行以下命令：

```
$ rpm- i kernel-devel-2.6.29.4-167.fc11.i586
```

上述命令将内核头文件安装在 /usr/src/kernel/directory 中，并确保将头文件安装在上述路径中。

第 2 步，编译以太网驱动程序。运行以下命令，提取以太网 tar 文件 e100e-2.1.4.tar.gz：

```
$ tar- xvf e100e-2.1.4.tar.gz
```

上述文件将被提取到当前目录中，并在以太网驱动程序源内部更改目录，如下所示：

```
$ cd e100e-2.1.4/src/
```

运行 make 命令，编译驱动程序，然后在同一目录中生成 e1000e.ko 驱动程序文件：

```
$ make
```

第 3 步，加载以太网驱动程序。切换为 root 用户并使用 insmod 命令按如下方式加载驱动程序：

```
$ insmod e1000e.ko
```

如果显示 e1000e.ko 文件存在，请删除较旧的驱动程序，然后按如下所示插入经过编译的最新驱动程序：

```
$ rmmod e1000e.ko
$ insmod e1000e.ko
```

第 4 步，在启动时加载以太网驱动程序。用户总是希望在系统启动时自动加载所有驱动程序。因此，请在系统启动时按以下方式加载以太网驱动程序。Fedora 的内核中已经具有驱动程序 e1000e.ko，路径为 /lib/modules/2.6.29.4-167.fc11.i586/kernel/Driver/net/e1000e/e1000e.ko。

将上述驱动程序替换为我们自己编译的驱动程序。它将在系统启动时自动加载。注意，结果可能存在一些差异。最好访问 Internet 上一些与常见错误有关的资源以及这些错误的解决方案。

- https://www.linuxquestions.org/questions/
- https://ubuntuforums.org/
- https://stackoverflow.com/questions/
- https://fedoraforum.org/
- http://www.linuxforums.org/forum/

2.3　Linux 中的程序设计

本节介绍控制系统实现的软件架构设计。简要说明包括用于传感器和融合模块的实时嵌入式操作系统 Linux 环境、控制系统设计、执行器驱动模块、网络通信模块以及最后的图形用户界面（Graphical User Interface，GUI）设计模块。在编程中使用多任务（对象包含要执行的操作）方法。这是通过使用多线程技术来实现的。多线程允许同时获取多个传感器的多个信号，并实现主机与目标系统之间的实时网络通信。

进程可以分为多个独立的单元，称为线程。线程是可调度的工作单元。进程是一个或多个线程和相关联的系统资源的集合。进程和线程之间的区别如图 2.4 所示。基于进程的用户线程的执行与基于实时操作系统（Real-Time Operating System，RTOS）的中断服务（Interrupt Service Routine，ISR）的处理类似，使用调用将消息队列化，以供另一个本地线程或进程接收。

开发过程（见图 2.5）基于 Linux 操作系统。在主机上显示并使用 VI 编辑器编辑 C 语言程序。使

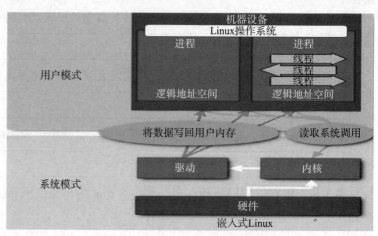

图 2.4　基于 Linux 进程的线程[1]

用 GCC 编译器进行编译。远程调试是必不可少的，可使用远程调试器（GDB 调试器）在主机上进行远程调试。对于代码来说，调试是必不可少的。GDB 是一种非常有效的调试手段。在 GCC 编译器中，使用 -g 命令行参数完成上述工作。还可以使用 -ggdb 选项，-ggdb 产生的调试信息更倾向于给 GDB 使用。

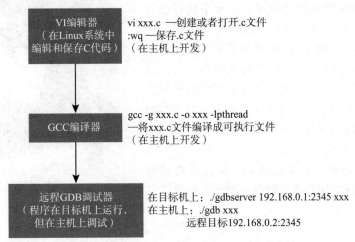

图 2.5　使用 Linux 和 C 程序的开发过程[1]

如图 2.6 所示，将包含所有子程序的主程序命名为 Main.c。大多数情况下，要完成一个综合任务，需要计算机在同一程序中完成许多复杂的工作。使用子程序可以单独处理问题的各个部分。在这种情况下，本项目中的子程序分别为 SensorProcess、ControlProcess、JoystickProcess 和 Semaphore。为了在主程序和子程序中实现特定功能，首先编写按照所需顺序引用所有子程序的主程序，然后开始编写子程序。

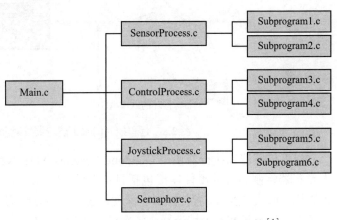

图 2.6　主程序和子程序中的 C 程序文件[1]

2.4　系统设计与架构

典型的远程控制的水下航行器原型的控制系统设计需要编程架构和 C 程序文件。可以在参考文献［1-3］中找到本节显示的详细信息。图 2.7 中的原型（见图 1.1）具有开放式框架设计，长 1.5m，宽 1m，高 1.7m，净重约为 135kg，工作深度可达 100m。本设计用于小型水下航行器的发射和回收。这个水下航行器安装了 6 个电动无刷推进器，但翻滚和俯仰运动不受控制，因为为了实现良好的静态稳定性，航行器的稳心高度非常大。

安装有 GUI 的主机是由开源平台开发的，使用基于 Python 的 IDE，通过以太网连接与水下航行器进行通信。其余的组件安装在一个铝制外壳中，该外壳带有用于海底电连接器的开口。水下航行器具有连接至水面船只以进行通信的脐带电缆，同时为水下航行器提供电源（230V 交流电源）。水下航行器需要将自身定位在靠近船尾的预定目标处，如图 2.8 所示。在执行任务期间，水下航行器从水面船只上发射。操作员登上船，将水下航行器从船上移到所需的目标点附近（见图 2.8 中的位置 1）。接下来，水下航行器自动移动到目标深度和方向角（见图 2.8 中的位置 2）发射小型水下航行器，并保持在该位置，等待任务完成后回收其发射的小型水下航行器。

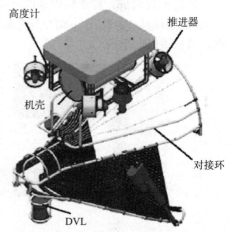

图 2.7　远程控制的水下航行器设计[1]

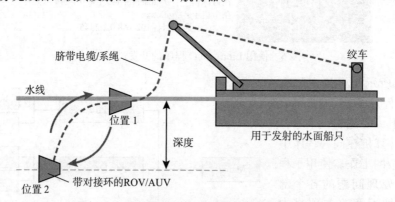

图 2.8　远程控制的水下航行器发射和恢复示意图

以下传感器和执行器使用 Diamond Systems ATHENA PC104 连接到目标 PC，整个机器人航行器控制系统的硬件连接包括目标系统（即 Athena PC104 板卡）和通过以太网连接的计算机、海拔高度 / 位置传感器、深度传感器、多普勒测速仪（Doppler Velocity Log，DVL）传感器、摄像机和 6 个推进器。将操纵杆连接到主机。在程序中，通常使用"层"来描述应用程序的不同层次。在此程序中，可以堆叠或分组以下几层，以区分控制系统设计中使用的不同功能。如图 2.9 所示，共有 5 层，分别用不同的颜色表示。

- 传感器和执行器驱动层：处理传感器和执行器所需的低级驱动程序，包括传感器 DAQ 和电动机驱动程序。
- 平台层：包含用于处理从传感器采集的数据的代码，充当驱动程序层和高级算法层的桥梁，转换应用程序的低级原始传感器数据。
- 决策层：包含用于远程控制的水下航行器的高级控制算法、数据存储、错误处理和以太网套接字单元。

- 操作系统层：嵌入式 Linux 系统使用基本 Linux 内核（2.6.39.4）进行配置，构建 Linux OS 层的简要过程如图 2.10 所示。简而言之，内核的两个最重要的职责是进程管理和文件管理。但是，内核负责许多其他事情。一方面是输入 / 输出（I/O）管理，这实际上是对所有外围设备的访问。
- 用户界面层：在主机和远程控制的水下航行器之间提供有用的交互。此外，用户可以发送命令控制航行器，并在便携式计算机的屏幕上显示数据和信息。

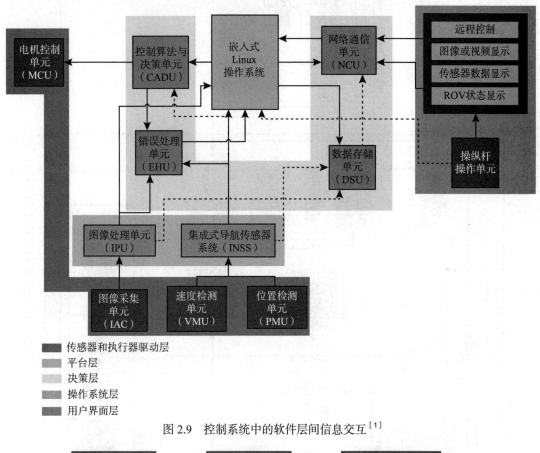

图 2.9　控制系统中的软件层间信息交互[1]

图 2.10　构建操作系统层的开发过程[1]

2.4.1　主进程设计

图 2.11 显示了控制系统设计中的整体数据流。存在一个主进程和其他一些进程，这些进程使用生产者和消费者的关系来实现进程间的通信，如图 2.12 所示。

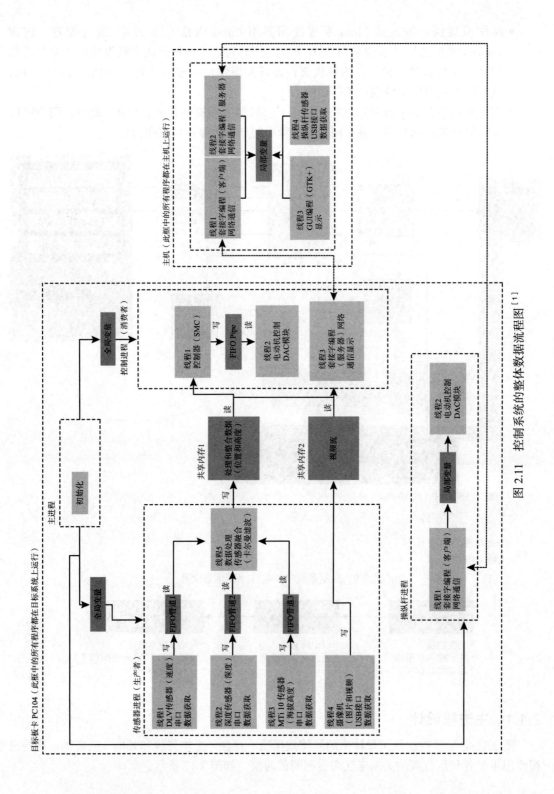

图 2.11 控制系统的整体数据流程图 [1]

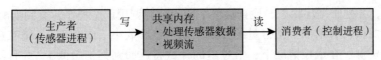

图 2.12　生产者和消费者关系（FIFO 管道 1 上的示例）[1]

主进程启动时仅运行一次。它负责参数初始化以及创建和引导两个子进程（即 SensorProcess 和 ControlProcess），这些子进程一直运行直到程序终止。生产者和消费者关系的主要目的是将输入数据发送到下一个流程之前对其进行处理。

- 生产者（SensorProcess）：传感器数据收集和传感器数据融合。
- 消费者（ControlProcess）：控制算法、执行器驱动程序以及主机与目标系统之间的网络通信。

SensorProcess 将处理后的传感器数据和视频流传输到共享内存，而控制过程则从共享内存中接收并使用这些数据。

从摄像机传感器收集的视频流仅用于在主机中显示，而不参与控制算法。有另一个独立的共享存储器来存储视频流，并与需要进一步处理的其他传感器数据分开。共享内存的一些特定设置如下：

- 建立共享内存——shmid()。
- 映射地址——shmat()。
- 取消映射——shmdt()。

为了保护共享内存中存储的数据，生产者和消费者进程不能同时在共享内存中的同一位置写入或读取数据。在此，传感器进程和控制进程之间的同步和互斥很重要。我们使用信号量来确保数据安全。信号量用于保护代码或数据结构的关键区域。每个信号量提供对关键数据段的访问。允许一个进程更改另一进程正在使用的关键数据结构是非常危险的，而解决此问题的一种方法是在正在访问的关键数据周围使用"锁定系统"，但这是一种简化的方法，会使系统性能下降。Linux 信号量数据结构包含以下信息：

- 计数：该字段跟踪希望使用此资源的进程数。正值表示资源可用，负值或 0 表示进程正在等待。初始值为 1，意味着一次只能有一个进程使用此资源。当进程需要此资源时，减少计数，使用完该资源后，增加计数。
- 唤醒：等待该资源的进程数，也是该资源空闲时等待唤醒的进程数。
- 等待队列：当进程正在等待此资源时，将其放入此等待队列。
- 锁：访问唤醒字段时使用的蜂鸣锁。

信号量有两个操作，分别表示为 V（输入信号）和 P（输出信号）。信号值为 0 或 1。假设信号量的初始计数为 1，首先执行的进程将显示该计数为正，并将其减 1，使其为 0。该进程现在"拥有"受信号量保护的关键代码或资源。当进程离开关键区域时，将增加信号量的计数。最理想的情况是，没有其他争夺关键区域所有权的进程。如果另一个进程在进入关键区域时，该区域由其他进程拥有，则减少计数。由于计数现在为负数（−1），因此该进程无法进入关键区域。相反，必须等到拥有该关键区域的进程退出为止。Linux 使等待进程进入休眠状态，直到拥有关键区域的进程在退出关键区域时将其唤醒。等待进程将自身添加到信号量的等待队列，并处于循环状态，检查唤醒字段的值并调用调度程序，直到唤醒值非零。

关键区域的所有者增加了信号量的计数，如果该计数小于或等于 0，则有进程处于休眠状态，等待该资源。在最佳情况下，信号量的计数将返回到其初始值 1，并且不需要做进一步的工作，拥有进程递增唤醒计数器，并唤醒在信号量等待队列中休眠的进程。当等待进程被唤醒时，唤醒计数器为 1，并且知道现在可以进入临界区域。将唤醒计数器递减，将其返回 0 值，然后继续，所有对唤醒字段的访问由信号量锁（蜂鸣锁）进行保护。

主进程程序的工作原理如下（见图 2.13）：

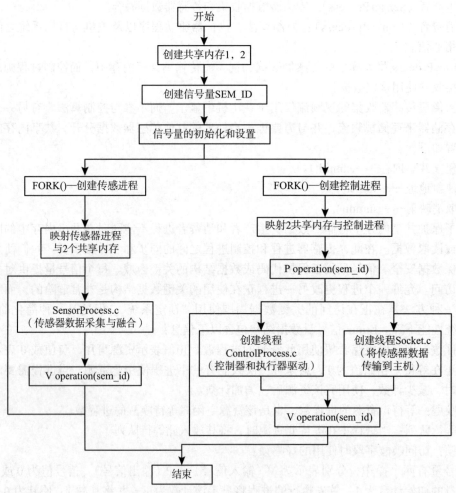

图 2.13　主要程序的工作原理[1]

- 使用 shmid() 函数创建两个名为共享内存 1 和共享内存 2 的共享内存。共享内存 1 负责 SensorProcess 和 ControlProcess 之间的传感器融合数据通信，而共享内存 2 用于视频流传输。
- 初始化名为 SEM_ID 的信号量，以防止 SensorProcess 和 ControlProcess 同时读写共享

内存 1 中存储的数据。

- 使用 IF-ELSE 和 FORK() 函数创建三个子进程，分别名为 Sensor 进程、Control 进程和 Joystick 进程；前者负责传感器 DAQ 和传感器数据融合，后者用于控制决策，执行器驱动程序以及网络通信。
- 使用 shmat() 函数映射该进程到共享内存 1，然后调用 SensorProcess.c 文件在 SensorProcess 中循环执行。同时，SEM_ID 的 V 操作保证了共享存储数据的安全性。
- ControlProcess 与 SensorProcess 类似，它首先执行映射工作，然后执行 P 操作以确保操作系统运行 SensorProcess。否则，控制过程将停止并等待传感器进程。接下来，创建两个线程，即 ControlProcess.c 进行控制操作，Socket.c 从目标到主机传输传感器数据以进行显示和数据操作。要关闭 PV 操作，必须在每次操作后使用信号量的 V 操作。

2.4.2　传感器进程设计

传感器进程的目的是从多个传感器收集数据，传感器融合模块使用卡尔曼滤波来融合位置和高度信息。在 Linux 环境下，所有设备均由一个特殊文件表示。要从多个设备收集数据，需要使用多个文件描述符。部署顺序为：多进程、select() 函数、poll() 函数、轮询的非阻塞 I/O 模型、异步 I/O 和多线程。使用 select() 或 poll() 函数时，多进程会消耗相对较多的资源。远程控制的水下航行器系统需要从高度传感器、深度传感器、DVL 传感器和摄像机捕获 4 个通道的串行数据。同样，它需要创建另一个线程来处理传感器数据，即传感器融合模块。因此，传感器进程总共有 5 个并行运行的线程。

如图 2.14 所示为三个分别涉及 DVL 传感器、深度传感器和 MTi 10 高度传感器的线程。这三个线程具有相似的软件结构，即使用串行端口读取数据。图 2.15 显示了先进先出（FIFO）管道[1]模型。管道是一种用于进程间通信的机制。一个进程写入管道的数据可以被另一个进程读取。数据按先进先出顺序处理。管道的两端需要同时打开。如果从没有任何进程写入的管道中读取数据，它将返回 end-of-file。写入没有读取过程的管道或 FIFO 被认为是错误情况。会产生一个 SIGPIPE 信号。管道不允许文件定位。读取和写入操作都必须顺序进行。

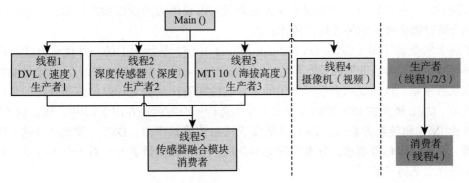

图 2.14　传感器线程的程序结构[1]

图 2.15　使用 FIFO 管道的生产者 - 消费者模型

读取串行端口传感器（使用管道）的详细信息如下：

- 打开串行端口。
- 设置串行端口参数：奇偶校验、波特率、停止位和数据位。
- 从串行端口读取数据——read()。
- 关闭串行端口。

线程 4 用于采集摄像机数据。从 USB 端口设备读取图像流，并将其写入共享内存 2，以供后续显示。

如图 2.16 所示，线程 1~线程 3 充当生产者，线程 5 成为消费者。生产者 - 消费者模型具有缓冲管道。有可能并行开发而不会干扰其他线程。FIFO 的最大大小受到以下条件的限制：

- 如果队列为空，那么消费者必须等待生产者执行。
- 如果队列已满，生产者必须等待消费者消耗。

在本项目中，通过使用信号量来保证上述两个条件。生产者 - 消费者问题的信号量解决方案是使用两个信号量来跟踪队列的状态。首先，一个称为"可用"，而另一个称为"已满"。两个信号量的详细操作类似于上述 P/V 操作。为了解决多线程的互斥问题，使用了名为 mutex 的二进制信号量。

图 2.16 显示了 SensorProcess 的流程。该程序在 Linux 中使用了分时调度算法，执行每个线程，避免线程之间的抢占。使用此调度算法，与传感器通信不会有明显的延迟。可以保证以最小的数据丢失去获取每个通道的数据。

2.4.3　传感器融合线程设计

在多传感器系统中，通常使用卡尔曼滤波器实时融合动态低水平冗余数据。该滤波器使用测量模型的统计特征来递归地确定在统计意义上最佳的融合数据估计。如果可以使用线性模型描述系统，并且可以将系统误差和传感器误差都建模为高斯白噪声，那么卡尔曼滤波器将为融合数据提供唯一的统计最优估计。

扩展卡尔曼滤波器（Extended Kalman Filter，EKF）是数学上的一种优化方式，可以利用多种导航传感器来辅助惯性导航系统（Inertial Navigation System，INS）。卡尔曼滤波器基于错误状态模型，该错误状态模型提供的总导航性能要比从独立导航传感器获得的总导航性能高得多。DVL 辅助的 INS 能够处理水下自主运行一段时间。在图 2.17 中，核心的 DVL 辅助 INS 由 IMU 和导航方程式、EKF 以及以下辅助传感器组成：DVL、罗盘（可选）和压力传感器。根据位置精度要求，导航系统必须获取一些位置测量更新。对于水下位置更新，系统需要用到水下转发器。

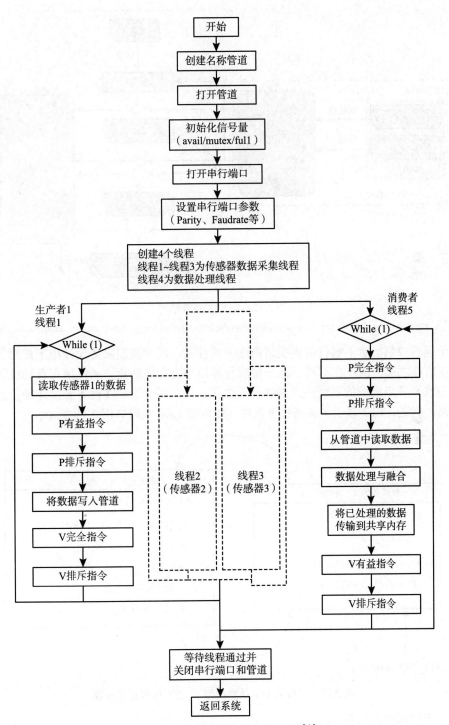

图 2.16　传感器处理程序流程图[1]

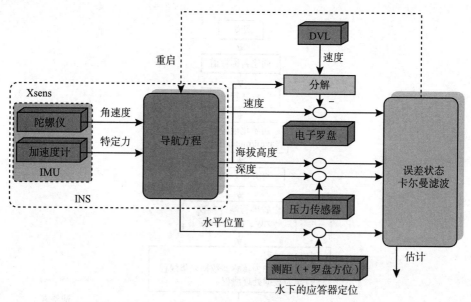

图 2.17　集成式 INS 结构

（引自 https://www.scubadivingchicago.us/underwater-vehicles/integrated-inertial-navigation-system-structure.html）

　　由于远程控制的水下航行器模型是高度非线性的，因此我们需要设计用于传感器估计的 EKF。在估算之前，需要在不同工况下对航行器模型进行线性化。通过使用泰勒级数对时变参考轨迹或平衡点周围的非线性方程进行线性化，可以得到运动线性方程。详细信息将不在本章介绍。但是，以下基于平衡条件下线性化矩阵的 EKF 代码如图 2.18 所示。

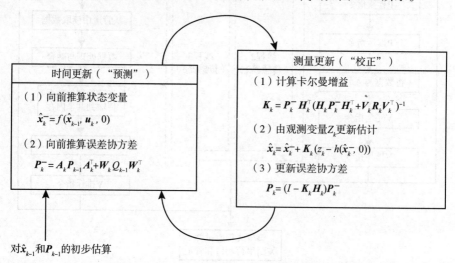

图 2.18　扩展的卡尔曼滤波器[1]处理过程相关参数

EKF 中使用的参数如下：

● **x**：m 状态向量。

- *A*：$m \times m$ 状态转移矩阵（线性化矩阵）。
- *B*：$m \times p$ 输入转移矩阵（线性化向量）。
- *u*：p 输入向量。
- *W*：噪声向量 *w* 的偏导数的雅可比矩阵。
- *V*：测量噪声向量 *v* 的偏导数的雅可比矩阵。
- *K*：卡尔曼滤波器增益。
- *P*：状态协方差矩阵。
- *Q*：$m \times n$ 过程噪声协方差矩阵。
- *R*：$m \times n$ 测量噪声协方差矩阵。

2.4.4　控制进程设计

控制进程包括三个主要任务，分别是：
- 控制器设计（使用滑模控制算法）。
- 实施推进器驱动程序。
- 在主机和目标系统之间建立网络通信。

使用多线程技术，每个线程负责不同任务。线程 1、线程 2 和线程 3 分别用于控制器设计、执行器驱动程序和网络通信。如图 2.19 所示，线程 1 和线程 2 构成了单反馈控制系统。水下航行器的数值模型用于计算到执行器或推进器的控制输入或电压，以将车辆移动到所需位置。传感器数据将存储在内存中，该内存将用于计算控制器的误差（*e*）。

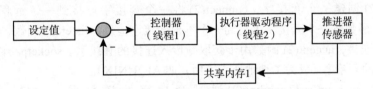

图 2.19　远程控制的水下航行器的控制进程设计框图[1]

2.4.5　执行器驱动程序设计

从控制算法获得控制信号后，控制信号将通过电动机驱动器驱动 6 个推进器（连接到 2 个 DAQ 板卡）。在这种情况下，线程 2 用于执行器驱动程序。模拟控制信号来自 DAQ 卡的模拟输出端口，该端口需要驱动器功能来驱动推进器。该程序的流程图如图 2.20 所示。

该图描述了 DAC 的操作。该功能需要输出、速度和重复循环模式，然后通过在内存中的中断例程输出 D/A 值。这将为每个 D/A 通道生成一个连续波形。步骤如下所示：

1）初始化驱动程序，使用驱动程序版本进行验证。

2）将板卡的类型、基地址设置为 0×280，中断等级为 5，进行初始化并注册驱动程序到板卡。

3）设置转换次数（必须是 FIFO 深度的倍数）、转换速率（必须小于 100kHz）、周期标志、内部时钟标志、低通道和高通道（必须在 0~3 之间）、外部门控启用标志、内部时钟门控标志以及通道对齐。

4）启用通道（0~3 中的任何一个）、输出代码，并将输出代码写入所选的输出通道。

2.4.6 网络通信线程设计

所有融合了传感器数据和视频流的数据都需要从目标机传输到主机上进行操作。本模块负责主机和目标系统（在远程控制的水下航行器上）之间的通信。主机到目标系统的连接是通过以太网电缆实现的，因此，我们必须使用套接字方法来实现网络通信。网络套接字是跨计算机网络的进程间通信流的终端。如图 2.21 所示，服务器在目标机上工作，而客户端在主机上工作。

在服务器端，初始化参数包括设置套接字地址、端口号以及 TCP/UDP（用户数据报文协议）通信模式。下面是套接字服务器 - 客户端的顺序：

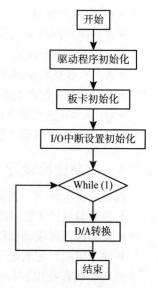

图 2.20　DAC 程序（线程 2）
流程图[1]

- 使用 socket() 系统调用创建一个套接字。
- 使用 bind() 系统调用将套接字绑定到一个地址。对于 Internet 上的服务器套接字，地址由主机上的端口号组成。
- 使用 listen() 系统调用监听连接。
- 使用 accept() 系统调用接受连接。该调用通常会阻塞，直到客户端连接到服务器为止。
- 使用 write() 系统调用发送和接收数据。

以下是用户进程用于发送或接收数据包以及执行其他套接字操作的套接字层函数。

- socket(2) 创建一个套接字，connect(2) 将一个套接字连接到一个远程套接字地址，bind(2) 函数将一个套接字绑定到一个本地套接字地址，listen(2) 函数告诉套接字应接受新的连接，accept(2) 函数用于获取新传入连接的套接字。socketpair(2) 返回两个匿名连接的套接字（仅为本地地址族使用，如 AF_UNIX）。
- send(2)、send-to(2) 和 sending(2) 通过套接字发送数据，recv(2)、recvfrom(2) 和 recvmsg(2) 从套接字接收数据。poll(2) 和 select(2) 等待到达数据或准备发送数据。同样，可以使用标准 I/O 操作（如 write(2)、writev(2)、sendfile(2)、read(2) 和 readv(2)）来读写数据。
- getsockname(2) 返回本地套接字地址，getpeername(2) 返回远程套接字地址。getsockopt(2) 和 setsockopt(2) 用于设置或获取套接字层或协议选项。ioctl(2) 可用于设置或读取其他一些选项。
- close(2) 用于关闭套接字。shutdown(2) 关闭全双工套接字连接。
- 套接字不支持使用非零位置查找或调用 pread(2) 或 pwrite(2)。
- 通过使用 fcntl(2) 在套接字文件描述符上设置 O_NONBLOCK 标志，可以在套接字上执行非阻塞 I/O。然后，所有将阻塞的操作（通常）将返回到 EAGAIN（稍后应重试该操作）；connect(2) 将返回 EINPROGRESS 错误。然后，用户可以通过 poll(2) 或 select(2) 等待各种事件。
- poll(2) 和 select(2) 的替代方法是让内核通过 SIGIO 信号通知应用程序有关事件的信

息。为此，必须通过 fcntl(2) 在套接字文件描述符上设置 O_ASYNC 标志，并且必须通过 sigaction(2) 安装 SIGIO 的有效信号处理程序。

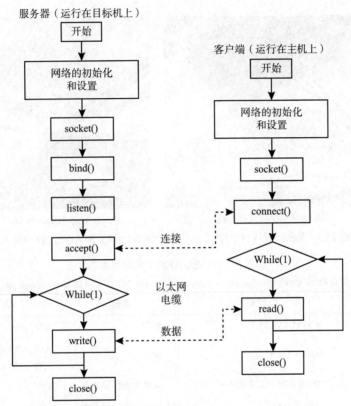

图 2.21　套接字服务器 - 客户端程序（线程 3）流程图[1]

2.5　控制系统组件的测试

在创建用于控制目的的软件架构之后，测试用于控制系统的组件或设备非常重要。在进行系统或设备的数值建模之前，使用了以下组件：

- 惯性测量单元。
- DVL 传感器单元。
- 图像视频单元。
- 深度传感器单元。

有一些方法可以测试传感器。但是，由于篇幅所限，只讲述以下方法。

2.5.1　惯性测量单元

Xsens MTi-30 AHRS 传感器（见图 2.22）通常用于运动测量。MTi 的尺寸为 57mm ×

42mm×24mm（长×宽×高），重 55g。传感器的静态精度为 0.5°。数据通过 USB 转串行端口电缆传输。实时数据（原始数据和校准数据）可以通过低级通信命令获得，最大采样率为 2kHz。详细规格如表 2.2 所示。

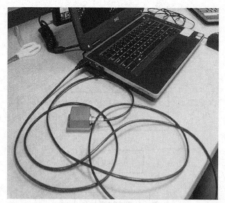

a）连接到便携式计算机　　　　　　　b）连接到 Athena PC104

图 2.22　Xsens MTi-30 AHRS 连接到便携式计算机和 Athena PC104[1]

表 2.2　MTi-30 AHRS 的规格参数

（引自 https://www.xsens.com/wp-content/uploads/2013/11/MTi_usermanual.pdf）

参数	说明	参数	说明
输入电压	4.5~34V 或 3V3	延迟	小于 2ms
典型功耗	480~570mW	接口	RS232/RS485/422/UART/USB（没有转换器）
IP 等级	IP 67（带封装的情况下）	标准陀螺仪量程	450°/s
温度	−40℃ ~85℃	标准加速度计量程	50m/s²
振动与冲击	MIL STD-202；2000g	陀螺仪运行中的零偏稳定性	18°/h
采样频率	10kHz	陀螺仪带宽	415Hz
输出频率	最高可达 2kHz	加速度计带宽	375Hz

在初始位置和初始速度已知的情况下，通过积分加速度信号 $a(t)$ 可以得到速度信号 $v(t)$ 和位置信号 $x(t)$。第一次积分后，应将初始速度添加到结果中，因为初始位置将在第二次集成后添加。这些操作由以下等式说明：

$$v(t) = v(t_0) + \int_{t_0}^{t} a(\tau) \, d\tau \qquad (2.1)$$

其中 t_0 为初始时间，$v(t_0)$ 为初始速度。从速度中获取位置信息，使用以下关系：

$$x(t) = x(t_0) + \int_{t_0}^{t} v(\tau) \, d\tau \qquad (2.2)$$

因此，要对加速度执行双重积分，需要知道初始位置和初始速度，以避免积分误差。在本项目中，初始速度为 0，初始位置为原始点。我们对加速度数据进行两次积分来确定笛卡儿坐标。远程控制的水下航行器的加速度将通过运动跟踪器 Xsens MTi-30 ARHS 用加速度计进行测量。但不幸的是，加速度计具有漂移现象，这是由加速度信号中微小的直流偏置引起的。理想情况下，加速度计不会产生用于测量振动的直流偏置。这种偏置会导致严重的积分误差。如果对加速度信号进行积分而没有任何形式的滤波的话，那么因为存在这种误差，随着时间的流逝，输出可能会变得无限大。

图 2.23 所示是一个放大的加速度信号的示例，该信号有轻微的负直流偏置。图 2.24 为双重积分后的速度误差和位移误差。本项目用了两种方法来消除随机偏置和漂移，以提高积分结果的准确性。为了解决漂移问题，可以使用高通滤波器去除加速度信号的直流分量。与信号的带宽相比，滤波器的频率响应具有非常低的截止频率。通过在积分之前执行滤波操作，可以消除漂移误差。

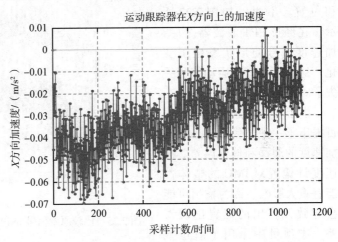

图 2.23　运动跟踪器 X 方向的加速度信号（静止状态下）[1]

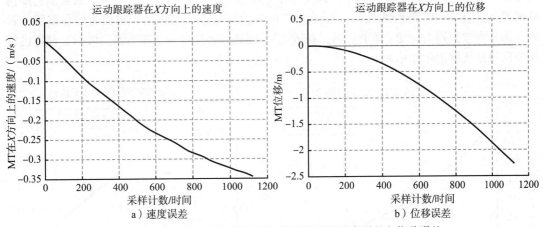

图 2.24　由加速度漂移和偏置引起的积分后的速度误差和位移误差

上述滤波器使用快速傅立叶变换（Fast Fourier Transform，FFT）去除直流附近的低频成分。FFT 滤波器处理如下：首先，获取加速度信号，并修改低频分量系数。随后是逆 FFT，以获得滤波后的信号。在 Ribeiro 的论文[4]中，建议使用较低的频率系数（低于 0.7Hz，即滤波器的截止频率），使其值等于截止频率系数以衰减直流分量。低频系数位于 FFT 序列的开头和结尾。人们通过实验对该方法进行了测试，结果如图 2.25 和图 2.26 所示。

对于平稳信号，带 FFT 滤波的双积分过程效果很好，克服了传感器的漂移和偏置。结果从一开始就非常准确。速度的差值和时刻为 0 时的位置在实际的初始条件值中可以忽略不计。这意味着无须直接测量就可以准确地计算出初始速度和位置。不过，如图 2.27 所示，在经过 FFT 滤波器之后，加速度信号的形状发生了变化。这意味着一些运动信号丢失了。

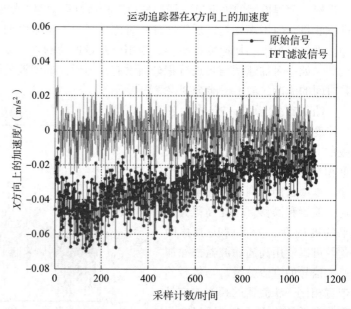

图 2.25　比较原始信号和 FFT 滤波的加速度信号（静止状态下）[1]

由于存在上述问题，本项目提出了一种替代方法来消除加速度的漂移和偏置误差。加速度计偏置对 IMU 的整体性能有重大影响，因为输出可能会导致计算出的位置出现误差。本项目中采用了航位推算（DR 算法）的方法来识别远程控制的水下航行器是在移动还是保持静止。详细过程为（见图 2.28）：首先，采集加速度信号；其次，计算加速度信号（acc）的平均值。如果加速度信号的平均值在 −0.03 和 0.03 之间，且无大于 0.15 的信号点，则该信号被视为信号偏置。否则，信号将被识别为运动（即航行器正在运动）。当远程控制的水下航行器行驶时，使用巴特沃斯高通滤波器消除漂移和偏置。

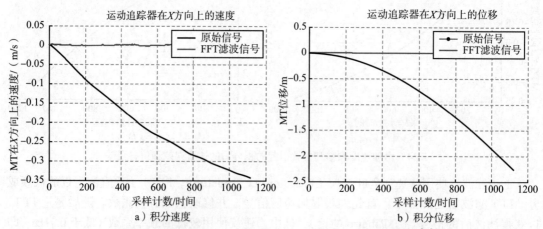

a）积分速度　　　　　　　　　　　　b）积分位移

图 2.26　原始的和经 FFT 滤波后的积分速度和积分位移对比[1]

以下实验对航位推算滤波器进行了说明。将运动跟踪器安装在水下航行器上，然后使用远程控制的水下航行器在开环（无任何控制）中沿着 X 方向直线移动约 2m 的距离。同时，获取远程控制的水下航行器的速度，以便与运动跟踪器的加速度积分结果进行比较。如图 2.29 所示，航位推算后的加速度曲线与原始数据非常相似。图 2.30 显示了运动跟踪器的速度曲线（积分后）与来自 DVL 的速度非常相似。

在 Y 方向采用了相同的测量方法，结果如图 2.31 和图 2.32 所示。结果表明，信号具有与原始数据相同的识别特征，并显示了正确的轨迹。

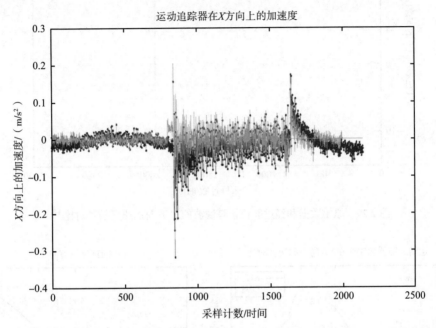

图 2.27　FFT 滤波前后的加速度信号示例（深色表示原始信号，浅色表示 FFT 滤波信号）[1]

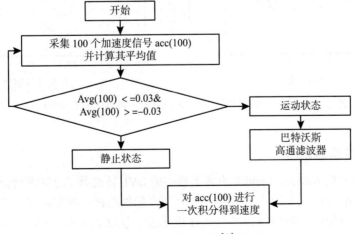

图 2.28　航位推算滤波器[1]流程图

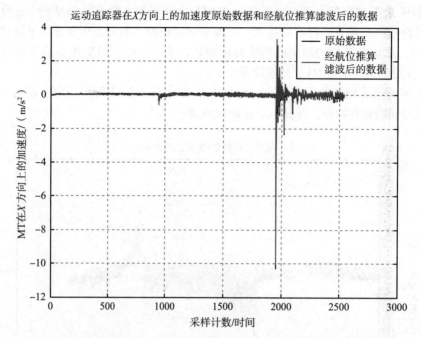

图 2.29 原始数据和经过航位推算滤波的 X 方向加速度信号对比[1]

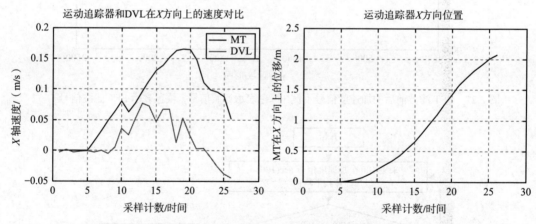

图 2.30 速度（DVL 与运动跟踪器的对比）和航位推算位置信号[1]

2.5.2 DVL 传感器单元

LinkQuest 公司的 NavQuest 600 是世界上最小的 DVL 传感器（请参阅 http://www.linkquest.com/html/intro_nq.htm）。该 DVL 传感器用于水下车辆的精确导航和定位。与其他产品相比，它具有体积小、重量轻、能够快速准确地输出速度、量程大和分辨率高等优点。NavQuest 600 DVL 微型传感器的一些参数如下：

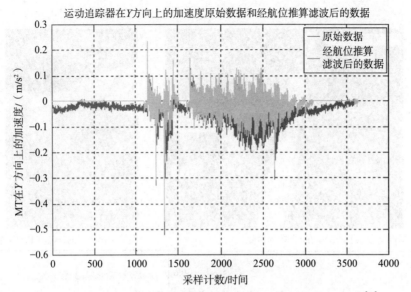

图 2.31   原始数据和经过航位推算滤波的 Y 方向加速度信号对比[1]

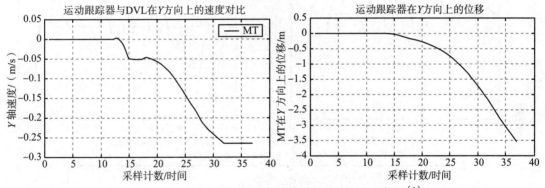

图 2.32 Y 方向上经过航位推算滤波的速度和位置信号[1]

- 最大高度：110m。
- 最小高度：0.3m。
- 精度：1% ± 1mm/s。
- 精度（P 型）：0.2% ± 1mm/s。
- 工作频率：600kHz。
- 深度：最大 6000m。

ASCII 命令可以从 LinkQuest 获得。我们将使用这些函数并通过基于 Linux 的环境检索数据。DVL 速度的曲线图如图 2.33 所示，其中速度全为 0（因为没有移动）。此健全检查表明 DVL 正在正常工作。DVL 需要在水中测试而不是在空气中，以免损坏设备。

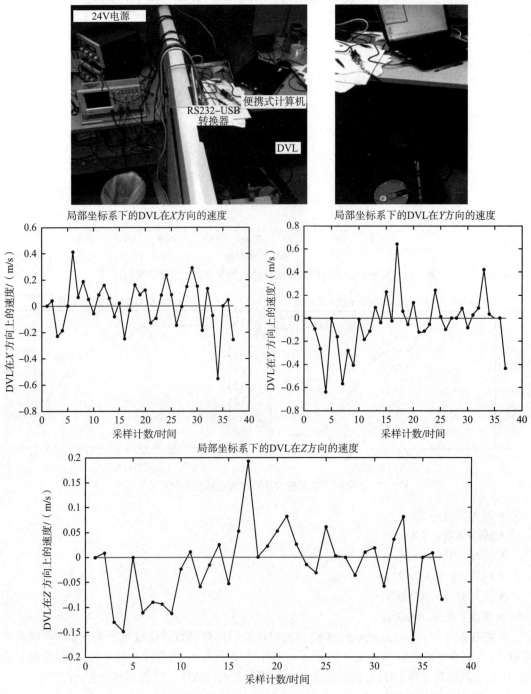

图 2.33 DVL 数据获取的画面 / 测试以及 X、Y、Z 方向上的速度信号[1]

2.5.3　图像视频单元

可以使用 Video4Linux2 提供的应用程序函数和数据结构来实现使用 USB Logitech Webcams C170 摄像机在水中进行视频获取的程序。本节中的大多数信息是从 IEEE/MTS OCEAN 2014 Conference[5] 上发表的论文中获得的。V4L2 支持许多设备和功能，例如：

- 视频捕获接口从摄像机获取视频数据。
- 视频输出接口允许应用程序驱动可提高视频图像质量的外围设备。

使用的摄像机驱动程序（请参阅 http://www.ideasonboard.org/uvc/）为 Linux-uvc。该驱动程序是 USB 视频设备的开源驱动程序，支持 Video4Linux2 API。UVC 规范支持许多用于视频流输入和输出的设备。

获取图像（或视频）后，使用多平台工具包 GTK+ 创建 GUI。使用 Video4Linux2 提供的驱动程序函数和数据结构实现 USB 摄像机（即 USB Logitech Webcams C170 摄像机）图像 DAQ，如图 2.35 所示。

在 Linux 操作系统下，所有外围设备都被视为特殊文件，称为设备文件。系统调用以及各种库直接或间接提供内核与应用程序之间的接口，而驱动程序是内核与外围设备之间的接口，它完成了初始化和释放设备以及各种操作最终处理函数的文档。使用的 USB 网络摄像机驱动程序模块是 Linuxuvc，它可以支持 Video4Linux2 API。首先，我们需要在主机上编译 linuxuvc 和 Video4Linux2 文件，得到 videodev.ko 和 videouvc.ko。然后使用 insmod 命令将这两个模块安装到目标系统中。下面的视频图像获取程序使用了接口应用程序定义的函数和数据结构。详细流程图如图 2.36 所示。

视频图像获取程序所使用的步骤描述如下（见图 2.34）：

1）打开摄像机并获取名为 fd 的相应文件描述符，以操作该设备。

2）收集设备属性，使用 ioctl 函数在 Video4Linux2 API 中设置图像格式。

3）使用 Ioctl (fd, VIDIOC_QUERYCAP, &cap) 查询设备功能，使用 Ioctl (fd, VIDIOC_S_FMT, &cap) 设置图像格式，使用 Ioctl (fd, VIDIOC_S_PARM, &setfps) 设置视频格式。

4）使用 mmap (NULL, buf.length, PROT_READ|PROT_WRITE, MAP_SHARED, fd, buf.m.offset) 映射内部内存，映射用户空间和内核空间之间的工作。

5）使用 Ioctl (fd, VIDIOC_STRE-

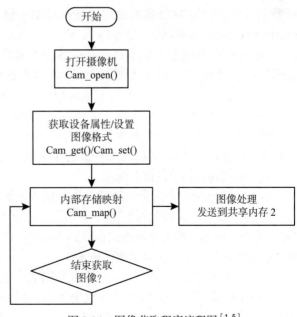

图 2.34　图像获取程序流程图[1,5]

AMON, &type) 函数捕获一帧图像，并使用 Ioctl (fd, VIDIOC_STREAMON, &type) 函数读取图像原始数据。

6）使用以太网电缆将图像文件传输到主机进行显示，但是摄像机的 DAQ 格式为 YUV，占用空间大并且不适合传输。因此，在这一步进行图像处理。使用 Ioctl (fd, VIDIOC_STREAMOFF, &type) 函数刷新帧缓冲区以捕获下一帧。

7）释放内存并关闭设备。

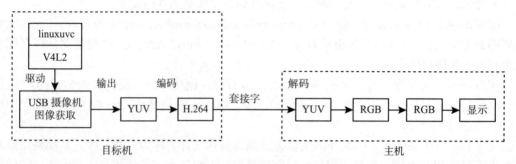

图 2.35　摄像机图像获取系统的过程[1,5]

摄像机系统的硬件架构如图 2.37 所示。水下视频图像获取系统是使用客户端 - 服务器模型设计的，用来传输两路视频图像数据。共包括两部分：目标板和主机通过以太网电缆（在脐带电缆内部）连接。目标板使用 Athena 板卡，该板卡有稳定的 CPU 复位芯片和内核电源芯片，以确保系统的稳定性。为了从水下不同角度获取高质量的视频图像，使用了两个 USB Logitech Webcams C170 摄像机进行视频获取。摄像机支持 USB Video Class Linux 设备驱动程序（UVC）和 YUV422 数据格式。YUV422 数据格式在两个像素之间共享 U 和 V 值。例如，Pixel Number=0 的像素值为 U0Y0V0，而 Pixel Number=1 的像素值为 U0 Y1V0。

Linux 操作系统在主机上运行。引导加载程序 Grub2、编译的内核、根文件系统和动态模块已保存到位于 Athena Ⅲ 板上的 8G 闪存盘中。主机可以通过以太网电缆使用 NFS 与开发板进行通信。目标系统板的 IP 地址为 192.168.0.2，同时将主机 IP 地址设置为 192.168.0.1，以确保它们位于同一子网中。在测试过程中，Linux 系统启动时间约为 12.20s。在主机上成功编译后，视频图像采集程序将在目标计算机上运行。双摄像机的视频图像采集系统在实验室环境中的 150L 水箱中进行了测试。整个系统的测试设置如图 2.38 所示。将两个摄像机放置在水箱中以捕获图像。

为了获得清晰、高质量的图像，除了硬件因素外，重点是确保在传输（即编码和解码）程序期间，每个图像帧数据和上下文都不会在转换中丢失。以一帧数据（分辨率为 320×240）为例，将其转换为不同格式保存到不同文件中，然后使用 pYUV 阅读器和 VLC 媒体播放器验证图像的大小，比较图像的质量。

在表 2.3 中，服务器端和客户端有相同大小的 .h264 文件。可以验证在通过以太网电缆进行 UDP 套接字传输期间没有数据丢失。使用 X264 编码器将 YUV420 帧数据转换为 H264 文件，压缩比为 16 052/115 200 = 13.93%，大大节省了网络带宽，减少了时延，确保了实时传输性能。

表 2.3　在传输过程中不同格式的单帧数据（分辨率为 320×240）的文件大小 [1, 5]

文件格式	YUV422	YUV420	H264（目标机）	H264（主机）	RGB24
大小（字节）	153 600 字节	115 200 字节	16 052 字节	16 052 字节	460 800 字节

　　装有嵌入式 Linux 的 Athena PC104 平台的远程水下双摄像机视频图像采集系统经过了测试。为了实现该系统，Linux 操作系统移植了 UVC 驱动程序、V4L2、X264 和 FFMPEG。如测试结果所示，该配置能够执行多通道摄像机图像采集、数据压缩和传输，而不会互相干扰，并且不会丢失数据。因此，本系统适用于水下多通道信号采集应用。

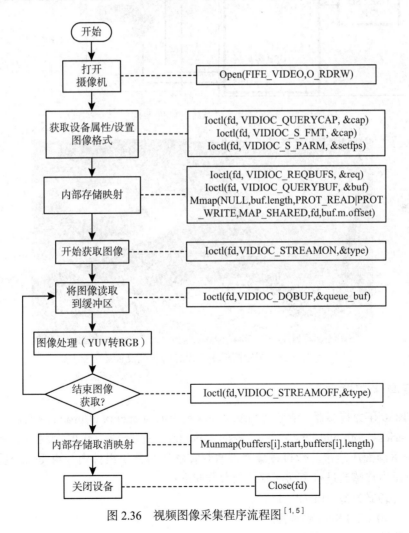

图 2.36　视频图像采集程序流程图 [1, 5]

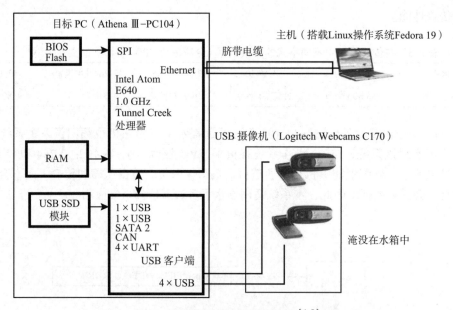

图 2.37 摄像机系统的硬件架构[1,5]

图 2.38 视频图像采集系统的测试设置[1,5]

2.5.4 深度传感器单元

PDCR1830 压力传感器（请参阅 http://www.eurotronbenelux.nl/products/druksensoren/ptx-pdcr-1830-series-depth-and-level-pressure-sensors.html）是最新一代的全浸入式高性能传感器，用于测量静液压液位。微机械硅元件密封在钛压力模块组件内，与压力介质完全隔离。在水箱中对压力传感器进行了功能测试，参数如下：

- 压力传感器类型：PDCR_1830。
- 精度：±0.1% FSR（满量程）。
- 压力范围：50mV（适用于 2.5psig~5psig（即 3.5m））。

- 电缆长度：1m（3ft[⊖]）。
- 电线布局：6 线配置。

深度传感器的满量程输出电压非常小（0~100mV），Athena III 板的模数转换器电压在 0~10V 之间。为了获得更准确的数字数据，深度传感器的输出应该在目标板卡中进行模拟处理之前处理。在本项目中，使用 AD627 放大了深度传感器的模拟信号。

- 定义放大器电路的增益：$Gain = 5 + (200k\Omega/R_G)$。
- 理想 $Gain = 10V/100mV = 100$，本项目中 $R_G = 2.358k\Omega$，$Gain = 90$。

图 2.39 显示了放大深度传感器的输出信号的 AD627 的配置，电路在单电源模式下工作（+5V）。REF 引脚设置为 2.5V。

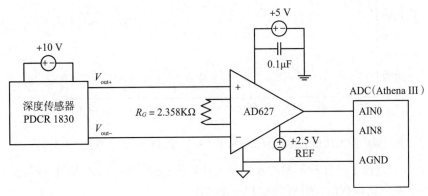

图 2.39　放大器电路连接[1]

测试环境和结果如下所示。压力和水柱高度之间的校准关系如图 2.40 所示。正如所观察到的，在不同水深上结果都是非线性的。

- 测试深度：最大 1m。
- 测试水的温度：23℃。
- 测试激励电压：取最大电流 5mA 时为 10V。
- 传感器的灵敏度数据（来自 GE-Druck 的校准测试报告）。

计算出的传感器的灵敏度：对于水柱不超过 10.55m 的传感器，灵敏度为 0.653mV/V/psig（请参见表 2.4 中的下划线）。

表 2.4　不同 mH_2O 的情况下 PCR1830 压力传感器的灵敏度[1]

满量程输出 /FRO/mV	98.0	98.0	98.0	98.0	98.0	98.0	98.0
压强 / mH_2Og	10.55	21.09	31.64	31.64	42.18	52.37	52.37
压强 / psig	15.00	30.00	45.00	45.00	60.00	75.00	75.00
% 偏差 FRO/mV	−0.03	−0.06	−0.05	−0.06	−0.01	0.05	0.05
偏差 / mV	−2.94	−5.88	−4.90	−5.88	−0.98	4.90	4.90

⊖　1ft=0.3048m。——编辑注

（续）

灵敏度 / (mV/psig)	6.53	3.27	2.18	2.18	1.63	1.31	1.31
励磁电压输入 / V	10.00	10.00	10.00	10.00	10.00	10.00	10.00
敏感度 / (mV/V/psig)	0.653	0.327	0.218	0.218	0.163	0.131	0.131

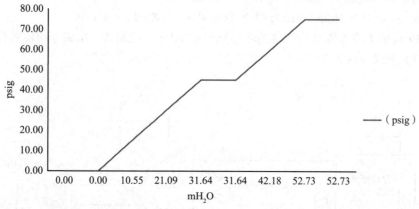

图 2.40　PCR1830 传感器的校准结果（来自 GE-Druck 的校准测试报告）[1]

　　乘数（1/灵敏度）是针对不同的水柱高度计算得出的，如表 2.5 所示。因此，对于不同的水柱高度有不同的乘数值，需要在 C 程序中考虑。

表 2.5　不同 mH_2O 情况下 PCR1830 压力传感器的乘数（1/灵敏度）

压强 /mH_2Og	10.55	21.09	31.64	31.64	42.18	52.73	52.73
乘数 / (psig/mV/V)	1.531	3.061	4.592	4.592	6.122	7.653	7.653
(M) =1/ 敏感度 / (mH_2O/mV/V)	1.076	2.152	3.228	3.228	4.305	5.381	5.381

　　上述测试用到的设备如图 2.41 所示。传感器浸没在聚乙烯水箱（直径为 0.5m，高度为 1.035m）中，最大存储容量为 193L。

2.6　卡尔曼滤波器

　　为了提高远程控制的水下航行器的精度，人们提出了一种松散集成的 IMU/DVL 导航方法。这两个子系统分别测量和计算水下航行器的速度，如图 2.42 所示。然后，使用间接误差卡尔曼滤波器对速度数据进行融合。此方法不需要对 IMU 或 DVL 进行任何修改，并且具有很好的性能。

图 2.41　压力传感器的实验设备[1]

在该系统中，IMU 子系统在高频率下工作，而卡尔曼滤波器在低 DVL 输出频率下工作。最终可以获得估计的速度。IMU 和 DVL 固定在远程控制的水下航行器中。记录 IMU 的加速度和 DVL 的速度。图 2.43～图 2.46 显示了 X 和 Y 方向传感器数据融合的结果。可以看到，经过卡尔曼滤波后，速度误差变小了。

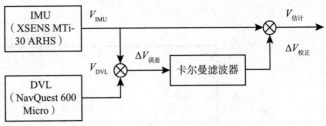

图 2.42　卡尔曼滤波框图[1]

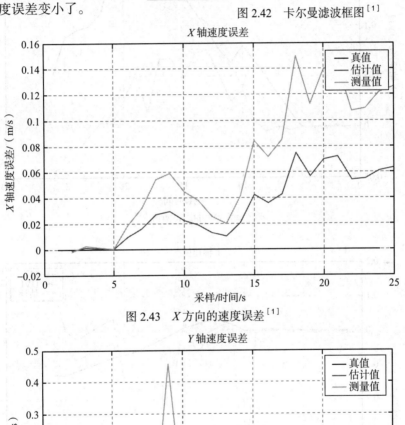

图 2.43　X 方向的速度误差[1]

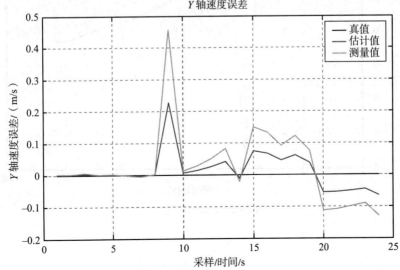

图 2.44　Y 方向的速度误差[1]

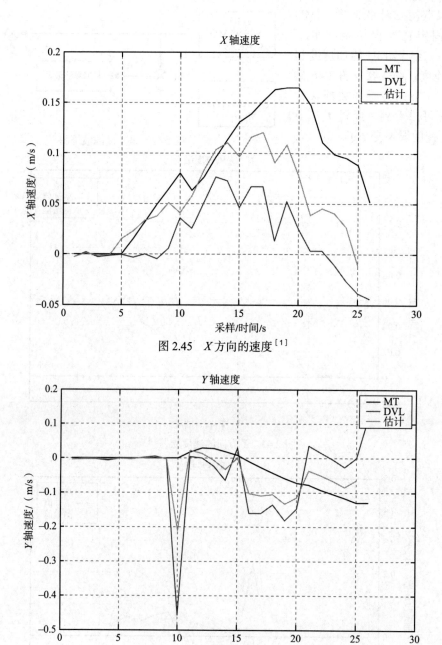

图 2.45 X 方向的速度[1]

图 2.46 Y 方向的速度[1]

2.7　图形用户界面

图形用户界面（Graphical User Interface，GUI）是一种界面类型，与基于文本的界面、文本导航或输入的命令标签不同，它允许用户通过视觉指示器和图形图标（例如辅助符号）与电子传感器、命令输入和执行器进行交互。GUI 被视为增强操作员灵活性的基本要求。一段时间以来，远程呈现系统作为一种实现高度灵巧和直观的远程操作系统的手段被研究。AUV 对接环 GUI 控制系统面板包含两个主要功能：发送控制命令以手动和自动地控制推进器；实时显示传感器和推进器的状态。GUI 控制面板的实际布局如图 2.47 所示。

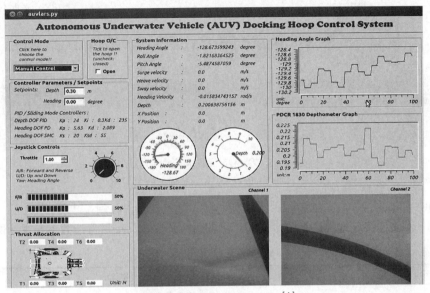

图 2.47　GUI 控制面板布局[1]

在 Linux 上创建 GUI 应用程序可以有不同的方式。在比较了 Python 与其他编程语言（Perl、Python、Rexx、Tcl）之后，决定使用 Python 编程语言和 Qt 库，称为 PyQt。PyQt 是在 Linux 桌面环境下最简单、最实用的编程语言和库，并且就运行时间和内存消耗而言，通常比 Java 更好，并且不比 C 或 C++ 差很多。因此，人们选择了 Python 编程语言。另外，Qt 是一个 GUI 框架，免费并且开源。PyQt 是 Qt 的 Python 版本。GUI 框架的两个主要标准是易于使用和跨平台（Windows 和 Linux）。PyQt 非常符合标准。为了便于软件开发，IDE 由源代码编辑器、自动化构建工具和调试器组成。由于选择了 Python 和 Qt，因此需要使用集成 Python 编辑器的 IDE，该 IDE 基于跨平台的 Qt GUI 工具包。因此，选择了用 Python 编写的基于 Qt GUI 的 Eric4 Python IDE。

Eric4 Python IDE 包括一个插件系统，可使用从互联网下载的插件轻松地扩展 IDE 功能。总之，GUI 控制面板是使用 PyQt4、Python 2.7 和 Eric4 Python IDE 设计的。下面将简要描述软件包的总体视图。如图 2.48 所示，预先配置的嵌入式开发环境，预先构建的 Qt（引自 www.integraatio.fi）优化的软件堆栈可立即部署到 ATHENA Ⅲ 嵌入式板卡上，允许用户启动和运行，并带有可工作的嵌入式项目原型。它可以在提供灵活的全框架模块化架构的同时优化本机 C++ 库，最小化占用空间，同时提供灵活的全框架模块化架构，以提供无与伦比的可扩展性。

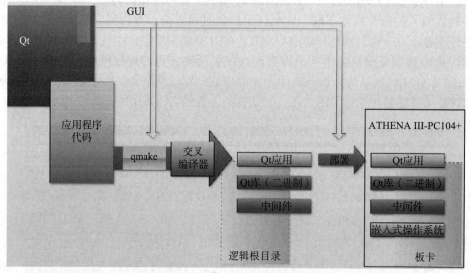

图 2.48　Qt 用户界面和应用流程图
（引自 http://www.qt.io/developers/）

在 GUI 中有 6 个 AUV 对接环相关功能模块（见表 2.6），分别是主控制模式、对接环的开关控制、网络连接、远程控制的水下航行器的传感器读数、推进器读数以及视频图像显示。

表 2.6　AUV 对接环 GUI 的功能模块[1]

工具箱对象	描述
主控制模式	自动控制模式 手动控制模式（使用遥控器）
对接环开关控制	打开或关闭对接环
网络连接	TCP：命令和传感器数据读取 UDP：视频帧数据
传感器读数	高度：偏航、横滚和俯仰仪表板 角速度：p、q 和 r 位置：x、y 和 z 图形
推进器读数	推进器数据：电流、转矩、电压、推力分布
视频显示	两个 320×240 的视频通道

- 主控制模式——使用自动控制或手动控制 AUV 对接环。
- 对接环开关控制——控制和显示对接环的打开和关闭状态。
- 网络连接——显示 AUV 对接环和水面船只之间的网络连接状态。本项目中使用套接字技术通过 TCP 实现控制命令的发送以及传感器数据的采集。UDP 用于快速图像视频帧数据传输。UDP 使用具有最少协议机制的简单无连接传输模型。

- 传感器读数——显示所有传感器数据并绘制 2D 图形，包括 AUV 对接环在机身固连坐标系中的位置和速度以及航行器在地固坐标系中的位置。
- 推进器读数——显示 6 个推进器的状态。将显示推进器的参数，例如电流、转矩、电压和推力分布。
- 视频显示——显示由 2 个 USB Logitech Webcams C170 摄像机捕获的视频。一个 USB 网络摄像机驱动程序模块，Linuxuvc 可以支持 Video4Linux2 API。

控制系统面板的简要开发过程如图 2.49 所示。首先，使用 Qt 设计器来设计和构建 GUI。然后，使用 Eric4 Python IDE 将 *ui 文件编译为扩展名为 *.py 的 Python 文件。最后，后台程序是使用 Python 语言编写的。

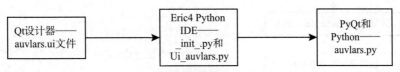

图 2.49　AUV 对接环控制系统面板的开发过程[1]

AUV 对接环 GUI 控制系统的控制面板是使用基于 Python 语言的多线程技术实现的。如图 2.50 所示，这 5 个线程分别是控件检测和更新线程、TCP 线程、2 个 UDP 线程和一个遥控器线程。每个线程都使用全局变量进行通信。一种方法是使用异步队列在线程之间传递消息。这样可以避免在线程之间使用共享数据，并且只有队列需要是线程安全的。异步队列是使用不同的同步原语实现的：管道或套接字、使用互斥锁和条件变量保护的队列以及非阻塞或无锁队列。

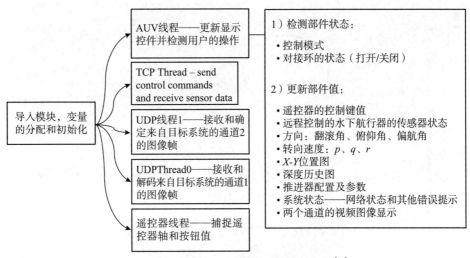

图 2.50　基于 Python 语言的多线程技术[1]

在主机（便携式计算机）中，视频图像 UDP 线程负责通过 UDP 套接字从水下航行器接收帧数据。使用 FFMPEG 解码器对帧数据进行解码。输出使用 RGB 格式帧显示，图 2.51 显示了视频图像 UDP 线程处理程序流程图。

如何在 Python 中调用 FFMPEG 模块（C 函数）？首先，我们需要在 Python 中导入 ctypes 模块以支持 FFMPEG 模块。整个 GUI 控制面板的主线程具有两个功能，即检测并响应用户的操作以及更新所有控件的值和状态。实际的 GUI 显示如图 2.52 所示。

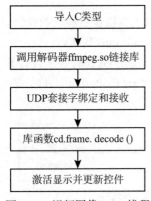

图 2.51　视频图像 UDP 线程　　图 2.52　用于远程控制的水下航行器控制模
处理程序流程图[1]　　　　　式设置和状态设置的控件[1]

窗口控件的状态和值的显示如图 2.53 和图 2.54 所示。采用机身固连坐标系下的角速度，数码管和刻度盘上采用设定值。显示地球坐标系中的方向（横滚角、俯仰角和偏航角）。此外，深度图显示在 GUI 中。图 2.54 显示了 6 个推进器的推力、电流和电压值。这些参数的值会被记录下来。

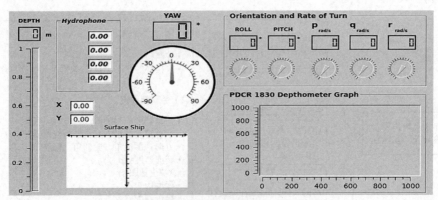

图 2.53　传感器读数显示[1]

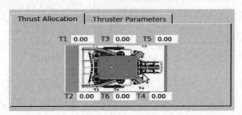

图 2.54　推进器状态[1]

参考文献

［1］Lin，WP. Design and Implementation of AUV Docking Hoop Control System，Master of Philosophy Thesis，Newcastle University，United Kingdom，February 2016.

［2］Chin，CS，Lin，WP，and Lin，JY. Experimental Validation of Open-Frame ROV model for Virtual Reality Simulation and Control. Journal of Marine Science and Technology vol. 23，no. 2，pp. 267–287，June 2018.

［3］Lin，WP，Chin，CS，Looi，LCW，Lim，JJ，and Teh EME. Robust Design of Docking Hoop for Recovery of Autonomous Underwater Vehicle with Experimental Results. Robotics. Guest Editors: Prof. Thor I. Fossen and Prof. Ingrid Schjølberg，NTNU，Trondheim，Norway 2015，4（4），492–515.

［4］Ribeiro，A，Giannakis，G，and Roumeliotis，S. SOI-KF: Distributed Kalman Filtering with Low-cost Communications Using the Sign of Innovations. IEEE Transactions on Signal Processing，vol. 54，no. 12，pp. 4782–4795，December 2006.

［5］Lin，WP and Chin CS. Remote Underwater Dual Cameras Video Image Acquisition System using Linux Based Embedded PC104. MTS/IEEE OCEANS 2014，Taipei，China.

第 3 章
嵌入式水下航行器系统的建模与仿真

3.1 概述

数值建模和仿真技术在工程应用中必不可少。在过去的几十年里，这项技术不断发展，并在工业界和研究机构中发挥着重要作用。近几十年来，数值建模与仿真技术在水下航行器等海洋交通工具中的应用逐渐增多，许多水下航行器被应用于海底勘探和水下安装作业。远程控制的水下航行器（ROV）是在人类潜水员无法到达的更深、更危险的区域执行各种任务的主要工具。然而，水下航行器在精确操作方面还面临着诸多挑战，例如在航行器运行过程中不可预测的水流和波浪干扰等。操控性和机动性成为当前水下航行器设计中最重要的任务。一个完整的船舶控制系统包含 3 个独立的模块，分别为制导、导航和控制（GNC）系统。在为水下航行器设计一个良好的 GNC 系统时，需要建立一个动力学模型。

3.2 ROV 概览

如图 3.1 所示，这里介绍的 ROV 具有 6 个运动自由度（DOF），分别由 6 个推进器控制，每个推进器可以产生的最大推力为 100N。从船舶上通过脐带电缆或系绳连接到水下航行器上，可提供 220V 交流电压供能。

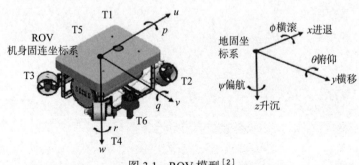

图 3.1 ROV 模型[2]

对航行器或设备进行建模通常是执行数值仿真前的初始步骤。在本章中，通过计算流体动力学（Computational Fluid Dynamic，CFD）方法获得 ROV 的水动力阻尼和附加质量系数[1]。文中讨论了该水下航行器的设计，并对其进行了建模和仿真。该航行器（见表 3.1）的质量为 135kg，其外形尺寸为 1455mm（长）×950mm（宽）×1710mm（高）。

表 3.1　ROV 具体参数表

类型	参数值
尺寸	1455mm×950mm×1710mm
重量	135kg
推进器数量	6
功率	220/24V

该 ROV 是针对更小型航行器的布放、回收而设计的。6 个水下推进器用于驱动 ROV 的 6 个运动自由度，即进退、横移、升沉、横滚、俯仰和偏航，各自由度间存在高度耦合。在 ROV 中使用了 Xsens MTi 10 系列、PDCR1830 深度传感器和 NavQuest 微型 DVL（600kHz）等几种用于速度和位置测量的传感器。

为了简化 ROV 模型，基于以下假设对 ROV 动力学方程进行推导：

- 低速运行（小于 1m/s）；
- 刚体，完全浸没于水中（无波浪和水流干扰）；
- 中性浮力设计；
- 不考虑连接到 ROV 上的系绳（或脐带电缆）的动力学因素。

ROV 所用的符号（见表 3.2）遵循美国造船与轮机工程师协会（SNAME）的约定。

表 3.2　用于 ROV 的符号[3]

自由度	运动描述	力和力矩	线速度和角速度	位置和方向
1	x 方向运动（进退）	X	u	x
2	y 方向运动（横移）	Y	v	y
3	z 方向运动（升沉）	Z	w	z
4	绕 x 轴旋转（横滚）	K	p	ϕ
5	绕 y 轴旋转（俯仰）	M	q	θ
6	绕 z 轴旋转（偏航）	N	r	ψ

3.3　ROV 动力学建模

本节介绍的 ROV 动力学建模的细节参见文献［1，7］。在机身固连坐标系中，使用牛顿力学对 ROV 刚体进行建模是最常见的方法[4]，如式（3.1）所示：

$$M_{RB}\dot{v} + C_{RB}(v) = \tau_{RB} \tag{3.1}$$

其中 $M_{RB} \in \mathfrak{R}^{6 \times 6}$ 是质量惯性矩阵，$C_{RB} \in \mathfrak{R}^{6 \times 6}$ 是科里奥利力和向心力矩阵，$\tau_{RB} \in \mathfrak{R}^6$ 是所受外力和力矩的矢量，$v = [u \ v \ w \ p \ q \ r]^T \in \mathfrak{R}^6$ 是线速度和角速度矢量。

根据 Fossen 的研究成果[4]，可将式（3.1）中的质量惯性矩阵写成：

$$M_{RB} = \begin{bmatrix} m & 0 & 0 & 0 & mz_G & -my_G \\ 0 & m & 0 & -mz_G & 0 & mx_G \\ 0 & 0 & m & my_G & -mx_G & 0 \\ 0 & -mz_G & my_G & I_x & -I_{xy} & -I_{xz} \\ mz_G & 0 & -mx_G & -I_{yx} & I_y & -I_{yz} \\ -my_G & mx_G & 0 & -I_{zx} & -I_{zy} & I_z \end{bmatrix} \tag{3.2}$$

其中，该矩阵中的分量 m 表示航行器的质量（其中 I_x、I_y、I_z、I_{xy}、I_{xz}、I_{yz} 表示 ROV 的惯性矩）。ROV 的重心坐标为 x_G、y_G、z_G。

用科里奥利力和向心力矩阵描述航行器的角运动如下：

$$C_{RB}(v) = \begin{bmatrix} 0_{3 \times 3} & C_{12}(v) \\ -C_{12}^T(v) & C_{22}(v) \end{bmatrix} \tag{3.3}$$

其中：

$$C_{12}(v) = \begin{bmatrix} m(y_G q + z_G r) & -m(x_G q - w) & -m(x_G r + v) \\ -m(y_G p + w) & m(z_G r + x_G p) & -m(y_G r - u) \\ -m(z_G p - v) & -m(z_G q + u) & m(x_G p + y_G q) \end{bmatrix} \tag{3.4}$$

$$C_{22}(v) = \begin{bmatrix} 0 & -I_{yz} q - I_{xz} p + I_z r & I_{yz} r + I_{xy} p - I_y q \\ I_{yz} q + I_{xz} p - I_z r & 0 & -I_{xz} r - I_{xy} q + I_x p \\ -I_{yz} r - I_{xy} p + I_y q & I_{xz} r + I_{xy} q - I_x p & 0 \end{bmatrix} \tag{3.5}$$

如式（3.1）所示，τ_{RB} 包括 3 种不同的水动力和力矩。第一种包括阻力、附加质量和恢复力，记为 τ_H。推进器产生的推进力记为 τ。

$$\tau_{RB} = \tau_H + \tau \tag{3.6}$$

在本节中，确定了水动力和力矩 τ_H。这些水动力和力矩用下列方程表示：

$$\tau_H = -M_A \dot{v} - C_A(v)v - D(v) - g(\eta) \tag{3.7}$$

将式（3.7）代入式（3.6），再代入式（3.1）中，得到 ROV 的运动方程如下：

$$M \dot{v} + C(v)v + D(v) + g(\eta) = \tau \tag{3.8}$$

式中 $v = [u \ v \ w \ p \ q \ r]^T$ 是物体相对于机身固连坐标系的速度矢量，$\eta = [x \ y \ z \ \phi \ \theta \ \psi]^T$ 是水下航行器相对地固坐标系的位置矢量。$M = M_{RB} + M_A \in \mathfrak{R}^{6 \times 6}$ 是刚体和附加质量的惯性矩阵。作用于 ROV 上的重力和浮力矢量用 $g(\eta)$ 表示。ROV 是中性浮力（$W = B$）的，并且浮心的 $X - Y$ 坐标与重心的 $X - Y$ 坐标重合（通过在航行器上添加附加质量实现）。由于 $(z_G - z_B) = -0.397m$，

因此产生的 $g(\eta)$ 可以表示为 $g(\eta) = [0\ 0\ 0\ -0.397W\cos\theta\sin\varphi\ -0.397W\sin\theta\ 0]^{\mathrm{T}}$。刚体和附加质量的科里奥利力和向心力矩阵定义如下：$C(V) = C_{\mathrm{RB}}(v) + C_{\mathrm{A}}(v) \in \Re^{6\times 6}$。$D(v) \in \Re^{6\times 6}$ 是由于周围流体造成的阻力矩阵。输入力和力矩矢量 $\tau = Tu \in \Re^6$ 将推力输出矢量 u 与推力器配置矩阵 T 联系起来。由该 ROV 的设计可知，它拥有一个具有 6 个推进器的全驱动系统。基于推进器布局的推进器配置矩阵 T 的定义如下：

$$T = \begin{bmatrix} 0 & 0 & 0 & 0 & \cos\alpha & \cos\alpha \\ -\cos\beta & \cos\beta & 0 & 0 & \sin\alpha & -\sin\alpha \\ \cos\beta & \cos\beta & 1 & 1 & 0 & 0 \\ 0.155\cos\beta & -0.155\cos\beta & -0.275 & 0.275 & 0 & 0 \\ 0.394\cos\beta & 0.394\cos\beta & -0.035 & -0.035 & 0.430\cos\beta & 0.430\cos\beta \\ -0.394\sin\beta & 0.394\sin\beta & 0 & 0 & -0.660\sin\beta & 0.660\sin\beta \end{bmatrix} \quad (3.9)$$

式中，$\alpha = 45°$ 是 T5 和 T6 的倾斜角，而 $\beta = 45°$ 是 T1 和 T2 的方向角。注意，T3 和 T4 是图 3.1 所示的两个垂直推进器。3.3.1 节和 3.3.2 节将讨论水动力附加阻尼和质量系数的计算方法。

3.3.1　水动力阻尼模型

文献［1］中计算了一个 ROV 的水动力阻尼系数。该航行器的质量为 75kg，体积为 0.05m³，表面积为 4.75m²。这个水下航行器的惯性矩见表 3.3。

表 3.3　ROV 的惯性矩[1]

惯性矩 /kg·m²	值	惯性矩 /kg·m²	值	惯性矩 /kg·m²	值
I_{xx}	2.51	I_{xy}	0	I_{xz}	0
I_{yx}	0	I_{yy}	3.38	I_{yz}	0.01
I_{zx}	0	I_{zy}	0.01	I_{zz}	1.73

因此，式（3.1）中的 ROV 刚体质量惯性矩阵可以写成：

$$M_{\mathrm{RB}} = \begin{bmatrix} 75.00 & 0 & 0 & 0 & 0 & 0 \\ 0 & 75.00 & 0 & 0 & 0 & 0 \\ 0 & 0 & 75.00 & 0 & 0 & 0 \\ 0 & 0 & 0 & 2.51 & 0 & 0 \\ 0 & 0 & 0 & 0 & 3.38 & 0.01 \\ 0 & 0 & 0 & 0 & 0.01 & 1.73 \end{bmatrix} \quad (3.10)$$

潜入水中的航行器本体在运动时会产生升阻效应。该阻力成分包括摩擦阻力和压差阻力。边界层引起的摩擦阻力取决于水下航行器与流体接触的表面积。阻力是关于速度的线性函数或二次函数，或者是线性项和二次项的总和（如本节中所用），以及高阶形式。众所周知，航行器在参考状态下所受到的稳定阻力取决于速度的平方和雷诺数的系数（对于充分淹没在流体中的物体而言）。在小扰动过程中，物体受到的力随运动的变化可以用速度的线性函数来很好地建模。因此，线性系数足以表示 ROV 在低速状态下由于流体非黏性部分产生的作用力和力矩。

ROV 的水动力阻尼矩阵可以进一步简化。水下航行器的水动力阻尼矩阵 $D(v)$ 中的非对角元素与对角元素相比较小[4]。因此，可将 $D(v)$ 简化为对角矩阵：$\mathrm{diag}\left[\left\{X_u, Y_v, Z_w, K_p, M_q, N_r\right\}\right]$。在 CFD 软件 STAR CCM+ 中使用了剪切 – 应力 – 输运（SST）模型，建立了雷诺数流动条件大于 1.0×10^6 的非定常三维流动湍流模型。$k-\omega$ SST 模型是预测逆压梯度下流动分离的两种常用模型之一，它提供了在逆涡流黏度下一个非常准确的流动分离量的预测值。为了使用 SST 模型，边界层应该设置至少 10 个网格节点，通过检查航行器表面的 y+ 值来完成，该值必须在 1 左右。

流体域的运动预计是湍流和等温的。温度设定为 20℃，且水被模拟为不可压缩流体。在 CFD 中分析作用于 ROV 的阻尼力时，将流体域设置为无限大是不切实际的。因此，流体域的尺寸大约设置为航行器尺寸的 15 倍（见图 3.1），以保证所采用的实际流域的精度[5]。为了确保流域具有高保真度，需要定义流域的属性。在没有湍流动能和入口流耗散数据的情况下，湍流特性很难确定。仿真中采用湍流强度来描述湍流特性。对于航行器上的外部流动，湍流强度选择为 0.1%，出口边界处采用静压。在湍流壁面边界流动中，需要采用对数法预测速度分布。流体域的侧面、顶部和底部采用自由滑壁边界条件进行建模。由于流体的黏性，航行器表面边界条件定义为不滑动，并且航行器的表面速度接近 0。

STAR CCM+ 求解器需要设置初始变量值才能开始稳态计算。求解器控制的适当设置对于促进仿真结果的收敛是至关重要的。在 STAR CCM+ 求解器中，选择适当的时间步长有助于获得良好的收敛速度。使用物理时间步长实现收敛可以提供足够的非线性松弛。该时间步长是基于流体域长度（L）和初始速度（U）的三分之一而合理估计的，因此 $t = \dfrac{L}{3U} = \dfrac{15}{3 \times 1} = 5\mathrm{s}$。表 3.4 显示了初始条件和求解器控制设置。

表 3.4　初始条件和求解器控制设置

设置	值	设置	值
初始条件 > 湍流强度	0.1%	物理时标控制	5[s]
停止准则 > 最大步长	60		

在进行 CFD 仿真之前，需要正确地定义网格的大小，因为边界形状在创建压力梯度时十分重要，这会对边界层有很大影响。网格的尺寸最好足够小，以捕获 ROV 的几何形状。利用层膨胀技术可以捕获边界层附近的流动。为了保证网格误差最小从而提高网格质量，在表面网格划分前采用表面包覆技术进行几何加工。

整个体积中的网格数约为 2 069 270 个，流体域内约有 546 712 个。图 3.2 显示了航行器周围流域的三维体积网格。可以看到，尾流区中机体下面的网格比在区域边界附近的网格更细。

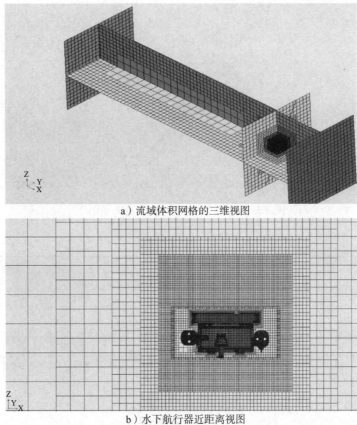

a）流域体积网格的三维视图

b）水下航行器近距离视图

图 3.2　流域体积网格的三维视图和 ROV 近距离视图

　　可以使用一组网格来计算不同的配置，ROV 方向的改变不会影响网格质量。可以在流体域内相同的流动方向（负 x 轴）下仿真航行器的不同运动。但是在不同的运动仿真中，必须改变重力的方向。表 3.5 显示了仿真中使用的网格设置。

表 3.5　网格设置[1]

网格设置	设定值
网格数量	约为 260 万
网格尺寸	0.000 5m^2
边界增长率（即边界层厚度增长的速率）	低
体积网格类型	Polyhedral, Trimmer

　　图 3.3 显示了 4 自由度航行器周围的流体流动情况。尾流在尾部形成一个低压区域。前部的高压区域阻碍了航行器的运动。据观察，ROV 肯定存在流动分离现象。图 3.4 显示了施加在航行器上的阻力及相应的阻力系数。结果表明，阻力经过大约 40 次迭代计算后收敛到一个稳态值。

图 3.3　STAR CCM+ 中 ROV 的矢量图[1]

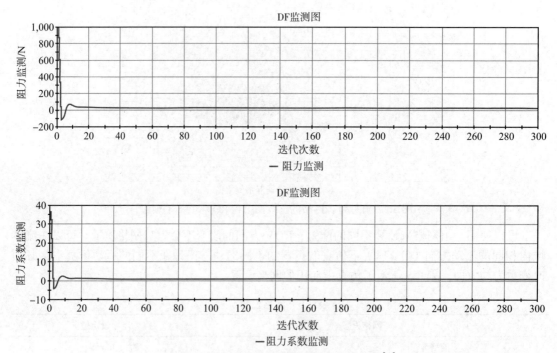

图 3.4　流体阻力及其系数的迭代计算次数[1]

　　如图 3.3 所示，当水下航行器经过湍流时，在航行器后部形成了尾迹。这些尾迹表明流动分离时涡旋量的增加。在湍流模型中，这种流动分离现象导致了水下航行器的非线性阻尼效应。然后通过对航行器表面的压力积分来确定水动力阻尼力。3 种平移运动（进退、横移和升沉）中阻力与速度的关系如图 3.5 所示。从图 3.5 中可以观察到，由于垂直于水流方向最明显的正面面积约为 0.6m²，因此航行器在升沉方向上的阻力最大。由于正面面积较小，因此横移阻力略大于进退方向上的阻力。如图 3.5 和图 3.6 所示，采用二阶多项式拟合得到不同方向的阻尼系数。

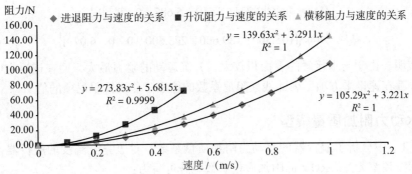

图 3.5 阻力关于速度在进退、横移和升沉运动中的函数关系[1]

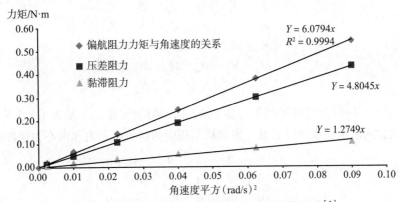

图 3.6 偏航运动中的阻力力矩与速度的函数关系[1]

表 3.6 显示了航行器在 4 个主运动方向上的阻尼系数。在不同的速度下，用 STAR CCM+ 模拟了流体域内的流动情况。表 3.7 列出了偏航方向上的阻力力矩和角速度的关系。

表 3.6 ROV 在 4 个主运动方向上的阻尼系数[1]

阻尼系数	进退		横移		升沉		偏航	
	K_L	K_Q	K_L	K_Q	K_L	K_Q	K_L	K_Q
值	3.221	105.3	3.291	139.6	5.682	273.8	0	6.079

表 3.7 偏航方向上的阻力力矩和角速度的关系[1]

角速度 /（rad/s）	偏航力矩 /N·m	偏航力矩系数
0.100	0.067	0.204
0.200	0.248	0.188
0.300	0.542	0.183

图 3.6 描述了阻力力矩关于角速度平方的函数。由于只存在二次阻尼，因此忽略了偏航方向的线性阻尼。这里将 ROV 的水动力阻尼表示如下：

$$D_L = -\text{diag}\{[3.221 \quad 3.291 \quad 5.682 \quad 0 \quad 0 \quad 0]\} \tag{3.11}$$

$$D_Q = -\text{diag}\{[105.300 \quad 139.600 \quad 273.800 \quad 0 \quad 0 \quad 6.079]\} \tag{3.12}$$

结果表明，由于与水接触的表面积较大，升沉运动的阻力最大，而在进退方向上的阻力最小。由于存在速度平方项，因此线性阻尼系数的值小于非线性阻尼项的值。

3.3.2 水动力附加质量模型

文献［1］中分析了航行器的水动力附加质量系数。对于完全淹没的航行器，附加质量和惯性与圆波频率无关。ROV 的附加质量系数矩阵可写为：

$$M_A = \begin{bmatrix} X_{\dot{u}} & X_{\dot{v}} & X_{\dot{w}} & X_{\dot{p}} & X_{\dot{q}} & X_{\dot{r}} \\ Y_{\dot{u}} & Y_{\dot{v}} & Y_{\dot{w}} & Y_{\dot{p}} & Y_{\dot{q}} & Y_{\dot{r}} \\ Z_{\dot{u}} & Z_{\dot{v}} & Z_{\dot{w}} & Z_{\dot{p}} & Z_{\dot{q}} & Z_{\dot{r}} \\ K_{\dot{u}} & K_{\dot{v}} & K_{\dot{w}} & K_{\dot{p}} & K_{\dot{q}} & K_{\dot{r}} \\ M_{\dot{u}} & M_{\dot{v}} & M_{\dot{w}} & M_{\dot{p}} & M_{\dot{q}} & M_{\dot{r}} \\ N_{\dot{u}} & N_{\dot{v}} & N_{\dot{w}} & N_{\dot{p}} & N_{\dot{u}} & N_{\dot{r}} \end{bmatrix} \tag{3.13}$$

式中 $X_{\dot{u}}$ 是由于 x 方向的加速度而产生的沿 x 轴方向的附加质量，$Y_{\dot{v}}$ 是由于 y 方向的加速度而产生的沿 y 轴方向的附加质量。另外，附加质量相应的科里奥利力和向心力矩阵表示如下：

$$C_A(v) = \begin{bmatrix} 0 & 0 & 0 & 0 & -a_3 & a_2 \\ 0 & 0 & 0 & a_3 & 0 & -a_1 \\ 0 & 0 & 0 & -a_2 & a_1 & 0 \\ 0 & -a_3 & a_2 & 0 & -b_3 & b_2 \\ a_3 & 0 & -a_1 & b_3 & 0 & -b_1 \\ -a_2 & a_1 & 0 & -b_2 & b_1 & 0 \end{bmatrix} \tag{3.14}$$

矩阵中的各个元素表示如下：

$$\begin{aligned}
a_1 &= X_{\dot{u}}u + X_{\dot{v}}u + X_{\dot{w}}w + X_{\dot{p}}p + X_{\dot{q}}q + X_{\dot{r}}r \\
a_2 &= X_{\dot{v}}u + Y_{\dot{v}}v + Y_{\dot{w}}w + Y_{\dot{p}}p + Y_{\dot{q}}q + Y_{\dot{r}}r \\
a_3 &= X_{\dot{w}}u + Y_{\dot{w}}v + Z_{\dot{w}}w + Z_{\dot{p}}p + Z_{\dot{q}}q + Z_{\dot{r}}r \\
b_1 &= X_{\dot{p}}u + Y_{\dot{p}}v + Z_{\dot{p}}w + K_{\dot{p}}p + K_{\dot{q}}q + K_{\dot{r}}r \\
b_2 &= X_{\dot{q}}u + Y_{\dot{q}}v + Z_{\dot{q}}w + K_{\dot{q}}p + M_{\dot{q}}q + M_{\dot{r}}r \\
b_3 &= X_{\dot{r}}u + Y_{\dot{r}}v + Z_{\dot{r}}q + K_{\dot{r}}p + M_{\dot{r}}q + N_{\dot{r}}r
\end{aligned} \tag{3.15}$$

使用基于表面的计算机辅助设计（CAD）软件 MULTISURF 对 ROV 的几何形状进行建模。MULTISURF 软件旨在与 WAMIT 一起导出必要的分析文件。该航行器是由多体组成的，可以使用 MULTISURF 创建，然后使用 WAMIT 计算附加质量矩阵，如下所示。通过 MATLAB 将几何文件导入 WAMIT。在 WAMIT 中采用了广泛使用的低阶面元法。创建的输出文件可以导入 MATLAB 中，以获得水动力附加质量。图 3.7 说明了计算水动力附加质量系数的过程。

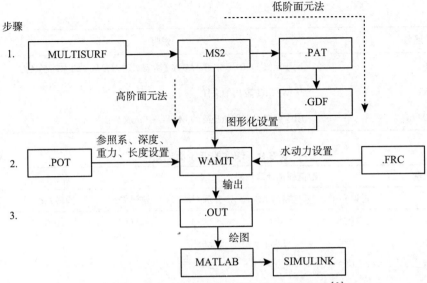

图 3.7　计算水动力附加质量系数的程序流程图[6]

表 3.8 所列为确定附加质量系数时所涉及的文件的说明，所需的必要参数都在这些文件中。在使用 WAMIT 测试航行器之前，先使用直径为 2m 的球体（见图 3.8）来验证程序的设置和参数。在表 3.9 中，对于 3 个平移运动（进退、横移和升沉），球体的理论附加质量为 $A=2/3\pi pr^3$。球体的附加质量可以写为 $A=2/3\pi r^3$（用密度标准化后）。由表 3.9 可知，球体的低阶面元法计算结果与理论值 2.094 相当接近。

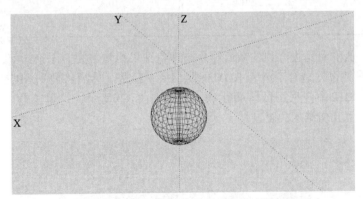

图 3.8　利用 MULTISURF 生成球体的有限元曲面

表 3.8　在 WAMIT 求解器中使用的文件的说明

文件扩展名	说明
.GDF	用于在面板形式中定义几何图形的几何数据文件
.POT	用于定义 POTEN（长度、重力）中输入参数的潜在控制文件

（续）

文件扩展名	说明
.FRC	用于定义 FORCE 中输入参数（所需水动力参数）的力控制文件
.OUT	从 WAMIT 输出的文件
readAM.m	用于读取附加质量矩阵的 MATLAB m 文件

表 3.9　球体的低阶面元法[1]

面元数量	数值模拟计算结果			理论值		
	进退 / m³	横移 / m³	升沉 / m³	进退 / m³	横移 / m³	升沉 / m³
256	2.085	2.085	2.073	2.094	2.094	2.094
512	2.084	2.084	2.087			
1024	2.083	2.083	2.091			
误差				−0.5%	−0.5%	−0.1%

此外，需要在 WAMIT 中定义淹没体的深度。通过使用同一球体来识别不同水深的影响。如表 3.10 所示，结果在大约 10m 处收敛。因此，将在 10m 处进行计算。

表 3.10　不同深度下球体的附加质量[1]

深度 / m	附加质量 / kg	深度 / m	附加质量 / kg
0	2.591 0	10	2.083 8
1	2.141 9	100	2.083 5

用 WAMIT 低阶面元法得到的数值结果与理论结果相差不大。无论如何，它有利于确保所使用的输入参数设置适合于计算 ROV 的附加质量系数。然后将使用 MULTISURF 建模的航行器导入 WAMIT 中，采用低阶面元法求解。如图 3.9 所示，这里绘制了 ROV 的主要部件，以减少航行器几何结构的复杂性。

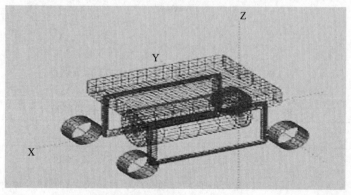

图 3.9　WAMIT 中的 ROV 模型

图 3.10 和图 3.11 显示了 WAMIT 中计算的附加质量系数分量。对不同面元数量的附加质量的收敛测试集中在 3000~4000 个面元中。它表明所需的最少面元数为 3000。

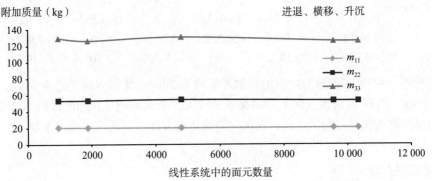

图 3.10　进退、横移和升沉方向上的附加质量收敛图[6-7]

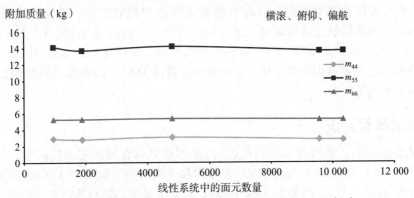

图 3.11　横滚、俯仰和偏航方向上的附加质量收敛图[6-7]

因为航行器近似有 3 个对称平面，所以附加质量矩阵的非对角线项小于对角线项[4]。因此，所得到的附加质量矩阵可以进一步简化。

$$
\boldsymbol{M}_\mathrm{A} = -\begin{bmatrix}
20.392 & 0 & 0 & 0 & 0 & 0 \\
0 & 53.435 & 0 & 0 & 0 & 0 \\
0 & 0 & 126.144 & 0 & 0 & 0 \\
0 & 0 & 0 & 2.802 & 0 & 0 \\
0 & 0 & 0 & 0 & 13.703 & 0 \\
0 & 0 & 0 & 0 & 0 & 5.263
\end{bmatrix}
\tag{3.16}
$$

ROV 的附加质量矩阵 $\boldsymbol{M}_\mathrm{A}$ 必须是正定的。从矩阵中可以观察到以下关系：$m_{11} < m_{22} < m_{33}$。在进退方向上的附加质量 m_{11} 较小，这是因为航行器在进退方向上的投影面积最小。因此，式（3.14）中对应附加质量的科里奥利力和向心力矩阵可以改写为

$$C_A(v) = \begin{bmatrix} 0 & 0 & 0 & 0 & -126.144w & 53.435v \\ 0 & 0 & 0 & 126.144w & 0 & -20.392u \\ 0 & 0 & 0 & -53.435v & 20.392u & 0 \\ 0 & -126.144w & 53.435v & 0 & -5.263r & 13.703q \\ 126.144w & 0 & -20.392u & 5.263r & 0 & -2.802p \\ -53.435v & 20.392u & 0 & -13.703q & 2.802p & 0 \end{bmatrix} \quad (3.17)$$

综上所述，ROV 在进退方向上的附加质量约为 20kg，横移方向上约为 53kg，升沉方向上约为 126kg。ROV 在升沉方向上的附加质量较大，其次是横移和进退方向。总之，本节对水动力阻尼和附加质量进行了计算，提出的数值仿真方法可以确定水动力参数。

3.4　实验结果验证

本节使用的结果详见文献 [3]。仿真结果与水箱实验数据进行了对比验证。由于安装在 ROV 上的可靠传感器有限，因此只能验证升沉和偏航运动。联合使用深度传感器、DVL 和 IMU 分别测量航行器的深度、速度和加速度。水箱尺寸为 10m（长）× 4m（宽）× 1.8m（深），并配有桥式起重机，用于装卸水下航行器。采用 100Hz 采样率（或采样周期为 0.01s）对传感器的原始数据进行采样。根据采样点数用 MATLAB 脚本绘制原始数据。注意，一个采样周期相当于 0.01s。

3.4.1　升沉模型辨识

在深度验证期间，航行器原型在淹没到 1m 深度之前保持固定的航向角，如图 3.12 所示。操控 ROV 垂直进入水中，此时 IMU 测量的加速度很小。如图 3.13 所示，Z 方向上加速度的推算定位数据不为 0。根据图 3.14 中 DVL 的升沉速度，航行器没有以恒定的升沉速度移动。T3 和 T4（升沉方向）推进器的推力输出约为 10N（见图 3.15），以使航行器到达 1m 的深度，如图 3.16 所示。

图 3.12　在升沉测试期间拍摄的 ROV 运动过程的图像[3]

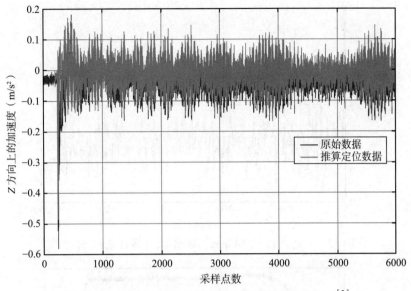

图 3.13　在升沉方向上的加速度（1 个采样点 =0.01s）[3]

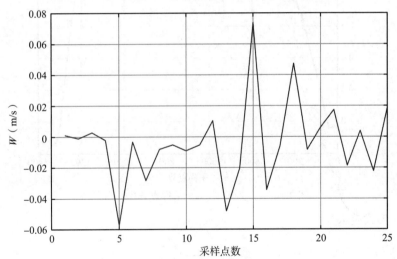

图 3.14　升沉运动的速度响应（1 采样点 =0.01s）[3]

水动力引起的附加质量 $Z_{\dot{w}}$ 和阻尼系数（线性，Z_w）定义在以 m 为 ROV 质量的机身固定坐标系中。该升沉模型可简化为

$$\left(m+Z_{\dot{w}}\right)\dot{w}+Z_w w = Z \tag{3.18}$$

ROV 被设计为中性浮力，且由于 ROV 被控制只在升沉方向上运动，因此方程中不存在向心项和科里奥利项。重新排列前面的等式得到：

$$\dot{w} = \frac{Z}{\left(m+Z_{\dot{w}}\right)} - \frac{Z_w}{\left(m+Z_{\dot{w}}\right)}w \tag{3.19}$$

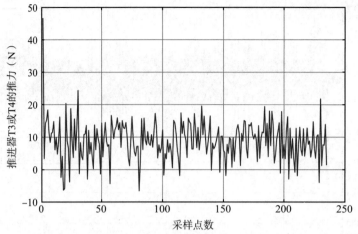

图 3.15　推进器 T3 或 T4 的推力输出（1 个采样点 = 0.01s）[3]

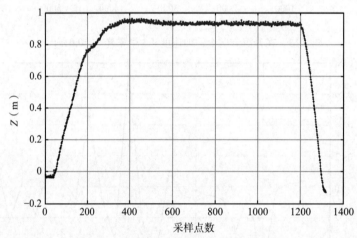

图 3.16　深度响应（1 个采样点 = 0.01s）[3]

以矩阵的形式表示为

$$
\dot{w} = \overset{\varphi}{\underbrace{\quad}} = \overset{H}{\overbrace{\begin{bmatrix} Z & -w \end{bmatrix}}} \overset{\theta}{\overbrace{\begin{bmatrix} \alpha \\ \beta \end{bmatrix}}} \tag{3.20}
$$

式中

$$
\alpha = \frac{1}{(m + Z_{\dot{w}})}; \beta = -\frac{Z_w}{(m + Z_{\dot{w}})} \tag{3.21}
$$

下面的最小二乘法用于获得估计值：

$$
\underbrace{\begin{bmatrix} \dot{w}_1 \\ \dot{w}_2 \\ \vdots \end{bmatrix}}_{\varphi} = \underbrace{\begin{bmatrix} Z_1 & -w_1 \\ Z_2 & -w_2 \\ \vdots & \vdots \end{bmatrix}}_{H} \cdot \underbrace{\begin{bmatrix} \alpha \\ \beta \end{bmatrix}}_{\theta} + 误差 \tag{3.22}
$$

其中，下标 i 表示从实验中收集的采样点数。标准最小二乘解由 Moore-Penrose 伪逆给出：

$$\hat{\boldsymbol{\theta}}_{LS} = \left(\boldsymbol{H}^{T}\boldsymbol{H}\right)^{-1} \cdot \boldsymbol{H}^{T} \cdot \boldsymbol{\varphi} \tag{3.23}$$

其中标准差 $\mathrm{cov}\left(\hat{\boldsymbol{\theta}}_{LS}\right) = \sigma^{2}\left(\boldsymbol{H}^{T}\boldsymbol{H}\right)^{-1}$，且 $\boldsymbol{H}$ 必须是满秩矩阵。采用递归最小二乘（RLS）计算式（3.23）中的参数 $\hat{\boldsymbol{\theta}}_{RLS}(t)$。如式（3.24）所示，参数更新项 $\hat{\boldsymbol{\theta}}_{RLS}(t)$ 包括对先前估计的校正项 $\hat{\boldsymbol{\theta}}_{RLS}(t-1)$。典型的 RLS 算法包括以下按顺序计算的递归方程。例如式（3.24）中的 $\hat{\boldsymbol{\theta}}_{RLS}(t-1)$ 需要计算式（3.25）~ 式（3.27）。

$$\hat{\boldsymbol{\theta}}_{RLS}(t) = \hat{\boldsymbol{\theta}}_{RLS}(t-1) + \boldsymbol{K}(t)\varepsilon(t) \tag{3.24}$$

$$\varepsilon(t) = \dot{w}(t) - \hat{\boldsymbol{\theta}}_{RLS}^{T}(t-1)\boldsymbol{H}(t) \tag{3.25}$$

$$\boldsymbol{K}(t) = \frac{\lambda^{-1}\boldsymbol{P}(t-1)\boldsymbol{H}(t)}{1 + \lambda^{-1}\boldsymbol{H}^{T}\boldsymbol{P}(t-1)\boldsymbol{H}(t)} \tag{3.26}$$

$$\boldsymbol{P}(t) = \lambda^{-1}\boldsymbol{P}(t-1) - \lambda^{-1}\boldsymbol{K}^{T}(t)\boldsymbol{H}(t)\boldsymbol{P}(t-1) \tag{3.27}$$

上述方程需要 $\hat{\boldsymbol{\theta}}_{RLS}(t)$ 和误差协方差矩阵 $\boldsymbol{P}$ 的初始值。$\hat{\boldsymbol{\theta}}_{RLS}(t)$ 的初始值设置为 0，$\boldsymbol{P}$ 设置为 $100\boldsymbol{I}_2$，其中 $\boldsymbol{I}_2$ 是二维的单位矩阵。将设定 RLS 忘记过去样本信息的速度的遗忘因子设置为 0.001。例如，使用 $\lambda=1$，它指定无限内存。通过不同的遗忘因子比较 RLS，得到图 3.17。低遗忘因子下的 RLS 与实测数据有更密切的关系。如表 3.11 所示，一般情况下升沉运动方向上阻尼的性能差异很大。这可能是因为在仿真中没有考虑推进器螺旋桨旋转的影响。

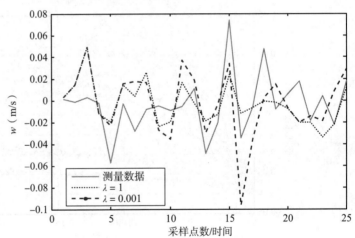

图 3.17　利用 RLS 进行的升沉速度响应的比较[3]

表 3.11　在升沉方向上的仿真结果与实验结果的比较[3]

描述	仿真结果	实验结果（递归最小二乘法）	误差
附加质量（kg）	126.14	136.40	8%
线性阻尼系数	5.680 0	4.087 4	28%
二次阻尼系数	273.805	—	—

3.4.2　偏航模型辨识

ROV 的偏航模型的简化描述为

$$N_r \dot{r} + N_{|r|r} |r| r + N_r r = N \qquad (3.28)$$

$$\dot{\psi} = r \qquad (3.29)$$

其中 N_r 是偏航方向的附加惯性 $(= I_r + N_{\dot{r}})$，N_r 是偏航方向阻力的线性分量，$N_{|r|r} |r| r$ 是偏航方向阻力的二次分量。此外，r 是航向速度，$\dot{r}$ 是航向加速度，N 是推进器（T1、T2、T5 和 T6）作用在 ROV 的力矩，且 ψ 是航向角。

恒定航向速度是指 $\dot{r}$ 航向加速度等于 0，则偏航运动方程变为：

$$N_{|r|r} |r| r + N_r r = N \qquad (3.30)$$

该实验估计了航向方程式中的阻力系数 $N_{|r|r}$ 和 N_r。向 4 个推进器 T1、T2、T5 和 T6 发送固定速度指令，并使用 DVL 传感器记录稳态航向速度响应。使用推进器产生的推力乘以距离重心的力矩臂（即距离）来计算偏航方向上的力矩。图 3.18 给出了推进器输入指令产生的稳态角速度（1.3V~2.7V）。力矩与角速度的关系曲线如图 3.19 所示，其中线性和二次阻尼项可以由曲线拟合来确定。$N_{|r|r}$ 和 N_r 的估计值分别为 5.481 5 和 4.611 4。

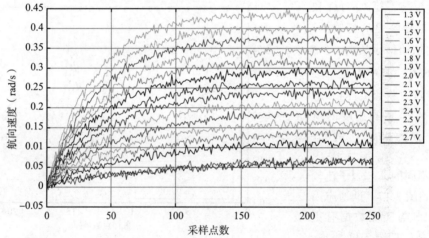

图 3.18　在恒定控制命令下的推进器 T1、T2、T5 和 T6 的速度剖面图[3]

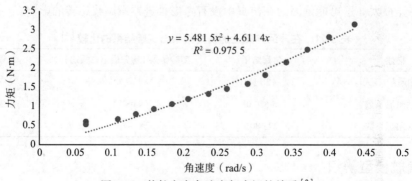

图 3.19　偏航方向角速度与力矩的关系[3]

　　然后在偏航方向上辨识 ROV 的附加质量。对航行器的 T1、T2、T5 和 T6 推进器采用正弦控制命令（航向速度对应的最大转矩）。将频率为 10Hz 的正弦控制信号施加到推进器上，其值对应于 +2.7V ~ −2.7V（正向和反向）。

　　如图 3.20 和图 3.21 所示，最大航向速度约为 0.385rad/s。当输入 2.7V 控制信号进入推进器时，恒定航向速度约为 0.435rad/s，对应的力矩为 31.52N·m。然而，最大正弦角速度约为 0.385rad/s。测得的航向速度小于水箱实验中测量的速度，表明航行器需要增加力矩来克服由于其自身质量而产生的阻力。假如正弦输入的幅值增加到 0.435rad/s 左右（见图 3.22），+2.9V ~ −2.9V 的正弦控制信号的转矩约为 35.17N·m。它表明，航行器需要额外的 3.65N·m（35.17N·m−31.52N·m）来克服车身惯性和运动过程中增加的质量。

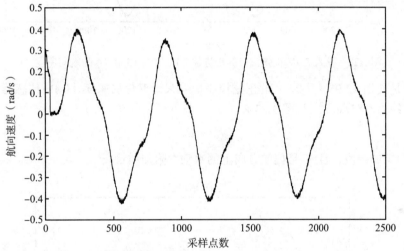

图 3.20　输入 2.7V 正弦信号的推进器 T1、T2、T5 和 T6 的航向速度响应[3]

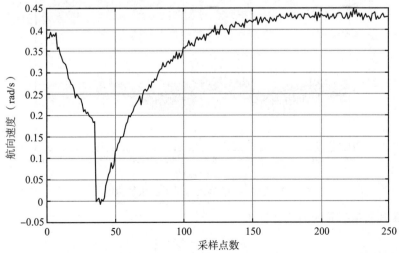

图 3.21　输入恒定控制命令（2.7V）的推进器 T1、T2、T5 和 T6 的航向速度[3]

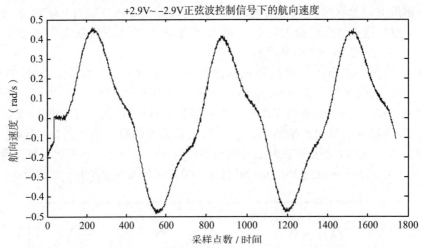

图 3.22　输入 2.9V 正弦信号的推进器 T1、T2、T5 和 T6 的航向速度[3]

下一步是使用 +2.9V ~ −2.9V 的正弦控制信号来计算角加速度。IMU 传感器测得的最大航向加速度约为 0.85rad/s^2（见图 3.23）。

$$N_r \dot{r} = \Delta N \tag{3.31}$$

式中 ΔN 是力矩的差值，且 N_r 是偏航方向上的水动力附加质量。

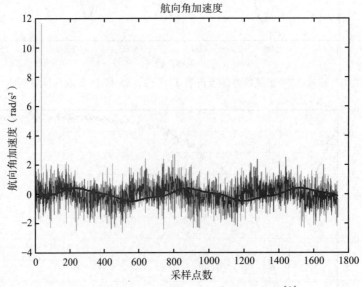

图 3.23　2.9V 正弦输入信号下的角加速度[3]

惯性和附加质量引起的力矩计算如下：

$$N_i \dot{r} = \Delta N = 3.65 \tag{3.32}$$

将峰值加速度 0.85rad/s^2 代入，从式（3.31）得到的 N_r 变为 $4.3\text{kg} \cdot \text{m}^2$。因此，航向模型

可以写成：

$$4.3\dot{r} + 5.481\ 5|r|r + 4.611\ 4r = N \qquad (3.33)$$

表 3.12 所列结果表明，二次阻尼的仿真值更接近实验值，附加质量的实验值则与仿真结果不太吻合。这可能是由于水箱测试的设置影响了读数，而仿真中没有包括旋转螺旋桨与螺旋桨之间的相互作用对 ROV 本体的影响。

表 3.12　偏航方向的仿真与实验结果对比 [3]

水动力系数（偏航方向）	仿真值	实验值	误差
附加质量（kg）	5.263	4.300	18%
线性阻尼 /（N·s/rad）	—	4.611	—
二次阻尼 /（N·m·s²/rad²）	6.079	5.481	9.8%

3.5　ROV 模型仿真

在 MATLAB/Simulink 环境中，利用前面章节中辨识出的 ROV 参数对 ROV 进行虚拟建模，详细的结果请参见文献［3］。航行器的微分方程由常微分方程求解器（如 Dormand-Prince Solver）求解。左侧的 6 个输入（T1~T6）是推进器的输入。例如，仅使用 T3 和 T4 推进器控制航行器在 Z 方向移动。在 MATLAB/Simulink 环境中开发的 ROV 模拟器如图 3.24 所示。

航行器上的推力分配由推力配置矩阵来设置。系绳力被视为作用于 X、Y 和 Z 方向上的推力输入的外部干扰。利用积分函数，可以计算出速度，并发送到下一次迭代中，直至到达仿真时间为止。由波浪和水流产生的外部环境力作用在 ROV 上。推进器模型如图 3.25 所示。推进器的动力学模型（Tecnadyne Model 520 和 540）从二维查找表中获得。为了确定 6 个推进器的推力输入，将对 T 执行反向操作。请注意，多端口开关可用于触发环的打开或关闭。

如图 3.26 所示，这里开发了一个虚拟的水下世界环境来改善用户界面。ROV 的虚拟现实世界使用水下航行器模型的输出信号来实现航行器的虚拟移动。它可以在动态定位过程对移动和位置数据制作动画及显示。首先，将 CAD 模型导出为虚拟现实建模语言文件格式，供 V-Realm 编辑器编辑。V-Realm Builder 有一个广泛的对象库，用户可以在其中导入 3D 背景场景和对象来创建虚拟世界。然后从库中导入海洋和近海结构等背景。如图 3.26 所示，VRML 编辑器具有显示虚拟世界中所有元素的分层树样式。这些结构元素称为节点。分层树允许改变和修改虚拟世界，并允许改变一些视角，以改善虚拟现实世界的外观。也可以增加必要的照明和适当的坐标系，使背景和 ROV 更逼真。

然后，将 ROV 的 Simulink 模型通过 VR-Sink 模块与虚拟世界相连。通过将模型连接到虚拟世界，来自 Simulink 模型的输出数据可以用于控制虚拟世界，并为其制作动画，如图 3.26 所示。航行器的平移运动输出和旋转运动输出使用欧拉变换来模拟 ROV 在虚拟现实世界中的位置。最后，在 Ubuntu 14 操作系统中，通过 Qt 的用户界面设计里面的操纵杆控制航行器，如图 3.27 所示。

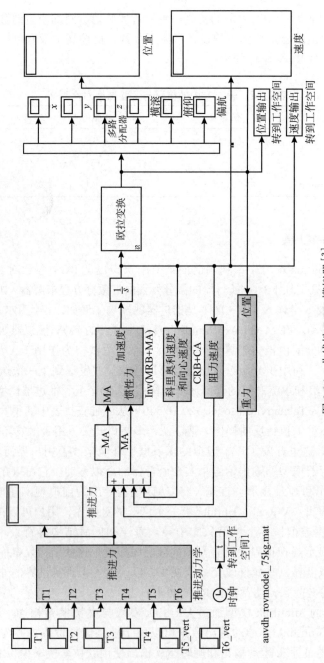

图 3.24 非线性 ROV 模拟器 [3]

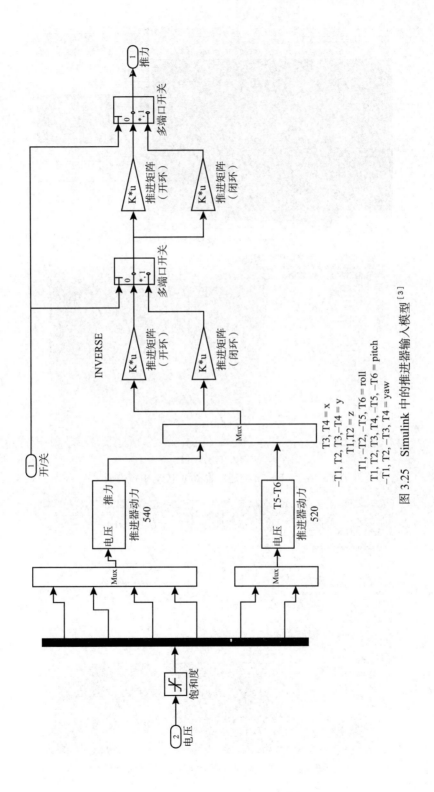

图 3.25　Simulink 中的推进器输入模型 [3]

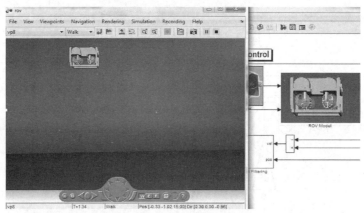

a）V-Realm 构建器截图

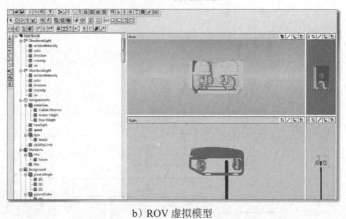

b）ROV 虚拟模型

图 3.26　V-Realm 构建器截图和 ROV 虚拟模型[3]

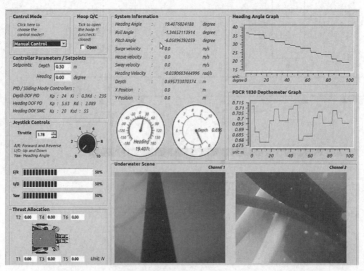

图 3.27　测试期间控制 ROV 的用户界面[3]

　　将航行器升沉和偏航模型的仿真时间响应与水箱中的实验结果进行比较，如图 3.28 所示。由于约束条件的限制，只对升沉和偏航模型进行了验证。在测试期间，ROV 被控制移动到深度 0.3m 和 140°偏航角的目标点处。如图 3.28 所示，通过 T3 和 T4 推进器产生的推进力，ROV 可以稳定在 0.3m 处。该航行器需要采集大约 30 个样本，以确定其到达稳态值。出现响应的差异是因为仿真中未包括推进器的动力学。如图 3.29 所示，航行器可以在恒定的偏航角速度下进行自我调节，稳态偏航角能保持在 140°，持续近 15 000 个采样点（或 150s）。总之，实验验证表明，升沉和偏航模型中的数值模型结果与实际航行器响应相当接近。尽管 CFD 对升沉方向和偏航方向模拟的数值误差分别为 28% 和 18%，但它为初始控制系统设计提供了一个相当充分的模型。

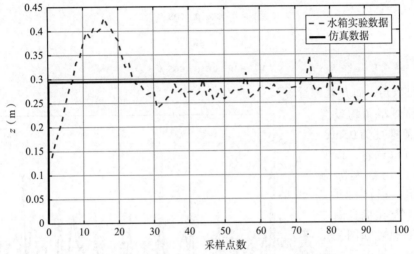

图 3.28　ROV 升沉响应的仿真结果与实验结果[3]

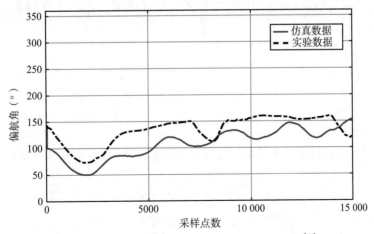

图 3.29　ROV 偏航响应的仿真结果与实验结果[3]

3.6 仿真 ROV 模型的外部扰动

环境干扰[4]是由海流和波浪效应的作用而对系统造成的干扰。对于如 ROV 等完全淹没在水中的物体，由风引起的干扰可以忽略不计。只有在航行器接近水面（<10m）时，波浪的干扰才明显。另外，也考虑了海流的干扰。海流的速度包括在相对速度中。

$$v_r = v - v_c \tag{3.34}$$

式中 $v_c = [u_c \quad v_c \quad w_c \quad 0 \quad 0 \quad 0]^T$ 是机身固连坐标系中的海流速度矢量。由于地固坐标系中的海流速度矢量由 $v_c^E = \begin{bmatrix} u_c^E & v_c^E & w_c^E & 0 & 0 & 0 \end{bmatrix}^T$ 给出，机身固定速度由欧拉变换对地固速度的变换决定。

$$u_c^E = u_c \cos \alpha_c \cos \beta_c \tag{3.35}$$

$$v_c^E = v_c \sin \beta_c \tag{3.36}$$

$$w_c^E = w_c \sin \alpha_c \cos \beta_c \tag{3.37}$$

式中，α_c 是攻角，而 β_c 是侧滑角。

攻角和侧滑角均设置为 45°。海流速度为 0.5m/s。这些设置可以调整，以反映 ROV 所经历的实际海流。在进退、横移和升沉运动中的海流在机身固连坐标系下的速度如图 3.30 所示。带限白噪声下的海流速度由 45°的正弦和余弦波组成，作用于机身固连坐标系上。海流速度设定为 0.5m/s，功率谱密度为 0.1，采样时间为 0.1，这些值均可以改变。

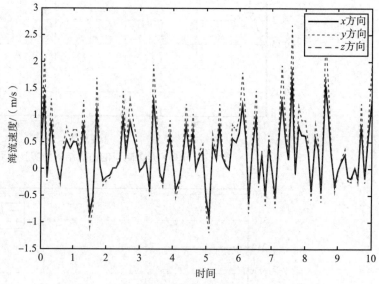

图 3.30　地固坐标系中的海流速度（从 0.5m/s 开始）

由于线性波浪模型[4]的简单性和适用性，因此采用线性波浪模型近似模拟。动态定位航行器在进退、横移和偏航运动中的高频运动表示为

$$h(s) = \frac{K_w s}{s^2 + 2\varsigma w_o s + w_o^2} \tag{3.38}$$

在合适的情况下，可以根据以下公式定义波谱常数（= 海况 2）：

$$K_w = 2\varsigma w_o \sigma_w \tag{3.39}$$

式中，σ_w 是描述波浪强度的固定值，ς 是阻尼系数，w_o 是主导波浪频率。如图 3.31 所示，波浪以随机波频率、波强和阻尼系数向 3 个不同方向传播。

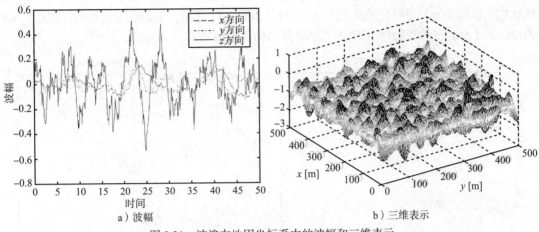

a）波幅　　　　　　　　　　b）三维表示

图 3.31　波浪在地固坐标系中的波幅和三维表示

在起始坐标（0,0,0）中设置固定长度为 50m 的系绳。对于聚氨酯弹性体的系绳，其线重量约为 1.1N/m，直径为 0.017 7m，杨氏模量为 0.025GPa。系绳力被视为对航行器的外部干扰。利用 MATLAB 程序可以求解三维接触网边界值（BVP）的问题[7-8]。可以计算给定端点距离或 ROV 在地固坐标系中终态位置的末端力估计值。BVP 结果如图 3.32 所示，在 x、y 和 z 方向上的末端力分别约为 0、0 和 5.06N。该程序将用于计算在水中运动时施加在航行器仿真模型上的力。然而，对于端点坐标的每一个变化，计算系绳力完全是耗费计算量。相反，我们使用反向传播神经网络（NN）来模拟系绳力。

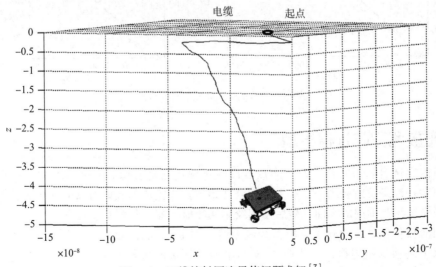

图 3.32　三维接触网边界值问题求解[7]

　　NN 模拟了航行器终点处的系绳动力。使用 Levenberg-Marquardt 和性能均方误差（MSE）作为训练函数，共使用了 10 个神经元和 1 层隐藏层。输入是系绳端点的 x、y 和 z 坐标，输出是在重心处的 ROV 的机身固连坐标系上的相应力。如图 3.33 所示，NN 模型（目标和输出值的差异）的绝对误差大多为 3.594，如图 3.33 所示，它们也密切相关。因此，NN 模型给出了来自三维接触网 BVP 的实际计算值的接近结果。

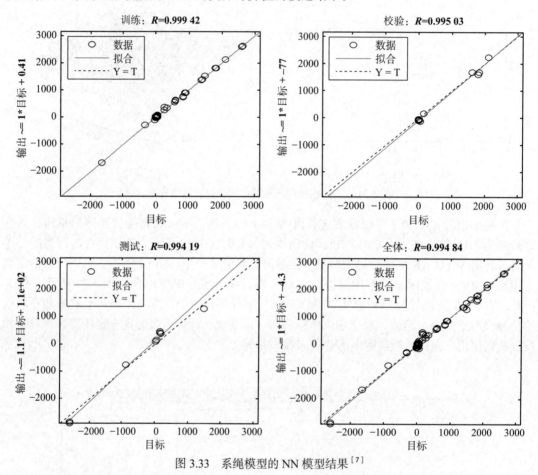

图 3.33　系绳模型的 NN 模型结果[7]

3.7　布放和回收过程模型

　　本节内容选自参考文献［9］。布放和回收过程包括将航行器部署到水中。一旦 ROV 到达任务深度并远离发射船尾部，水下任务就开始了。在完成回收航行器的任务后，ROV 上浮到手动操作绞车范围内的水面，然后使用绞车回收航行器，从而结束任务。

　　采用滑模控制器（SMC）等鲁棒控制系统，对 ROV 的回收阶段进行控制。控制策略是在潜入水下之前从船尾移开，并将 ROV 对准迎面而来的航行器。但是由于当前速度和方向随时间而变化，因此很难确定时间。图 3.34 显示了可能的路径失调场景。正如观察到的那样，在路径对齐过程中，任何一个方向的航向或 Y 偏移量都可能发生。当然，在另一种情况下 AUV 会错过航行器。这种情况不太可能发生，因为控制策略的任务是首先检测 AUV 的存在，并尝试将自己与到来的航行器对齐。如果失败，将启动第二次尝试。

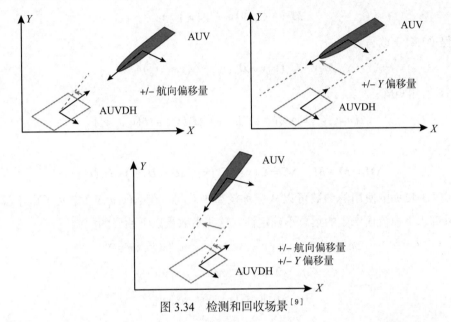

图 3.34　检测和回收场景[9]

为了实现控制策略，我们使用了以下控制架构。据观察，控制系统使用了工程前期确定的非线性 ROV 模型。控制的第一部分是使用上述检测方法来检测 AUV 的存在。路径规划（有足够的时间）和速度校正（时间不足）需要提供鲁棒性，因为分配给触发环触发的时间的不确定性很大程度上取决于当前的速度。

3.8　控制系统设计

本节使用的内容选取自参考文献［2］。控制器控制航行器的位置和速度，以便保持路径（即与传入航行器的正确航向和路径对齐）。然后，控制信号触发各自的推进器，将航行器控制到所需的位置和速度。

在存在模型不确定性和外部扰动的情况下，提出了一种基于进化模糊的鲁棒滑模控制方法，用来对 SMC 参数进行整定。外部扰动通常是有界的，并由控制器进行衰减。回顾以下定义，$v=\begin{bmatrix}u & v & w & p & q & r\end{bmatrix}^{\mathrm{T}}$ 是流体在机身固连坐标系中的速度，$v_{\mathrm{r}}=v-v_{\mathrm{c}}$ 是流体和 ROV 间的相对速度。假设流体是无旋的，则流体速度如下所示：

$$v_{\mathrm{c}}=\begin{bmatrix}u_{\mathrm{c}} & v_{\mathrm{c}} & w_{\mathrm{c}} & |0_{1\times3}\end{bmatrix}^{\mathrm{T}} \tag{3.40}$$

文献［4］中的 ROV 动力学包括以下形式的海流扰动和模型不确定性：

$$M\dot{v}+C(v)v+D(v_{\mathrm{r}})+H(v,v_{\mathrm{c}},\dot{v}_{\mathrm{c}})=\tau \tag{3.41}$$

式中，$H(v,v_c,\dot{v}_c)$ 项包含水下 ROV 和流体运动之间的水动力。$D(v_r)$ 项是水动力阻力，其特征是 ROV 和流体之间相对速度的线性和二次函数之和。此处，航行器动力学的已知标称模型（用下标 o 表示）具有以下形式：

$$M_o\dot{v}+C_o(v)v+D_o(v_r)=\tau_o \tag{3.42}$$

方程（3.41）改写为

$$M_o\dot{v}+C_o(v)v+D_o(v_r)+\Delta(v,v_c,\dot{v}_c)=\tau \tag{3.43}$$

其中 M_o 是对角矩阵：

$$\Delta(v,v_c,\dot{v}_c)=\Delta M\dot{v}+\Delta C(v)v+\Delta D(v_r)+H(v,v_c,\dot{v}_c) \tag{3.44}$$

并且

$$\Delta M=M-M_o;\ \Delta C=C(v)-C_o(v);\ \Delta D=D(v_r)-D_o(v_r) \tag{3.45}$$

注意，式（3.42）中使用的参数可以从标称模型中获得，但 $\Delta(v,v_c,\dot{v}_c)$ 定义了由于模型不确定性和外部水下海流而产生的集总不确定性，这些参数受以下性质的限制：

$$\exists m_1,m_2>0:m_1\|v\|^2\leqslant v^{\mathrm{T}}M_o v\leqslant m_2\|v\|^2,\forall v\in\mathfrak{R}^6 \tag{3.46}$$

$$\exists\mu_1>0:0\leqslant v^{\mathrm{T}}\Delta M v\leqslant \mu_1\|v\|^2 \tag{3.47}$$

$$\exists\mu_2>0:\|\Delta C(v)\|v\leqslant \mu_2\|v\| \tag{3.48}$$

$$\exists d_i>0,i=1,\dots,3:\|D(v_r)\|\leqslant \sum_{i=1}^3 d_i\|v\|^i+\sum_{i=1}^3 d_i\|v_c\|^i \tag{3.49}$$

$$\exists\beta_i>0,i=1,\dots,3:\|H\|\leqslant \beta_i\|v\|\|v_c\|+\beta_i\|v_c\|^2+\beta_i\|\dot{v}_c\|^2 \tag{3.50}$$

对 v_c 和 $\dot{v}_c$ 的干扰信号都是有界信号，分别为 $u_c\in L_{[0,\infty)}^\infty$，$\dot{u}_c\in L_{[0,\infty)}^\infty$。模型不确定性的估计范围来自 ROV 物理特性和实验测试，这些测试表明在 3.3 节中的标称模型中误差或不确定性超过了 20%。一旦 u_c 和 $\dot{u}_c$ 的上界确定，扰动的影响就成为标称 ROV 模型的有界扰动。

3.8.1 滑模控制

本小节给出了基于进化模糊的 SMC 的稳定性和收敛性的数学证明。在 SMC 中，定义了误差的滑动面。任何到达滑动面的状态都意味着收敛到期望的地固坐标系坐标，定义为 $\eta_d=[x_d\quad y_d\quad z_d\quad \phi_d\quad \theta_d\quad \psi_d]^{\mathrm{T}}$。

设 $\tilde{\eta}=\eta-\eta_d$ 表示地固坐标系误差，滑动面表示为

$$s=\dot{\tilde{\eta}}+\lambda\tilde{\eta} \tag{3.51}$$

式中 $\eta=[x\quad y\quad z\quad \phi\quad \theta\quad \psi]^{\mathrm{T}}$ 是实际的地固坐标系，$\lambda>0$ 是带宽。常见的李雅普诺夫函数写为

$$V(t)=\frac{1}{2}s^{\mathrm{T}}M_o s \tag{3.52}$$

对上式求导为

$$\dot{V}(t) = s^{\mathrm{T}} M_o \dot{s} \qquad (3.53)$$

代入 $M_o \dot{s} = M_o(\ddot{\eta} + \lambda \dot{\eta})$，$\ddot{\eta}_\mathrm{d} = 0$，$\dot{\eta}_\mathrm{d} = 0$ 和 $\ddot{\eta} = J(\eta)\dot{v} + \dot{J}(\eta)v$，$\dot{V}(t)$ 可以写为

$$\dot{V}(t) = s^{\mathrm{T}} M_o J M_o^{-1} \left[\tau - C_o(v)v - D_o(v_\mathrm{r}) - \Delta(v, \eta, v_\mathrm{c}, \dot{v}_\mathrm{c}) \right]$$
$$+ s^{\mathrm{T}} M_o \left(\dot{J}v + \lambda \dot{\eta} \right) \qquad (3.54)$$

备注 1　条件 $\ddot{\eta}_\mathrm{d} = 0$ 和 $\dot{\eta}_\mathrm{d} = 0$ 表明 ROV 在大部分时间内以几乎为 0 的加速度调节其速度。在这种情况下，ROV 被设计成在接近其期望位置时缓慢运动。

从式（3.46）到式（3.50）中的性质来看，存在正的常数 ς_1，ς_2 和 ς_3，使得式（3.54）中的 $\Delta(v, v_\mathrm{c}, \dot{v}_\mathrm{c})$ 有界：

$$\Delta(v, v_\mathrm{c}, \dot{v}_\mathrm{c}) \leqslant \mu_1 \| \dot{v} \| + \varsigma_1 \| v \| + \varsigma_2 \| v \|^2 + \varsigma_3 = \delta(v, t) \qquad (3.55)$$

不等式（3.55）的右边是一个函数（指 $\delta(v, t)$）。它可以使用反馈律和为模型不确定性建立的边界来计算。文中提出的控制输入 $\tau = Tu$，其中控制输入 u 可以写成：

$$u = -T^+ \left\{ M_o J^{-1} \left[K_{sp} \mathrm{sgn}(s) + K_{si} s + K_{sd} v + \dot{J} v + \lambda \dot{\eta} \right] - C_o(v)v - D_o(v_\mathrm{r}) - \delta(v, t) \right\} \qquad (3.56)$$

式中 K_{sp}, K_{si}, K_{sd} 是可调的 SMC 增益，且 $T^+ = (T^{\mathrm{T}} T)^{-1} T^{\mathrm{T}}$ 是 Moore-Penrose 伪逆矩阵。将控制定律代入 $\dot{V}$ 有：

$$\dot{V}(t) \leqslant s^{\mathrm{T}} M_o \left[-K_{sp} \mathrm{sgn}(s) - K_{si} s - K_{sd} v \right] \leqslant 0 \qquad (3.57)$$

这是因为控制增益 K_{sp}, K_{si} 和 K_{sd} 选择得足够大，以满足 $\dot{V}(t) \leqslant 0$。请注意，$\dot{V} \leqslant 0$ 意味着 $V(t) \leqslant V(0)$，因此 s 是有界的。这又意味着 $\dot{V}$ 是有界的，且 $\dot{V}$ 必须是连续一致的。应用 Barbalat 引理[10]证明了 $s \to 0$ 时，有 $\dot{\tilde{\eta}} + \lambda \tilde{\eta} = 0$，因此 $\tilde{\eta}(t) = \mathrm{e}^{-\lambda t} \tilde{\eta}(0)$ 表示位置误差，当 $t \to \infty$ 时，$\tilde{\eta}(t)$ 以 t 的指数形式收敛到 0。因此，系统是渐近稳定的。

备注 2　如果边界参数选择太大，则式（3.57）中的符号函数将导致控制信号抖动。然而，如果选取太小，则不能满足稳定性条件，从而导致控制系统不稳定。

为了保证控制系统在不确定性条件下的稳定性，降低控制系统中的参数要求，在下一节中将采用一种具有模糊推理机制的遗传算法（GA）。在边界层内，利用模糊逻辑对开关信号进行平滑处理，从而减少抖振现象。

3.8.2　面向 SMC 的模糊遗传算法

将 GA 嵌入 SMC 中，以产生最优的控制效果。利用模糊推理机制选择交叉和突变步长的系数，给出正确的进化方向和适当的进化步长。图 3.35 显示了提出的优化 SMC 的控制架构。如图 3.35 所示，有包括前面提到的 SMC 在内的 3 个部分。在 GA 中，每条染色体都是由有限数量的染色体组成的一个种群点。通过进化机制选择染色体以获得适应值。新的个体将会形成，而新个体中的一些成员将会产生新的解决方案。几代之后，可以得到最合适的控

制信号。为了确定系统动态演化的正确方向和稳定性，采用了基于模糊的进化方法。模糊逻辑也用于补偿 SMC 中固有的颤振现象，减少了不连续切换。

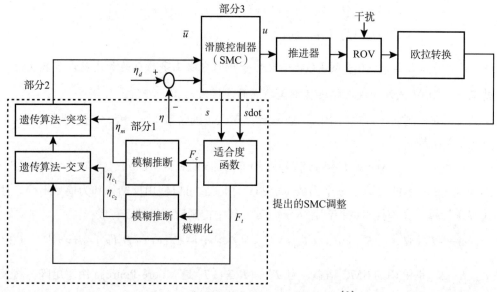

图 3.35　提出的优化 SMC 的控制架构[2]

GA 的最终进化目标可以看作得到 $s(t)=0$ 和 $\dot{s}(t)=0$（即达到了期望位置）。定义一个适应度函数，用于调整模糊干扰的交叉和突变系数：

$$F_e(s) = \mathrm{e}^{-\sigma(s^2+\dot{s}^2)} \in [0,1] \qquad (3.58)$$

式中 s 是式（3.30）中定义的滑动面，σ 是衰减率。基本的遗传操作如下所示。

1）遗传算法（GA）中的精英选择：在遗传算法中，控制电压被视为遗传算法的染色体。繁殖过程用于确定哪些染色体进入配对池，以进行后续的遗传操作。方程（3.58）用于确定从配对池中选取哪些染色体进行进一步的遗传操作。式（3.57）中 SMC 的增益 (K_{sp}, K_{si}, K_{sd}) 从 $K_{min}=0$ 到 $K_{max}=50$ 的正操作区域中随机选择。滑动面 s 及其导数 $\dot{s}$ 用于计算式（3.58）中的适应度值。如果新的控制输入的适应度大于所有以前的值，则将成为新的精英。最高的适度值被视为精英。利用精英作为亲本，生成的后代是下一个控制区间中的新控制信号。如果新控制信号的适应度值大于前一个，那么它将成为下一个精英。因此，精英选择采用优胜劣汰法则。

2）GA 中基于模糊的交叉和变异：交叉操作是在 GA 中产生扰动的主要方法。它可以通过改变父代的特征来产生子代。本节使用基于方向的交叉操作。其概念是，离滑动面及其导数越大或越远，子代和亲本之间的变异（或控制输入）越大。相反，如果系统动态在滑动面内，则控制输入将变小或保持不变。因此，将滑动面 s 及其导数 $\dot{s}$ 集成到交叉操作中。由亲本产生的后代可以表示为

$$\boldsymbol{u}_{\mathrm{GA, new}} = \boldsymbol{u}_{\mathrm{GA, old}} + \left|\eta_{c_1}\right| s + \left|\eta_{c_2}\right| \dot{s} \qquad (3.59)$$

其中，$u_{\mathrm{GA, old}}$ 是由上一代的 K_{sp}, K_{si}, K_{sd} 选择的染色体，$u_{\mathrm{GA,new}}$ 是分别使用 η_{c_1} 和 η_{c_2} 为 $s(t)$ 和 $\dot{s}(t)$ 新创造的后代。调谐系数 η_{c_1} 和 η_{c_2} 对于交叉操作至关重要。如果选择的调谐系数太大（太小），则从一代到一代的调谐步长将很大（很小），会使系统动态快速发散（变得不稳定）。在本节中，我们利用模糊交叉推理机制来选择正确的调谐系数。

然后利用 GA 中的突变来防止局部极小值问题。一种新的染色体可以被包括在种群中。与目前的随机突变操作相比，不能保证子代的性能优于父代，这可能会影响 ROV 中的系统动力学性能。因此，我们使用了基于方向的突变操作。其思想是根据滑动表面（$s = 0$）和系统动力学之间的间隙来调整突变。如果控制力无法实现更接近滑动面，那么该突变将迫使 ROV 的动态保持更接近滑动面的状态。进行突变操作后的后代可表示为

$$\bar{u} = u_{\mathrm{GA, new}} + |\eta_m| \tag{3.60}$$

式中 η_m 是由模糊推理机制对突变操作的调整，$\bar{u}$ 是突变操作后的子代。

在 GA 中的突变操作是利用可能影响系统稳定性的突变概率进行的。因此，使用名为 FIT 的指定正适应度值（由用户设置）来检查突变是否发生。如果适应度值小于 FIT，则发生突变。另一方面，如果 FIT 大于指定值，则不会发生突变。此外，在 GA 运行过程中，通过引入 ROV 模型上的增量不确定性和外部干扰，保证了 GA 的鲁棒性。综上所述，本节提出的基于模糊的 SMC（FGA_SMC）遗传算法可以分为以下几个过程：

步骤 1　在式（3.58）中建立适应度函数。

步骤 2　为式（3.56）选择初始增益 (K_{sp}, K_{si}, K_{sd})。

步骤 3　增加不确定性（最高可达标称 ROV 模型的 20% 和 1m/s 的水下海流干扰）。

步骤 4　评估式（3.58）中的适应度值，选择精英 $u_{\mathrm{GA,old}}$。

步骤 5　启动模糊交叉操作，在式（3.59）中产生 $u_{\mathrm{GA, new}}$。

步骤 6　如果适应度值小于 FIT，则继续下一个过程或转到步骤 8。

步骤 7　启动模糊突变操作，在式（3.60）中产生 $\bar{u}$。

步骤 8　计算式（3.56）中的控制信号 u。它将被视为下一代的亲本，因为它是目前情况下最适合的染色体。

进化过程中采用了模糊推理机制。它还决定了如何调整上述系数 $(\eta_{c_1}, \eta_{c_2}, \eta_m)$ 和突变操作的调整。输入变量为 B（大）、MI（中）和 S（小）。输出变量为 H（高）、ME（中）和 L（低）。对于模糊交叉，X 表示 $F_e(s)$，Y 表示系数 (η_{c_1}, η_{c_2})，如图 3.35 所示。对于模糊突变，X 表示滑动面，Y 表示系数 η_m。根据基于模糊的遗传算法（FGA）中所述的进化过程，包含 IF-THEN 规则的进化过程如下：

规则 1：如果 X 是 B；则 Y 是 L。

规则 2：如果 X 是 MI，则 Y 是 ME。

规则 3：如果 X 是 S，则 Y 是 H。

每个输入采用有效计算的三角隶属函数，输出采用单例隶属函数（使用乘积推理和平均中心去模糊化器）。输入和输出模糊集的隶属函数分别以 x_1、x_2 和 x_3 作为隶属函数 S、MI 和 B 的中心；y_1、y_2 和 y_3 分别是隶属函数 L、ME 和 H 的中心。然后推导出模糊推理机制输出如下：

$$\bar{y} = \frac{w_1 y_3 + w_2 y_2 + w_3 y_1}{w_1 + w_2 + w_3} = w_1 y_3 + w_2 y_2 + w_3 y_1 \qquad (3.61)$$

式中，$0 \le w_1 \le 1, 0 \le w_2 \le 1, 0 \le w_3 \le 1$ 分别是规则 1、2 和 3 的权重。根据三角隶属函数，关系 $w_1 + w_2 + w_3 = 1$ 是有效的。此外，3 个参数 $(\eta_{c_1}, \eta_{c_2}, n_m)$ 的输入和输出模糊集是不同的。它们可以通过相似的模糊规则和推理机制来确定。采用 2 型模糊逻辑控制器（FLC）可以更好地处理 ROV 中的建模不确定性。

在第一次仿真中，使用基础的 SMC 控制 ROV 运动到所需位置。它有以下参数：$\lambda = 111$，$\Phi = 4$，$k_s = 20$，$k_{sv} = 1 \times 10^{-4}$，$k_{sd} = 55$。为了避免振动，在滑动面周围设置了小 Φ 值的边界层。控制航行器在垂直面上移动，然后再在水平面上运动，即 $z_d = 5m$，$\psi_d = -45°$。SMC 的仿真结果，即位置和速度时间响应曲线，如图 3.36 和图 3.37 所示。仿真完成后，离线制作航行器的二维动画。它基本上由许多帧的航行器运动图组成，这些帧被组合成航行器从开始到最终水下航行器自动回收的动画。如图 3.37 所示，根据速度图，位置响应展示了良好的跟踪性能，没有高度不连续的切换，边界层的性能良好。

水下航行器的任务为侧移，改变航向，然后潜入一定深度。为了实现这一目标，所使用的控制输入如下：$y_d = 5m$，$z_d = 5m$，$\psi_d = 45°$。如图 3.38 所示，位置响应在所有方向上都能产生良好的跟踪，除了在升沉运动中的一个超调，因为航行器试图调整到所需的偏航角。在稳定状态下，航行器能以较小的速度响应（见图 3.39）到达所需的位置。如观察所示，没有控制动作时，横滚和俯仰自由度是相当稳定的。

为了提高波浪的视觉效果，我们将波浪在水下航行器上的传播过程包括在内，如图 3.40 所示。在回收过程中，波浪叠加在航行器上。这提供了一些关于波浪对仿真结果产生的影响的信息。

在第二次仿真中，利用 FGA-SMC 控制器控制航行器在水平面上从零初始位置沿对角线移动到 $x_d = y_d = 0.5m$ 处。用于控制的控制器增益 (K_{sp}, K_{si}, K_{sd}) 使用提出的调整方法进行调优。FLC 的输出为 η_{c_1}, η_{c_2} 和 η_m。标称模型可以从前面的章节中获得。请注意，所用航行器的质量为 135kg，带有对接环，如图 3.41 所示。更新的水动力阻尼和附加质量系数如表 3.13 和表 3.14 所示。显然，水动力阻尼和附加质量系数存在至少 20% 的误差。因此，在建模和测量过程中会产生一些不确定性，需要一个鲁棒控制器来处理这些不确定性。

表 3.13　各线速度方向的水动力阻尼和附加质量系数 [2]

描述	进退		横移		升沉	
阻尼系数	X_u	$X_{u\|u\|}$	Y_v	$Y_{v\|v\|}$	Z_w	$Z_{w\|w\|}$
	3.22	105	3.29	139	5.68	273
附加质量系数	X_u		Y_v		Z_w	
	20.4		53.4		126	

表 3.14　各角度的水动力阻尼和附加质量系数 [2]

描述	横移		俯仰		偏航	
阻尼系数	K_p	$K_{p\|p\|}$	M_q	$M_{q\|q\|}$	N_r	$N_{r\|r\|}$
	0.68	15.5	5.32	33.2	12.3	26.7

（续）

描述	横移	俯仰	偏航
附加质量系数	$K_{\dot{p}}$	$M_{\dot{q}}$	$N_{\dot{r}}$
	2.80	13.7	5.26

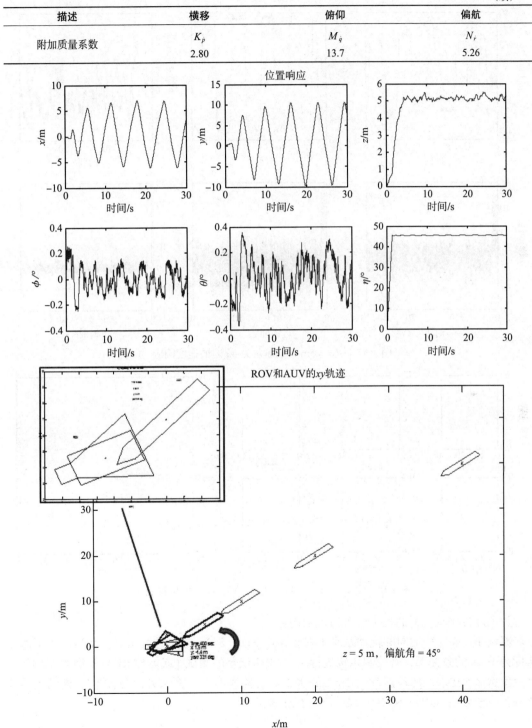

图 3.36　当 $z = 5\text{m}$，偏航角为 45°时的位置响应

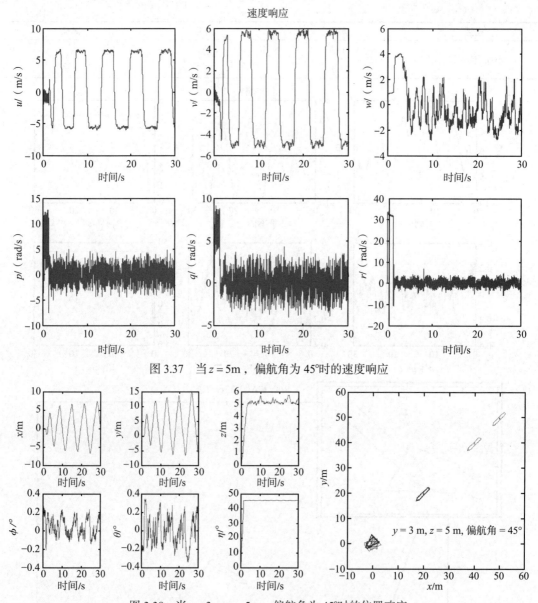

图 3.37　当 $z = 5\mathrm{m}$，偏航角为 45°时的速度响应

图 3.38　当 $y = 3\mathrm{m}$，$z = 5\mathrm{m}$，偏航角为 45°时的位置响应

为了进行比较，下面提出两个仿真案例。

案例 1　首先在不同的扰动水平下对提出的 FGA_SMC 方法进行仿真。在当前水下海流速度为 1m/s 的条件下，对控制系统进行高达 20% 误差的测试（或标称 ROV 模型的 1.2 倍）。

案例 2　在水下海流速度为 1m/s 的水下航行器模型上，将该方法与 SMC、模糊逻辑和比例积分导数法（PID）在 20% 误差下进行比较。

　　在 MATLAB/Simulink 软件包中对以上两种案例进行仿真，并在下面的章节中讨论它们的控制参数。

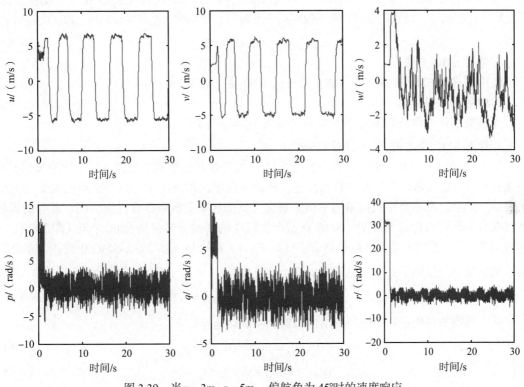

图 3.39　当 $y = 3$m，$z = 5$m，偏航角为 45°时的速度响应

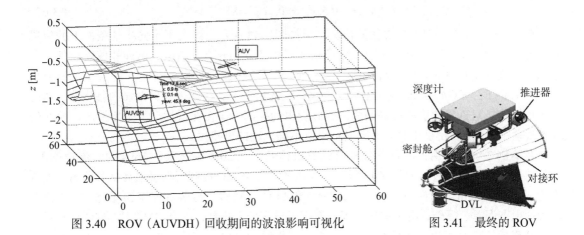

图 3.40　ROV（AUVDH）回收期间的波浪影响可视化　　　　图 3.41　最终的 ROV

3.8.3   PID 方法

在 MATLAB/Simulink 中，对 PID 控制器增益进行自动整定，使其满足闭环稳定性的稳态值，满足较小的超调量、较短的沉降时间、较短的上升时间、较高的增益和相位裕度。PID 增益如下：

$$K_p = 14, K_i = 5, K_d = 15 \tag{3.62}$$

1. 常规 SMC 方法

使用的常规 SMC 参数如下：$K_{sp} = 26, K_{si} = 42, K_{sd} = 37, \lambda = 0.01$。

2. 模糊逻辑控制器

无模糊进化过程的 FLC 参数为随机突变的 $\eta_{c_1} = \eta_{c_2} = 1$。

3. 针对 SMC 提出的 FGA（FGA_SMC）

最大世代数为 100，种群规模为 50。由于目的是使种群收敛，交叉（对于收敛操作）应该比变异（对于发散操作）更频繁地发生。然而，在不同的应用中，选择正确的概率是完全主观的。因此，在本节中我们采用平衡法将交叉概率和突变概率都设置为 20%。适合的染色体将在每一代中被保留和复制。SMC 在整个世代中的增益分布包括 5000 个点（即 100 代 × 50 个种群）。最低误差范数（或最高适应度，$F_t(t)$）在第 96 代。FGA-SMC 中使用的最终适配控制参数和变量如下：

$$K_{sp} = 21, K_{si} = 5.9, K_{sd} = 15, \sigma = 0.1, \lambda = 0.01, K_{\min} = 0, K_{\max} = 50, \text{FIT} = 0.3 \tag{3.63}$$

基于模糊的进化过程中使用的输出和输入参数的选择如下：

$$y_{1,1} = y_{1,2} = 0.3, y_{2,1} = y_{2,2} = 0.6, y_{3,1} = y_{3,2} = 1 \tag{3.64}$$

$$y_{1,m} = -1, y_{2,m} = 0, y_{3,m} = 1 \tag{3.65}$$

$$x_{1,1} = x_{1,2} = 0, x_{2,1} = x_{2,2} = 0.5, x_{3,1} = x_{3,2} = 1 \tag{3.66}$$

$$x_{1,m} = -0.5, x_{2,m} = 0, x_{3,m} = 0.5 \tag{3.67}$$

在案例 1 中，FGA-SMC 方法的仿真结果如图 3.42 所示，绘制了不同扰动条件下的位置和速度时间响应图。位置响应表明，除了在较高扰动下的升沉、横滚、俯仰和偏航角外，位置响应对扰动变化具有很强的鲁棒性。当不确定性的极限增加到 8% 以上，并且水下海流扰动大于 1m/s 时，FGA_SMC 在输出响应变化不大的情况下，仍然表现出很强的鲁棒性。速度响应也反映了对近零速度的良好调节，因此提出的控制方案仅在低扰动下是鲁棒的，而在较高的扰动下，6 个自由度中只有 2 个显示出对不确定性的鲁棒性。

在案例 2 中，使用控制器参数进行计算机仿真，在 20% 的误差和 1m/s 的海流速度下，与其他控制器进行比较，如图 3.43 所示。提出的 FGA-SMC 控制器在进退和横移位置（设置点为 $x_d = y_d = 0.5m$）的误差小于 PID、SMC 和 FLC 控制器。与所有控制器相比，PID 具有较大的稳态误差。另外，由于进化过程中使用了模糊推理机制，FGA-SMC 比 SMC 具有更少的振动现象。FLC 可以补偿传统 SMC 固有的抖振现象。结果表明，偏航位置误差较大，振荡较小。另一方面，SMC 在所有自由度中都表现出固有的振动行为。与 PID 相比，俯仰角和横滚角较小，具有较好的自稳性。

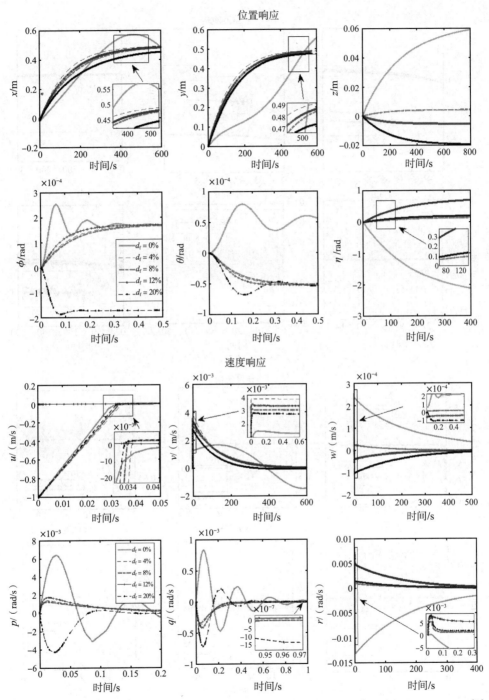

图 3.42　案例 1：FGA-SMC 控制器在各种扰动条件下 $\left(x_d = y_d = 0.5\text{m}\right)$ 的位置和速度时域图[2]

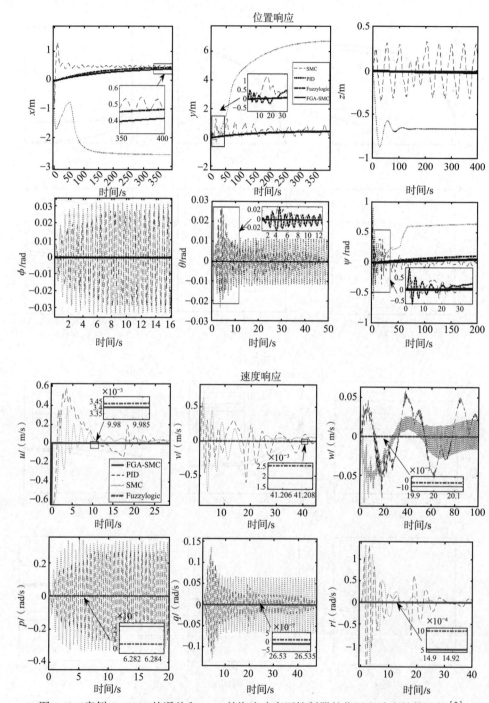

图 3.43 案例 2：20% 的误差和 1m/s 的海流速度下控制器的位置和速度性能比较[2]

综上所述，与 FGA-SMC 方法相比，SMC、PID 和 FLC 在超调量、稳态误差和振动响应方面对扰动的鲁棒性较差。2- 范数位置误差也表明 FGA-SMC 与其他控制器相比具有最低的误差（FGA_SMC 为 200，SMC 为 600，PID 为 1500，模糊为 500）。这意味着在 ROV 上提出的 FGA-SMC 能够处理预定的不确定性，从而实现位置控制的鲁棒性。

3.9　ROV 海上实验

ROV 的实验（见图 3.44）在新加坡游艇俱乐部附近进行。首先使用操纵杆将航行器从发射位置移开。我们进行了以下两个实验，即升沉实验和偏航实验。利用 Python-Qt 开源代码设计的图形用户界面，对命令信号和控制器参数进行了初始化。所有数据都是以 100Hz 的频率进行采样的。由于时间限制，将 FGA-SMC 和 PID 控制器编程到 ROV 目标的 PC104 中。在实验测试过程中，进一步调整了 FGA-SMC 的控制参数，使其具有更好的实时响应。这是由于不确定的外部因素影响了结果和性能，如不同的有效波高（约 1m）和海流（约 2 节），数据来自新加坡气象服务中心（http://www.weather.gov.sg/home/）。

如图 3.44c 所示，实际过程中 ROV 试图调节其 0.6m 的深度。在实验中，原始 PID 控制器不能有效地抑制干扰。将 PID 控制器参数重新调整为 $K_p = 31$, $K_i = 27$, $K_d = 34$，然后用它与 FGA-SMC 进行比较。使用的控制器增益 $K_{sp} = 26, K_{si} = 11, K_{sd} = 20$ 以及其他参数在线进行调整。

如图 3.45a 所示，PID 控制器无法抑制作用在 ROV 上的外部波浪和海流引起的干扰。PID 控制器倾向于跟随波浪扰动。然而，FGA-SMC 具有较小的振动，稳态升沉误差约为 0.7%，振动响应大大减轻。与 PID 控制器相比，FGA-SMC 在升沉实验中产生的偏航角波动要小得多（瞬态阶段除外）。在横滚和俯仰角中可以看到类似的现象，在图 3.45a 中，可以观察到 FGA-SMC 的超调量比 PID 控制器要小。结果表明，尽管存在不确定性和外部干扰，但 FGA-SMC 仍能将 ROV 稳定地定位在所需深度。

a）发射位置　　　　　　　　　b）偏航过程　　　　　　　　　c）升沉过程

图 3.44　使用 FGA-SMC 在发射位置、偏航和升沉过程中进行位置测试[2]

在深度控制之后，在 45°方向上比较了偏航控制的结果（见图 3.45b）。FGA-SMC 的偏航角以缓慢的响应稳定到稳态值（仿真过程中看到有类似现象）。尽管增加了比例增益，但 PID

控制器仍然存在 15°的偏航角误差。虽然 PID 有更快的上升和稳定时间，但 FGA-SMC 在稳定偏航角方面表现更好，尽管其响应较慢。海上实验表明，尽管存在模型不确定性和外部干扰，ROV 仍然可以保持理想的偏航角和深度。如图 3.46 所示，与 PID 控制器相比，FGA-SMC 控制器的横滚和俯仰角更小。

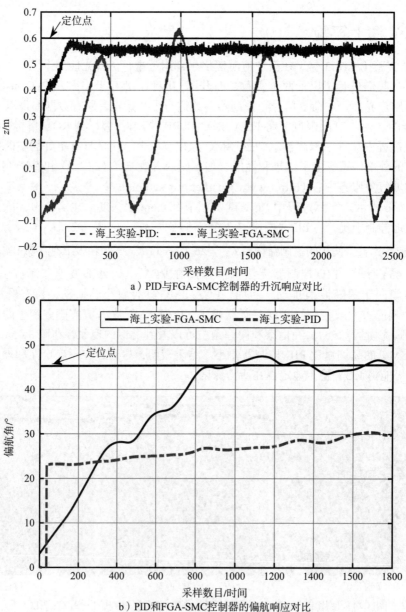

a）PID 与 FGA-SMC 控制器的升沉响应对比

b）PID 和 FGA-SMC 控制器的偏航响应对比

图 3.45　PID 与 FGA-SMC 控制器的升沉和偏航响应对比[2]

　　综上所述，本文提出的 FGA-SMC 的整定方法首先应用于 ROV 上，以提高系统的稳定性，实现一个更高效、更系统的架构，使 SMC 的调试性能更好。将 SMC 集成到 GA 中具有可接受位置响应的 ROV 平台，尽管响应缓慢，但振荡较少。实验结果表明，结果中的稳态误差是由不确定环境中不确定性的变化引起的。请注意，附加的传感器（如表面声波传感器）将有助于向控制器提供可测量的输入。如捕获的响应图所示，与手动调谐系统相比，FGA-SMC 控制器在稳态误差、振荡和鲁棒性等方面具有更好的性能。

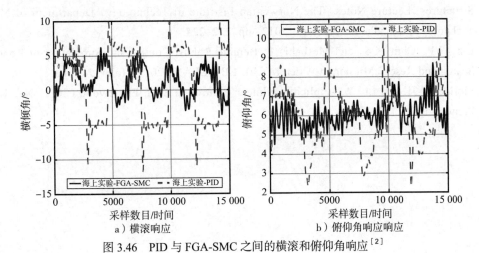

图 3.46　PID 与 FGA-SMC 之间的横滚和俯仰角响应[2]

参考文献

[1] Lin, JY. Computation of Hydrodynamic Damping and Added Mass for a Complex-Shaped Remotely-Operated Vehicle (ROV) for Sufficient Control Purpose. Undergraduate Report, Newcastle University, United Kingdom, May 2014.

[2] Chin, CS and Lin, WP. Robust Genetic Algorithm and Fuzzy Inference Mechanism Embedded in Sliding-Mode Controller for Uncertain Underwater Robot, IEEE/ASME Transactions on Mechatronics 23 (2), pp. 655–666, 2018.

[3] Chin, CS, Lin, WP, and Lin JY. Experimental Validation of Open-Frame ROV model for Virtual Reality Simulation and Control. Journal of Marine Science and Technology 23 (2), pp. 267–287, 2018.

[4] Fossen, TI. Guidance and Control of Ocean Vehicles, John Wiley & Sons Ltd., Chichester and New York, 1994.

[5] Chin, CS and Lau, MSW. Modeling and Testing of Hydrodynamic Damping Model for a Complex-Shaped Remotely-Operated Vehicle for Control, Journal of Marine Science and Application, 11 (2), pp. 150–163, 2012.

[6] de Barros, EA, Pascoal, A, and de Sa, E. Investigation of a Method for Predicting AUV

Derivatives, Ocean Engineering, 35（16）, pp. 1627–1636, 2008.

［7］ Lin, WP, Chin, CS, Looi, LCW, Lim, JJ, and Teh, EME. Robust Design of Docking Hoop for Recovery of Autonomous Underwater Vehicle with Experimental Results. Robotics. Guest Editors：Prof. Thor I. Fossen and Prof. Ingrid Schjølberg, NTNU, Trondheim, Norway 2015, 4（4）, 492–515.

［8］ Sørensen, AJ. Marine Control Systems：Propulsion and Motion Control of Ships and Ocean Structures. Lecture Notes, The Norwegian Institute of Technology, Department of Marine Technology：Trondheim, Norway, 2012；pp. 222–224.

［9］ Lin, WP, Chin, CS, and Mesbahi, E. Remote Robust Control and Simulation of Robot for Search and Rescue Mission in Water. MTS/IEEE OCEANS 2014, Taipei, China.

［10］ Slotine, J-JE and Li, W. Applied Nonlinear Control, 1st ed. Englewood Cliffs, NJ, USA：Prentice-Hall, 1991.

第 4 章
xPC-Target 嵌入式系统设计

4.1 概述

开发嵌入式系统最有效的方法是将控制系统与实际控制设备（系统）连接起来，通常使用试错法来验证设备（系统）的功能。然而，这项工作很耗时，经常需要更换昂贵的硬件。为避免该问题，需要一个由嵌入式系统（被测系统）组成的模拟器，向控制设备（系统）提供控制信号。传感器读数由系统读取（反馈），并输出执行器控制信号给控制设备（系统）。控制系统使用图形编程软件执行多次迭代，直到满足要求。上述方法称为硬件在环仿真（Hardware-In-the-Loop Simulation，HILS）。HILS 是一种使用图形编程软件开发和测试复杂实时嵌入式系统的技术。图形编程工具的好处是不需要编写像 C/C++ 这样的代码（见第 2 章），但这并不是说读者不需要编程，实际上需要让嵌入式计算机遵循他们的控制算法，与此同时，实时嵌入式系统代码的生成细节留给了代码生成工具。它允许用户创建可以在实时环境中执行的软件，而无须学习编写复杂的特定多速率实时嵌入式代码。这样，HILS 通过在测试平台上增加受控设备的复杂性，提供了一个高效的平台。如图 4.1 所示，它包括以下部分。

- 硬件接口。
- 快速仿真原型机。
- 基于 HILS 的实现。
- 一个典型的基于微处理器的机电一体化应用如图 4.1 所示，由以下子系统组成：
- 被控制设备（例如水下机器人系统）：设备本身可能包含一些单独的或与其子系统相关的机制。
- 主机：安装了仿真软件的桌面计算机。例如，MATLAB/Simulink 和 xPC-Target 集。此外，在使用仿真软件之前，主机必须安装桌面操作系统，比如 Windows 98/XP/Vista/7。主机 PC 通过以太网或 RS232 与目标 PC 通信。
- 嵌入式微处理器构成的目标 PC：例如 PC104，它安装了 DOS，允许实时内核运行和执行通信端口（如以太网或 RS232 连接）下载的命令。
- 传感器：测量受控变量。例如红外传感器、磁罗盘传感器和编码器等。各种类型的传感器为计算机提供执行监测所需的信息。
- 执行器：将数字信号转换为所需的物理信号，需要满足容错和性能的需求，如直流电动机、步进电动机和线性执行器。

- 接口电路：包括所有必要的信号调节电路，例如执行器与电动机驱动器，传感器和微处理器设备。

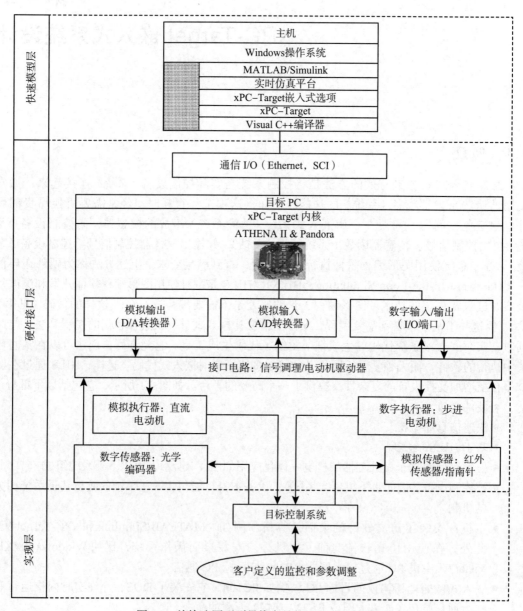

图 4.1　从快速原型到最终产品的 HILS 解决方案

图 4.2 所示为一个 HILS 实例，可以用来支持和验证水下航行器的硬件和软件开发。HILS 采用了高保真动态模型，包括传感器和执行器模型，这些模型参数由实验数据确定。

另外，一个友好的图形界面，如航行器运动的三维可视化，是一个不可或缺的工具，主要用于以最低的成本和工作量快速验证硬件和控制软件。

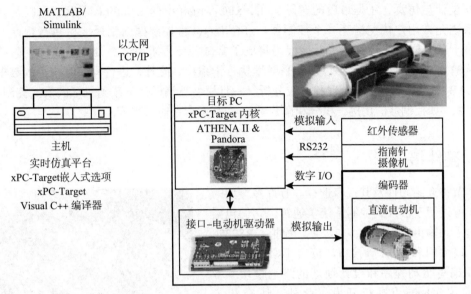

图 4.2 水下航行器的 HILS 解决方案实例

因此，后面章节将概述仿真测试的硬件接口，接着介绍使用 PC104、运算放大器、电动机驱动器用 PWM H 桥等硬件接口。最后通过一个 HILS 在水下机器人开发中的应用实例介绍 MATLAB 中的 xPC-Target 模块。

4.2 用于仿真测试的硬件接口概览

类似 Simulink 这样的图形仿真和控制系统设计工具易于编程和在实际硬件上执行，与传感器和电动机实时通信和控制，让用户从大量代码编写工作中解放出来，专注于控制器设计和实时操作系统。Mathworks 公司开发了一个设计、模拟、分析和自动生成实时嵌入式代码的环境——MATLAB Real-TimeWorkshop，该软件在 Simulink 中采用图形控制模块并且可以编译，以便在各种环境（如保护模式 DOS）下执行。在 Simulink 工具箱 6.0 及以上版本中，提供了一个名为 xPC Target 的软件包，允许用户在 Mathworks 的实时操作系统上将仿真代码迁移到实际硬件上运行。

此外，xPC-Target 还包含许多硬件支持库，允许用户编译包含特定硬件设备接口的 Simulink 模型。xPC-Target 软件包完全支持 PC104 硬件，这意味着 PC104 硬件的模拟到数字输入（A/D 输入）、数字 I/O、定时器、串行端口、并行端口和看门狗定时器都可作为一个模块包含在 Simulink 中，用户不再需要单独为这些功能开发驱动。另外，可以支持其他硬件，如包括带有光学编码器、红外传感器和罗盘的直流电动机。光学编码器、红外传感器和罗盘上的信号可以与 PC104 上的数字 I/O 接口、模拟输入接口或者 RS232 接口连接。PC104 的模拟输出接口通过 H 桥放大器连接控制直流电动机。

将 Simulink 仿真模型下载到运行 xPC-Target 操作系统的目标硬件中。无论是在前期的控制器设计与仿真，还是最后的实际应用，xPC-Target 中的 Simulink 开发模块以及其实时操作系统允许用户快速搭建一个控制器。xPC-Target 将控制框图编译成可执行程序，并通过网络下载到嵌入式计算机中。该代码集成了常微分方程求解器、处理器使用、内存分配和系统输入 / 输出管理，能够以多种采样率执行子系统。此外，运行程序时收集的数据采用 MATLAB 格式，便于后期处理和离线分析。一旦模型被编译并下载到目标嵌入式控制系统，模型参数（如控制器的比例、积分和微分增益），甚至指令输入都可以改变。

4.3　硬件接口

本节将介绍硬件及其接口选择。有许多类型的 PC104 可以用于嵌入式控制系统。通常，它们包括各种输入和输出通信接口，如数字、模拟、RS232、USB、以太网和 VGA 等接口。读者不必为与硬件通信而编写驱动程序和设计烦琐的终端模块。本节将使用 Athena Ⅱ 进行开发。此外，还介绍了 ADVANCED MOTION CONTROLS 的 PWM 电动机驱动器、SHARP 的红外传感器和 HONEYWELL 的磁罗盘。

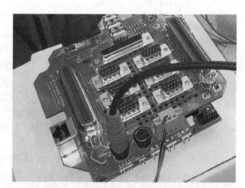

图 4.3　Athena Ⅱ—Prometheus CPU 卡

本章用于案例分析的 Athena Ⅱ PC104 计算机是一个 3.5 英寸 [⊖] 开片式单板计算机，并包含嵌入式 ISA 通信总线（有 104 个引脚）。需要注意的是 Athena Ⅱ 处理器可以和 xPC-Target 一起使用，对于 Athena Ⅲ，笔者暂时还没有将其和 xPC-Target 一起测试过。如图 4.3 和图 4.4 所示，该主板中有两张卡：Athena Ⅱ CPU（Prometheus CPU）卡和带有面板输入 / 输出板的 DAQ（Prometheus I/O）卡。Athena Ⅱ 卡上有处理器以及连接各种外围设备（如键盘、以太网、VGA）的所有连接器，以及系统 I/O 接口，包括一个 10/100BaseT 以太网端口、两个 RS232 端口、两个 RS232/485 端口、四个 USB 1.1 端口、支持两个驱动器的 Ultra DMA IDE 控制器以及 PS/2 键盘和鼠标。

图 4.4　Athena Ⅱ—Prometheus I/O 卡

⊖　1 英寸 =2.54 厘米。——编辑注

Athena Ⅱ包括一个自动校准的模拟和数字 I/O 电路。它有 16 路 16 位模拟输入，采样速率为 100kHz，有一个可编程且支持 2048 采样数据的 FIFO 存储器。可提供的编程电压输入范围为 ±10V 到 0–1.25V。模拟电路还包括 4 个具有 12 位分辨率和跳线选择输出范围的 D/A 通道。A/D 转换器和 D/A 转换器的多量程自动校准可确保随时间和温度变化的最大精度，并实现可靠的免维护性能。在数字方面，Athena Ⅱ提供 24 条可编程的数字 I/O 线，以及两个计数器 / 定时器，用于 A/D 采样率控制、脉冲计数、频率生成或其他应用。其先进的控制逻辑具有适合几乎任何应用的特性和灵活性，例如内部或外部 A/D 时钟源、扫描和单采样模式。要配置 Athena Ⅱ上的 A/D 和 D/A，需要配置字母 J 标识的各种接线口。用于配置 A/D 和 D/A 的 J13 接口在 CPU 板上的位置如图 4.5 所示。

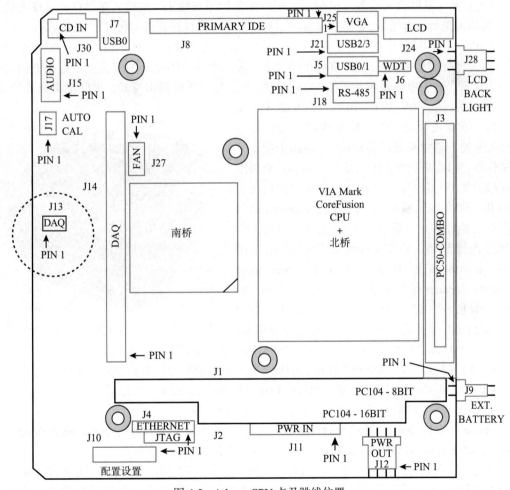

图 4.5   Athena CPU 卡及跳线位置

（引自 http://www.diamondsystems.com/）

J13 模块（见图 4.6）用来配置 A/D 和 D/A 电路。Athena II 接收单端输入和差分输入。单端输入使用两条线：输入信号和接地线。测量的输入电压是输入信号线和地线的电压差。

差分输入需要 3 条接线：信号（+）、信号（-）和地线。测量的是信号（+）和信号（-）之间的电压差。当输入设备和测量设备（Athena Ⅱ）的地线处于不同的电压时，或者在测量有地线的低电平信号时，经常使用差分输入。比起单端输入，差分输入抗干扰性更强，因为干扰信号在求电压差时可以相互抵消。差分输入的缺点是输入端口减少一

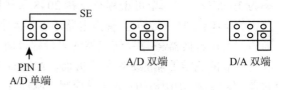

图 4.6 J13 模块设置

半，因为需要两个输入引脚才能产生单个差分输入。Athena Ⅱ可以配置为 16 个单端输入或 8 个差分输入，默认设置是单端输入。

- A/D——模拟输入配置：模拟输入可以配置为单极输入（仅输入正电压）或双极输入（输入正负极电压）。对于双极输入，省略跳线。默认配置是双极模式（跳线输出）。
- D/A——模拟输出配置：4 个模拟输出也可以配置为单极输出（仅正电压）或双极输出（正和负输出电压）。在单极输出模式下，输出电压范围在 0~10V 之间。在双极输出模式下，输出电压范围在 -10V ~ +10V 之间。对于双极输出模式，中间电平设置为 0V 输出，因为 0V 位于 -10V ~ +10V 的正中间。

为了增加模块化程度、减少内部电缆数量并提高可靠性，将中央处理器和输入 / 输出卡槽，并用螺栓固定和连接到外壳的顶部和底部，以获得刚性连接。如图 4.7 所示，底板上设计了很多用于装配的孔。这个机箱被称为 Pandora，Pandora 机箱有多个长度可选择，最长可达 10 英寸，以支持任意尺寸的控制器，并与 Diamond Systems 的 SBC 兼容，如 Athena Ⅱ、Helios、Athena、Prometheus 和 Elektra。Pandora 机箱系统还可以与其他 PC104 SBC 一起使用。这个通用版本为任意的 PC104 Stack 提供了一个灵活的外壳。它由以下部分组成：

图 4.7 容纳 CPU 和面板 I/O 卡的 Pandora 外壳

- ATHM500-256A（Athena Ⅱ SBC，500MHz，256MB RAM，DAQ）。
- PB-EAP-300-K（带面板 I/O 板、面板 I/O 前面板和端盖的 3in⊖ Pandora 机箱）。
- CF-ADA-CF 适配器板 40P，44P 和 FDD 型无电缆电源输入连接器。
- PS-5V-04（45W AC/DC 通用电源适配器（5V DC/9A）。

Athena Ⅱ和 Pandora 的详细配置和组装可以在 https://www.diamondsystems.com/files/binaries/Pandora%20Enclosure%20Assembly%20Instructions%20v2.0.pdf 找到。

微处理器所处理的信号需要进行有效的预处理。来自传感器的信号可能是非线性的、含噪声的或微弱的。因此，应该对这些信号进行修正、放大等处理以适应微处理器的规格等级。这些信号调节功能通常由各种类型的运算放大器实现。微处理器应防止电压过高，并使

⊖ 1in=2.54cm。编辑注

用适当的电子保护电路来反转信号的极性。信号调节是通过传感器 / 执行器和微处理器之间的接口系统完成的。大多数接口电路使用运算放大器来调节信号。

H 桥（见图 4.8 和图 4.9 中的原理图）是一种电子电路，它使得电压能够从多个方向施加到负载上。这些电路通常用于直流电动机前向 / 后向运行的需求中。H 桥可以用于集成电路 SN754410 或 L298，也可以使用 IRF3205 Power MOSFET、1N5818 肖基特二极管和 LM7805CV 线性 5V 电压调节器和电阻等离散元件构成。

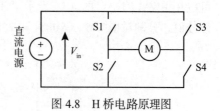

图 4.8　H 桥电路原理图

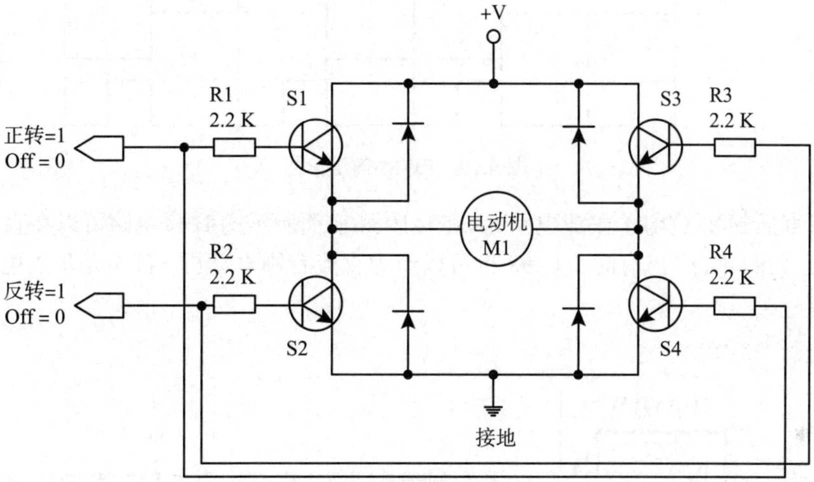

图 4.9　H 桥电路

H 桥通常用于反转电动机的极性，也可用于电动机的制动（如终端短路导致的电动机突然停止），或者让电动机自然运动到停止（电动机从电路有效断开）。表 4.1 总结了这些操作。

表 4.1　H 桥操作程序

S1	S2	S3	S4	结果
1	0	0	1	电动机右移
0	1	1	0	电动机左移
0	0	0	0	电动机自由运动
0	1	0	1	电动机制动
1	0	1	0	电动机制动

除了方向的变化，电动机的转速也可以通过数字方法改变。实现数字化速度控制的方法很少。一般采用脉宽调制的方法来控制电动机的转速。简而言之，PWM 是一种对模拟信号电平进行数字编码的方法。通过使用高分辨率计数器，方波的占空比被调制成编码特定的模拟信号电平。PWM 信号仍然是数字的，因为在任何给定的时刻，直流电源要么开启，要么

关闭。电压或电流源是通过连续的开脉冲和关脉冲提供给模拟负载的。接通时间是指直流电源加到负载上的时间，关闭时间是指直流电源断开的时间。给定足够的带宽，任何模拟值都可以用 PWM 编码。图 4.10 显示了 3 个不同的 PWM 信号。这 3 种 PWM 输出编码 3 种模拟信号值，分别对应 50%、100% 和 25% 的最大模拟信号值。

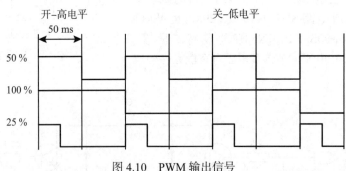

图 4.10　PWM 输出信号

使用双直插封装（DIP）集成电路 SN754410 和前面所示的 H 桥电路可以在直流电动机上实现 PWM（见图 4.11）。有时，L298 也可以作为直流有刷电动机（甚至是步进电动机）的双 H 桥驱动器。

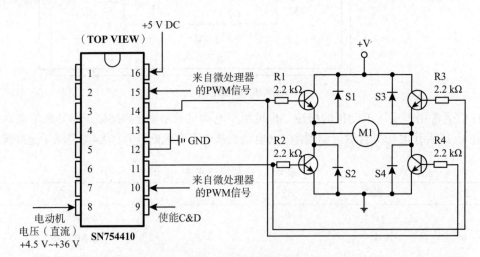

图 4.11　DIPIC-SN754410 与 H 桥连接

然而，为直流有刷电动机设计 H 桥电路是非常耗时的。12A8 PWM 伺服驱动器是为驱动高切换频率直流有刷电动机而设计的，它可以避免焊接和设计电路的麻烦。驱动器有充分的保护，防止电动机 - 地 - 导线之间的过压、欠压、过流、过热和短路。此外，驱动器可以与数字控制器连接，或独立使用（只需要一个非稳压直流电源）。图 4.12 和图 4.13 为直流电动机与 12A8 PWM 驱动器连接示意图。对于 12A8 电动机驱动器，需要设置偏置增益，保证电压为 0V 时电动机不旋转。

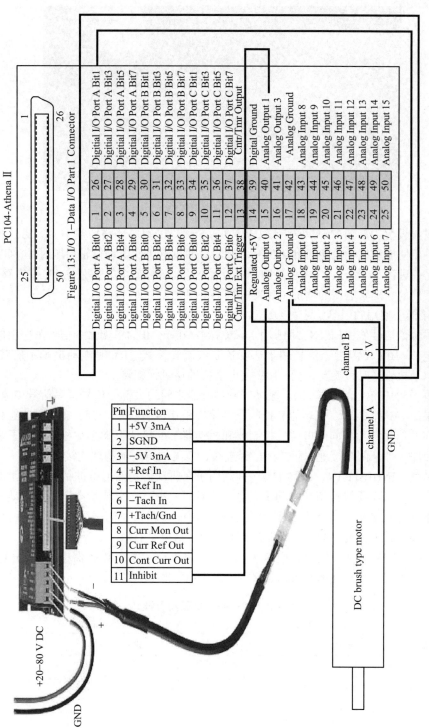

Pin	Function
1	+5V 3mA
2	SGND
3	−5V 3mA
4	+Ref In
5	−Ref In
6	−Tach In
7	+Tach/Gnd
8	Curr Mon Out
9	Curr Ref Out
10	Cont Curr Out
11	Inhibit

图 4.12 12A8 PWM 驱动器与直流电动机的连接（有刷式）

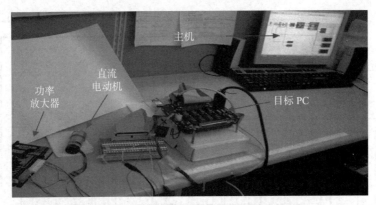

图 4.13　直流电机硬件在环控制图片

　　环路增益设置为旋钮顺时针选择（CW）3~4.5 圈，以确保环路增益不会太高。在这种情况下，正电压使电动机轴沿逆时针（CCW）旋转，而负电压使电动机轴沿顺时针（CW）方向旋转。它是一种称为"滞后"（去程与回程不重合）的非线性效应，并且在 1V 左右存在死区。正如所观察到的，随着电压的增加，速度变得不太精确。

　　P1 连接器上使用的引脚（见表 4.2）如下：

- 单端命令信号（+REF IN，引脚 4）。PC104-Athena II 的单端命令信号由控制器的功能决定。±10V 模拟指令信号用于速度控制或旋转模式。0V 时电动机轴不旋转，+10V 使电动机轴逆时针旋转，而 −10V 使电动机轴逆时针旋转。
- 接地（GND 信号，引脚 2）。驱动器和控制器之间的大部分信号都以信号接地为参考。如果没有这个参考，驱动器和控制器将无法相互传输信号。为了确保驱动器和控制器之间的信号参考相同的电位，控制器和驱动器上的接地引脚必须相连。为了避免形成地回路，如果两个接地引脚之间已经连接，就无须再增加物理连接。
- 抑制线（INHIBIT IN，引脚 11）。抑制用于在驱动器仍然通电的情况下关闭电动机的电源。如果需要快速切断电动机电源，或者用户需要在空转状态下手动移动负载，抑制功能是必要的。如果你的控制器有抑制功能，那么我们强烈建议你使用它。请注意，抑制输入被配置为在拉低时禁用驱动器（低电平有效）。
- 5V 电源（5V，3mA 输出，引脚 1）。5V 电源可用于霍尔传感器中需要 5V 电源的编码器。编码器的接地引脚可以连接到 PC104- 模拟接地地引脚。

表 4.2　12A 8PWM 驱动引脚

（引自：http://www.research-concepts.com/Files/20a14.pdf）

连接器	引脚	名称	说明	I/O
P1	1	+5V OUT	内部 DC-DC 转换器，输出调节电压 ±5V@3mA，供客户使用。短路保护	O
	2	SIGNAL GND		GND
	3	−5 V OUT		O
	4	+REF IN	最大差分模拟输入 ±15V，50K 输入电阻	I

（续）

连接器	引脚	名称	说明	I/O
P1	5	−REF IN	最大差分模拟输入 ±15V，50K 输入电阻	I
	6	−TACH IN	最大 ±60V 直流，60K 输入电阻	I
	7	+TACH（GND）		I
	8	CURRENT MONITOR OUT	该信号与电动机引线中的实际电流成比例。2V/A 对应 12A8，4V/A 对应 25A8、20A14 和 20A20	O
	9	CURRENT REFERENCE OUT	内部电流回路的命令信号。放大器的最大峰值电流额定值在此引脚上始终等于 7.25V。参见下面的电流限制调整信息	O
	10	CONTINUOUS CURRENT LIMIT	可用于降低工厂预设的最大连续电流限制	I
	11	INHIBIT	当拉至地时，该 TTL 电平输入信号关闭 H 桥驱动器的所有 4 个功率器件。该抑制将导致故障状态和红色指示灯亮。对于反相禁止输入，参见 "G" 部分	I
	12	+INHIBIT	仅在 "+" 方向禁用放大器。这种抑制不会导致故障或红色指示灯亮	I
	13	−INHIBIT	仅在 "−" 方向禁用放大器。这种抑制不会导致故障或红色指示灯亮	I
	14	FAULT OUT（红色 LED）	TTL-compatible 输出。在输出短路、过压、过热、抑制和 "上电复位" 期间，它的电压变高，故障状态由红色指示灯指示	O
	15	NC	未连接	
	16			
P2	1	−MOTOR	电动机反转	O
	2	+MOTOR	电动机正转	O
	3	POWER GROUND	电源接地	GND
	4	POWER GROUND	电源接地	GND
	5	HIGH VOLTAGE	直流电压输入	I

P2 连接器上使用的引脚如下：

- −MOTOR（引脚 1）。接直流电动机的 M+（红色线）。
- +MOTOR（引脚 2）。接直流电动机的 M−（黑色线）。
- POWER GROUND（引脚 3）。接电源负极。
- HIGH VOLTAGE（引脚 5）。接电源正极。

速度模式控制电动机，使电动机的速度与输入命令（±10V 内）成正比。用于电压模式的开关如下：

- SW1 开。
- SW2 关。

- SW3 关。
- SW4 关。

电压模式的电位计设置如下：

- Pot 1：电流限制——无变化。
- Pot 2：环路增益——无变化。
- Pot 3：参考增益—4 圈 CW*。
- Pot 4：当输入电压为 +REF=0 时，偏置设置为无转矩（即电动机轴不旋转）。

为了保持圈数的一致性，初始点定义如下：

- 逆时针转动电位计，直至每转一圈开始发出咔嗒声。
- 继续缓慢逆时针转动电位计，直到听到下一次咔嗒声，然后停止。
- 按照指示的圈数沿顺时针方向转动电位计。

4.4　使用 xPC-Target 进行硬件在环测试

xPC-Target 与 MATLAB/Simulink 环境高度集成，允许将 Simulink 模型编译为可执行代码并在专有实时操作系统上运行。它是一种用于控制系统的快速原型设计、硬件在环测试以及使用 Athena II 等标准 PC 硬件部署实时系统的解决方案。使用标准 PC 硬件和现成的 I/O 板，xPC-Target 将标准 PC 转变为实时快速原型终端。"实时"意味着代码以非常规律的时间间隔执行，对控制非常有用。

通常，PC104 也称为目标 PC。它与运行实时应用程序的主机（安装 xPC-Target 软件）分离。xPC-Target 软件环境包括实时内核、实时应用程序和 I/O 驱动程序。如图 4.14 所示，硬件环境由主机、目标 PC（或目标 PC 中的 I/O 板）以及主机和目标 PC 之间的串行或以太网连接组成。实时内核和 PC 硬件使 xPC-Target 能够提供高性能低成本的实时终端。

图 4.14　xPC-Target（作为主机）和台式 PC-NI PCI 卡（作为目标 PC）

或者，用户可以将台式 PC 与 PCI DAQ 卡（例如 NI-PCI 6023E、6221）等 I/O 板插入空的 PCI 插槽中，作为图 4.15 中的目标 PC。使用实时 Windows 终端可以避免使用额外的台式 PC 作为目标设备。PCI 卡可以插入主机中，使整个控制系统更加紧凑。

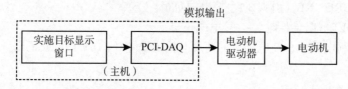

图 4.15　实时窗口目标（作为主机）和 NI PCI 卡（在主机）。请注意，
用户可以减少到只有一台 PC

一般情况下，从准备 xPC-Target，使用 Simulink 程序框图，到实时下载运行，使用 xPC-Target 的步骤如下：

- 创建 xPC-Target 实时内核。将 xPC-Target 中的硬盘格式化为 DOS 分区格式，并确保它可以使用 DOS 操作系统启动。配置基本输入 / 输出系统（BIOS）。如图 4.23 所示，用 CompactFlash 磁盘代替硬盘。它需要将板卡配置为启动盘。该板卡将被格式化，以便在通电时自动启动到 xPC 实时内核。
- 为 HILS 系统创建 xPC-Target Simulink 框图。在所有配置中，主机安装 MATLAB 软件。通过 Simulink 模块和 xPC-Target 模块集创建模型。向模型中添加 I/O 模块，然后使用带有实时 Workshop 和 C/C++ 编译器的主机在目标 PC 中创建可执行代码。正如后面部分所见，程序是通过简单的拖放创建的，除了需要执行的一些标准设置外，只需要最少的"编码"。
- 实时下载和运行。可执行代码从主机下载到运行 xPC-Target 实时内核的目标 PC。下载可执行代码后，可以实时运行和测试目标应用程序。使用主机上的 Simulink External 模式可以触发它独立运行或在外部运行。

4.4.1　使用台式机作为目标 PC 创建 xPC-Target 实时内核

以下是将台式计算机用作目标计算机时所需的步骤。第一步是格式化目标 PC。格式化硬盘前，请确保数据已备份。使用 DAQ PCI 卡的目标 PC 安装如图 4.16 所示。

重新启动计算机并按 F2、F8、"删除"键，在计算机系统的 BIOS 中，选择 CD-ROM 驱动器启动。然后进入 BIOS 菜单，进入"advance BIOS"功能，设置 CD-ROM 启动为第一启动，硬盘为第二启动。

图 4.16　目标 PC 的安装（在台式 PC 中）

按 F10 键保存配置，然后按 Y 键退出。目标 PC 必须预留至少 5GB~10GB 的 DOS 分区。要格式化目标 PC 中的硬盘，请使用以下选项。

1）在启动系统前，请确保插入 Windows 98/2000/XP 操作系统的安装程序 CD/DVD-ROM 驱动器。Windows 安装程序中通常包含如何从 CD 启动的说明。

2）硬盘也可以通过计算机管理程序进行格式化。单击"开始"键，输入"设置"，然后单击屏幕上显示的"控制面板"图标。可以在控制面板菜单上找到"计算机程序管理"。在"计算机程序管理"下，单击"磁盘管理"并选择需要重新格式化的硬盘。右击所选硬盘并选择"格式化"。

3）格式化硬盘的最后一种方法是通过软盘实现。确保预备好可启动软盘，该软盘必须能够在 MS-DOS 模式下启动。启动完成后，PC 将处于 DOS 模式。输入语法"format c:"（请注意，根据硬盘所在的驱动器号，命令中的字母可能会有变化）。

下一步，确保主机安装包含 xPC-Target、xPC-Target 嵌入选项和实时 Workshop 软件 MATLAB（请参阅图 4.17~ 图 4.20）。本书使用的版本是 xPC-Target 4.0.。用交叉电缆连接主机和目标计算机。

1）在桌面上双击 MATLAB 图标。

2）在 MATLAB 命令行窗口中输入 xpcexplr，然后 xPC-Target 资源管理窗口会打开。

3）在 xPC Target Explorer 中，展开 TargetPC1 节点。配置节点出现。下面是用于通信、设置和外观的节点。Target PC 节点的参数分组在这些类别中。

4）选择 Communication。

5）从 Host target communication 列表中选择 TCP/IP。

6）必须根据你的环境输入正确的网络属性值。

- 目标 PC IP 地址：192.168.0.222。
- 局域网子网掩码地址：你的局域网的子网掩码地址。子网掩码为 255.255.255.0。
- 选择 >TCP/IP 目标驱动：I8245X（一个英特尔 8254X 系列 PCI Fast 千兆以太网）。

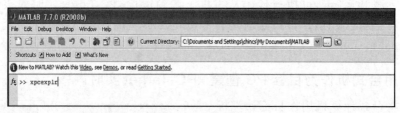

图 4.17　屏幕截图 1

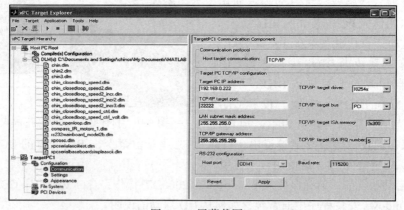

图 4.18　屏幕截图 2

7）选择 Start → Setting → Control Panel，然后双击 Network Connections。右击 Local Area Connection，选择 Properies。

8）选择 Internet Protocol（TCP/IP），然后单击 Properies。设置 IP 地址为 192.168.0.223（请注意最后一个值与主机设置的差异）、子网掩码为 255.255.255.0。

9）在 xPCtarget Explorer 层次结构窗中，为 TargetPC1 选择 Configuration 节点。

10）在最右边的窗格中会出现一个 TargetPC1 Configuration 窗格（参见图 4.20 和 4.21）。此窗格包含一系列选项卡。选择 Boot Floppy。

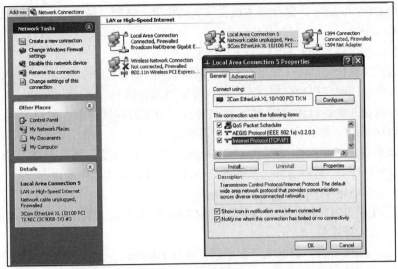

图 4.19　屏幕截图 3

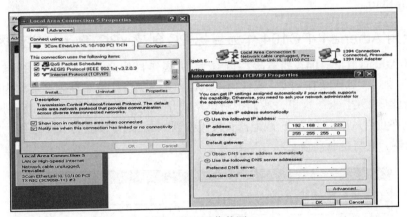

图 4.20　屏幕截图 4

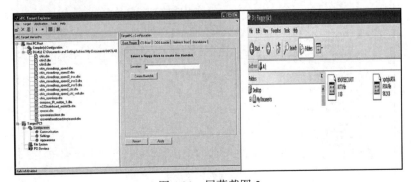

图 4.21　屏幕截图 5

11）将软盘插入 A:\，然后单击 Greate Bootdisk。

12）选择 DOS Loader 并保存到主机文件夹的位置。例如，输入 C:\cschin\xPCfile。单击 Create DOS Loader。

13）复制这些内容（除了 xPCtgo.rtb）到 A:\。

14）尝试使用软盘驱动器（如果有 CD，则删除）启动目标 PC。

15）如果要使用硬盘启动，将 A:\ 中的内容复制到目标 PC，包括 xPCtgo.rtb。

16）取出软盘并重新启动目标 PC。你将看到以下实时内核屏幕。如果 VGA 已经连接到目标 PC 的 VGA 端口，那么你只能看到这个屏幕。

最后，如果用户必须删除或更改 xPC-Target 实时内核设置，那么创建一个 MS-DOS 可启动磁盘，以便目标 PC 可以启动，从而允许更改目标 PC 驱动器中的内容。

按照以下步骤创建 MS-DOS 可启动磁盘：

1）当格式化软盘时，用户可以选择创建 MS-DOS 启动盘，请按照以下步骤进行操作。

2）将软盘放入计算机。

3）打开 My Computer，右击 A: 驱动器，选择 Format。

4）在 Format 窗口中，选中 Create an MS-DOS startup disks。

5）单击 Start。

4.4.2 使用 Athena II-PC104 作为目标 PC 创建 xPC-Target 实时内核

如果将 Athena II-PC104（和紧凑型闪存卡 I）用作目标 PC，则需要执行以下步骤（见图 4.22~ 图 4.25）。如果要在 xPC（或任何其他操作系统）中使用小型闪存盘作为启动盘，则通常不会为此设置 CF 卡。这里，我们把磁盘格式化为正确的文件格式，并启用主启动记录（MBR），允许我们从中启动。CF 适配器直接连接到 Athena II 板上的 IDE 总线。如果没有其他硬盘驱动器，它将是驱动盘 C:\。

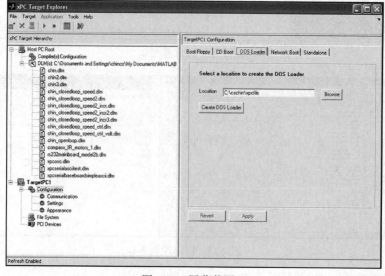

图 4.22　屏幕截图 6

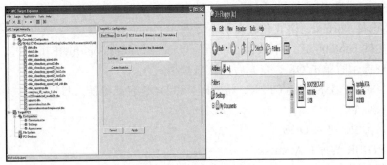

图 4.23　屏幕截图 7

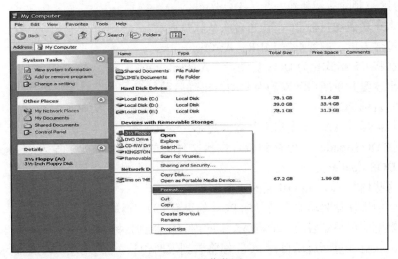

图 4.24　屏幕截图 8

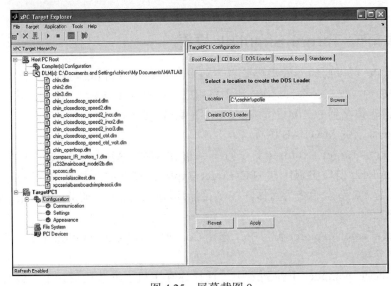

图 4.25　屏幕截图 9

1）在 Windows 中创建可启动软盘。将软盘插入 Windows PC。右击 My Computer 中的磁盘驱动器并选择 Format，格式化软盘。不要选中 Quick Erase。

2）运行文件 boot600.exe（下载自 http://www.instructables.com/file/F7CQIP8FLG5OREF/）。

3）在出现提示时单击 OK。完成后，软盘被格式化。

4）要在目标 PC 上格式化 CF 卡，将 CF 卡和 DOS 启动盘插入目标 PC。

5）打开目标 PC。

6）启动目标 PC 进入 DOS。

7）进入 FDISK 程序：A:\fdisk。

8）使用菜单删除 CF 卡上的每个分区。

9）在分区被删除后，新建一个主 DOS 分区。

10）必须重新启动目标 PC，让它再次从软盘启动。

11）通过输入以下内容重置 MBR：A:\fdisk/mbr。

12）现在将 CF 格式化为 DOS 启动盘：A:\format c:/s。

13）取出软盘并重新启动以确保驱动器正确启动。

14）关闭目标 PC。

15）将软盘插入 A:\。单击启动软盘。过了一会儿，软盘应包含一些文件。

16）选择 DOS loader 并保存到包含主机文件夹的位置。例如，输入 C:\cschin\xPCfile。单击 Create DOS Loader。

17）将这些内容（xPCtgo.rtb 除外）复制到 A:\。

18）尝试使用软盘驱动器启动目标 PC（如果有 CD，请取出）。

19）如果要使用硬盘启动，请将 A:\ 中的内容复制到目标 PC 上，包括 xPCtgo.rtb。

20）取出软盘并重新启动目标 PC。你将看到实时内核屏幕。只有 VGA 显示器连接到目标 PC 的 VGA 端口时，你才能够看到此界面。

4.5 创建 xPC-Target Simulink 框图

一旦目标 PC 可以启动，就需要配置主机 PC，以便 Simulink 可以成功创建框图并将其下载到目标 PC 中。现在，将目标 PC 和主机用以太网电缆（交叉型）连接，将 VGA 显示器、VGA 端口、键盘连接到 PC104 上的 PS/2（见图 4.26~ 图 4.42）。

1）双击桌面上的 MATLAB 图标。

2）如果 xPC-Target Explorer 尚未打开，请在 MATLAB 命令行窗口中输入 xpcexplr。xPC-Target Explorer 窗口出现。在 xPC-Target Explorer 配置中总是有一个默认的目标 PC 节点。默认的目标 PC 节点始终为粗体。在多目标环境中，此视觉辅助工具可帮助你轻松识别默认的目标 PC。

3）在 xPC-Target Explorer 窗口中，选择 Compiler(s) Configuration 节点。在右侧窗格中将显示编译器参数。

4）在 Select C compiler 下拉列表中，选择你在主机上安装的编译器。编译器的路径是

C:\Program Files\Microsoft Visual Studio 9.0。

　　5）选择 Start → Settings → Control Panel，然后双击 Network Connections。右击 Local Area Connection，然后选择 Properties。

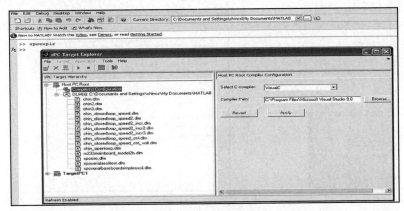

图 4.26　屏幕截图 10

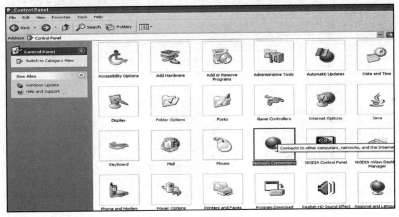

图 4.27　屏幕截图 11

　　6）选择 Internet Protocol（TCP/IP），然后单击 Properties。设置 IP 地址为 192.168.0.223（注意最后一个值与主机设置的差异），子网掩码为 255.255.255.0。

　　7）在 xPC Target Explorer 中，展开 TargetPC1 节点。出现一个配置节点，在此之下是 Communication、Settings 和 Appearance 节点。目标 PC 节点的参数被分在这些类别中。

　　8）选择 >Communication，从 Host target communication 列表中选择 >TCP/IP。必须根据你的环境输入正确的网络属性值：

　　● 目标 PC IP 地址为 192.168.0.222。

　　局域网子网掩码地址为你的子网掩码地址，此处为 2555.255.255.0。

　　● 设置 TCP/IP 目标驱动为 NS83815。

　　9）在 MATLAB 中，单击 Simulink 图标。选择 File → New → Model，保存文件。

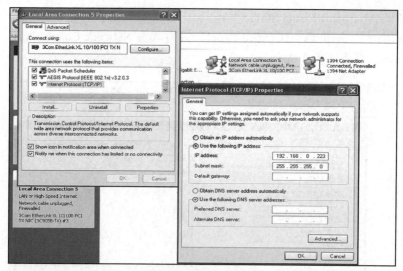

图 4.28　屏幕截图 12

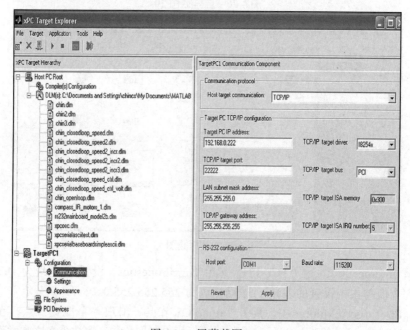

图 4.29　屏幕截图 13

10）选择 Tools → Real-Time Workshop → Options。浏览并选择系统目标文件 xPCTarget. tlc，选择 Stop time>inf。然后单击 OK。

11）在同一窗格下设置 Solver 选项的类型为 Fixed-step。

12）在 MATLAB 命令行窗口中输入 xpctest。MATLAB 运行默认目标 PC 的测试脚本，并显示测试成功或失败。如果所有测试都成功，就可以开始构建并将目标应用程序下载到目标 PC。如果测试失败，请参阅 xPC Target 4 Getting Started Guide 中的相应测试部分。

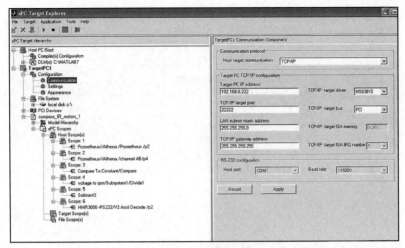

图 4.30　屏幕截图 14

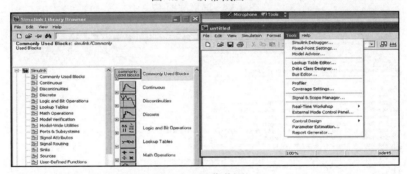

图 4.31　屏幕截图 15

图 4.32　屏幕截图 16

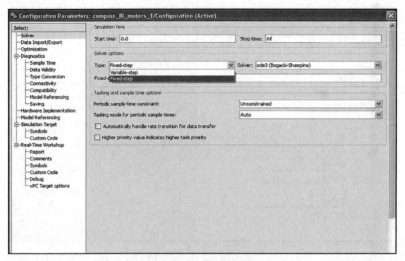

图 4.33　屏幕截图 17

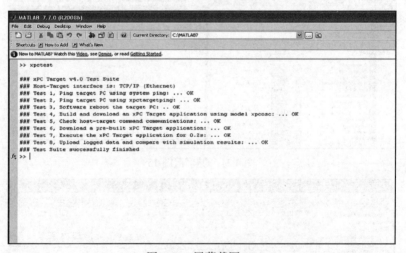

图 4.34　屏幕截图 18

13）创建一个包括编码器模型的 Simulink 模型。Host/File/Target Scope 可以在 Simulink Library → xPC Target>Misc.>Scope（xPC）中找到。设置 Scope type 为 Host、Target 或 File。如果使用目标范围 Target Scope，则选择 Scope mode → Graphical rolling。

14）现在是 Simulink 已准备好下载并构建为可执行文件。

15）选择 Tools → Real-Time Workshop → Build Model。

16）选择 Tools → Real-Time Workshop → xPC-Target Explorer。在窗格中，右击 TargetPC1 并选择 Connect，你将看到运行时间。

17）选择 Application → Start Application。

18）在 xPC Target Explorer 中，展开 TargetPC1 节点，出现 xPC Scopes 节点，选择 Host Scope（s）并右击 View Scopes。

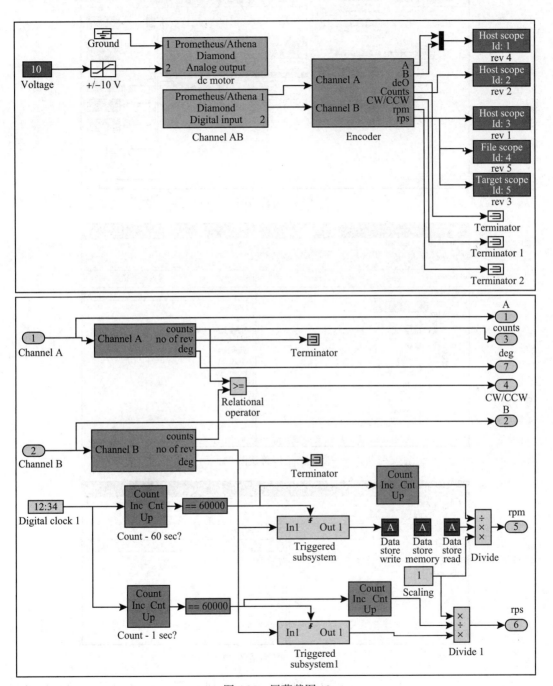

图 4.35　屏幕截图 19

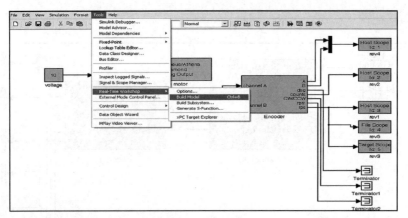

图 4.36 屏幕截图 20

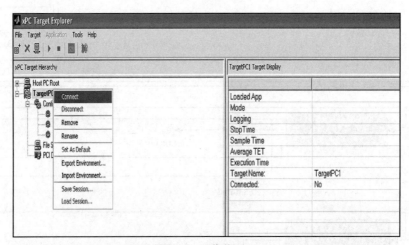

图 4.37 屏幕截图 21

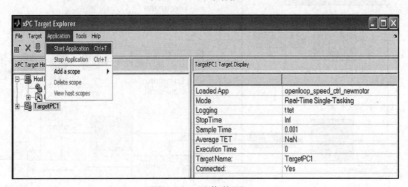

图 4.38 屏幕截图 22

19）如果要将视图模式从图形更改为数字，请右击图形，选择 View Mode → Numerical。

20）将数据导出到 MATLAB 工作区，选择 Application → Stop Application。在 xPC Target Explorer 中，展开 TargetPC1 节点，出现 FileScope（s）节点，选择 File Scope（s）→ Scope4

并右击 Export to workspace。接受默认变量名称并单击 OK 继续。在 MATLAB 命令行窗口中，输入以下命令以绘制图形：

```
>>plot(new_data.data(:,2),new_data.data(:,1),'-')%%[time,data]
```

21）如果查看 Target Scope（s）而不是 Host Scope（s），请在 MATLAB 命令行窗口中输入 xPCTargetspy 命令以获得目标屏幕的快照。或者，你可以使用连接的 VGA 监视器屏幕实时查看目标波形。

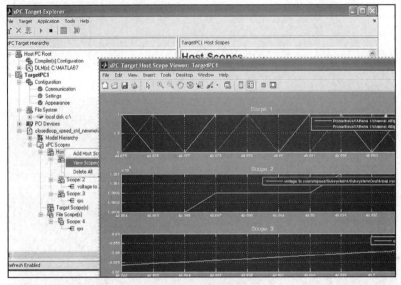

图 4.39　屏幕截图 23

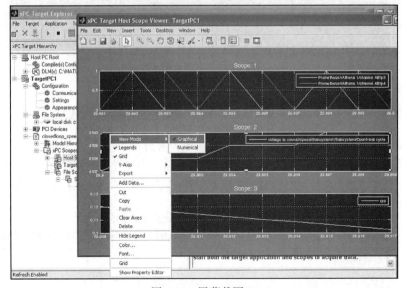

图 4.40　屏幕截图 24

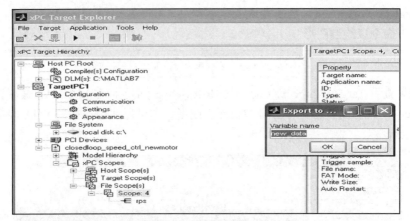

图 4.41   屏幕截图 25

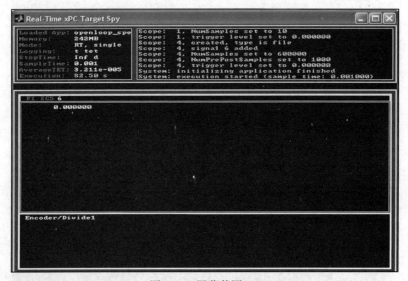

图 4.42   屏幕截图 26

4.6   在 xPC-Target 中使用 RS232、模拟和数字 I/O

表 4.3 显示了 HMR3000-RS232 磁罗盘的输入 / 输出引脚。电缆连接到计算机的 COM1 口（或任何其他可用的 COM 口），另一端连接到罗盘。由于使用 5V 的稳压电源输入，因此仅需要连接引脚 8。请注意，在 RS232 连接中仅使用了引脚 2、3、5 和 8，如图 4.43 所示。

表 4.3   HMR3000-RS232 磁罗盘引脚分配

（引自：https://aerocontent.honeywell.com/aero/common/documents/myaerospacecatalog-documents/Missiles-Munitions/HMR3000.pdf）

引脚号	引脚名称	描述
1	OP/CAL	操作 / 校准（开路 = 操作）

（续）

引脚号	引脚名称	描述
2	TD	发送数据，RS-485（B+）
3	RD	接收数据 RS-485（A-）
4	RDY/SLP	就绪 / 休眠　输入（开路 = 就绪）
5	GND	电源和信号接地
6	RN/STP	运行 / 暂停输入（开路 = 运行）
7	CT/RST	继续 / 复位（开路 = 继续）
8	+5V	调节电源输入（+5V）
9	V+	未调节的电源输入（+6V ～ +15V DC）

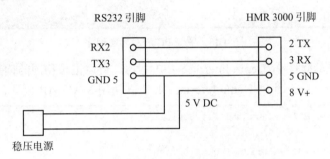

图 4.43　RS232 连接到 PC

　　罗盘的方向可以记录航向角。在这种情况下，航向角与参考（CW 方向）成 20°角。HyperTerminal 用于获取航向、横滚和俯仰角的原始读数。使用以下设置（见图 4.44）：通信端口 =COM1，波特率 =19 200b/s，数据位 =8，极性 = 无，停止位 =1，流量控制 = 无。单击OK 并开始数据收集，如图 4.45 所示。

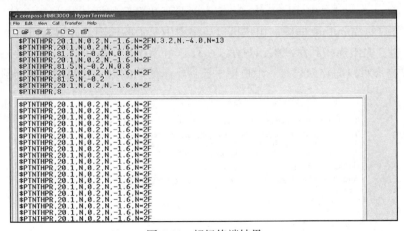

图 4.44　超级终端结果

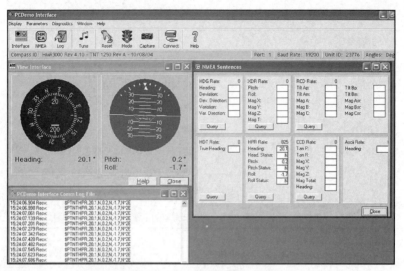

图 4.45　罗盘 PC 演示界面程序

与供应商提供的软件 PCDemo Interface 4.01 相比，可以记录相同的读数。

为避免端口冲突，关闭 PCDemo Interface 4.01 并使用 MATLAB 验证，输入以下命令：

```
s1 = serial('COM1', 'BaudRate', 19200)
fopen(s1)
instrfind
fprintf(s1, '$PTNTHPR');idn=fscanf(s1,'%s')
```

MATLAB 上的结果命令提示符显示 $PTNTHPR，20.1，N，0.2，N，-1.7，N*2E，如下所示。正如所观察到的，它与之前看到的结果相似。可以重新发出 **fprintf** 命令查看罗盘的最新读数。因为 command-fclose 不起作用，如果打开串行端口出现错误，可以退出程序再试。有人可能会问不使用 MATLAB 如何与 xPC-Target 连接？答案是将串行端口连接到 PC104 上的串行端口 2。使用串行端口进行数据采集，如图 4.46 所示。

在 xPC-Target ver.4 中使用 RS232 时有几点需要注意。如图 4.46 所示，使用如下 xPC-Target 工具箱中的 Simulink 框图。用户可以拉出图中所示的框图，并根据所示的设置进行个性化配置。将 7 输出连接到示波器以显示 1、3、5 和 7 中的相关值。如果需要一个输出（即航向角），则框图可以简化为只有一个目标示波器。未使用的输入和输出必须分别连接到地和终端。

This test model is used to communicate with the HMR3000-D00-RS232 thru COM2

This FIFO read block can handle as many headers as needed, just add them as strings to the cell array in the block parameters. All messages must share the same termination string, in this example it is <carriage return><line feed>.

Header- { '$PTNTHPR' }

Format - '$PTNTHPR, %f, %c, %f, %c, %f, %c *%2x\r\n'

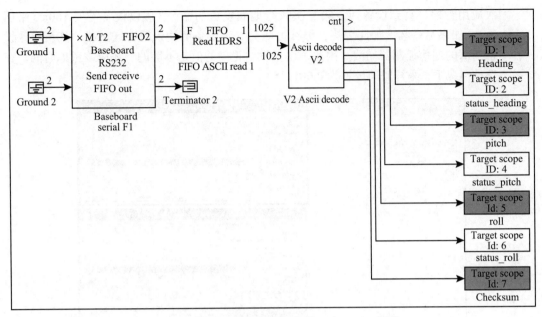

图 4.46　用于 RS232 数据采集的 xPC-Target 框图

对于基板 RS232 发送 / 接收框图（见图 4.47），应注意以下几点：

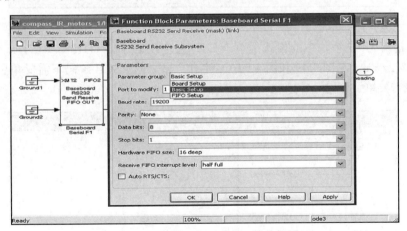

图 4.47　基板 RS232 发送 / 接收框图

- 用户可以选择使用 w/o、FIFO OUT，即 "基板 RS232 发送 / 接收"。
- 由于使用了 3 个连接（RX、TX 和接地），因此请确保未启用自动 RTS/CTS 复选框。如果控制信号已启用但未连接，那么接收器可能会忽略所有传入数据。
- 选择 Parameter group 下拉列表。对 Board Setup 和 FIFO Setup 进行配置，如图 4.48 所示。
- 来自传感器的数据采用 ASCII 格式，由换行回车符分隔，因此必须设置为 [10]。
- 大多数串行端口设备都比较慢。这意味着在它们响应之前大约需要 100ms（甚至更多）。如果你的应用程序以 0.25ms 的采样时间运行，将需要执行 400（1/0.25×100）

次应用程序，直到设备回复第一次执行期间发送的命令（假设设备需要 100ms 来回复）。如果命令频率如此之高，那么可能会导致设备的输入缓冲区过载，甚至导致设备内部的通信控制器崩溃。因此，仅仅发送正确的值是不够的，还应该考虑时间。在这种情况下，采样时间设置为 0.001。

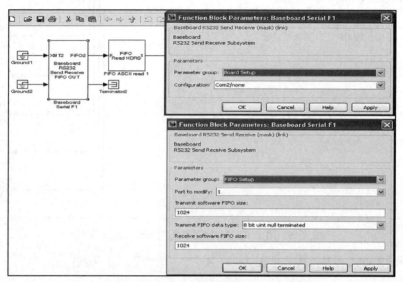

图 4.48　RS232 发送 / 接收的板子和 FIFO 设置

- ASCII 解码 V2 模块中的格式是单个 %f，它应该是 '$PTNTHPR, %f, %c, %f, %c, %f, %c*%2x\r\n'（见图 4.49 和图 4.50）。注意，原来的 ASCII 解码不需要单引号，但 V2 版本需要单引号。

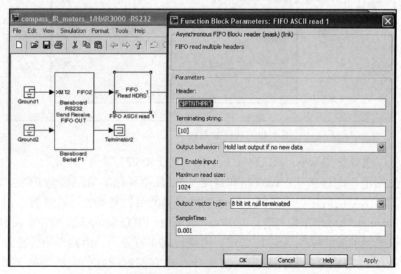

图 4.49　FIFO 读取 hdrs 设置

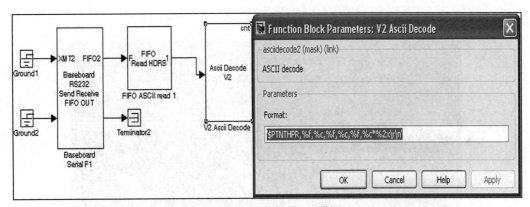

图 4.50　ASCII 解码 V2 设置

- 必须使用 ASCII 解码 V2 版本。
- 如果你尝试检查从 FIFO 中得出的字符串，请使用 Demux 模块读取 hdrs 模块并选取 10 个元素部分，并将每个部分发送到设置为数字模式的目标示波器。这里有错误。

如图 4.51 所示，罗盘在航向方向上读数为 20.1°。这与之前使用超级终端和 MATLAB 命令记录的读数相似。但是，用户会发现 xPC-Target 是用户友好型的，因为可以使用图形方式并将其轻松配置为控制系统设计的输入（如本节后面的部分所示）。

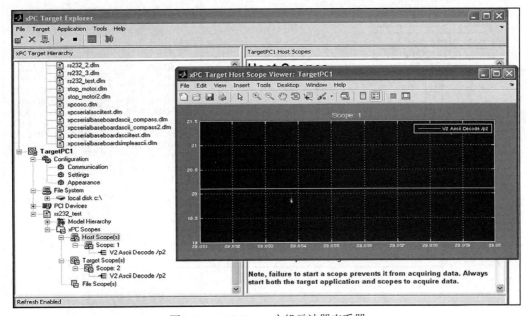

图 4.51　xPC-Target 主机示波器查看器

要查看目标范围或目标 PC 端的范围，请在 MATLAB 中输入 xPCTar-getspy 命令。如图 4.52 所示，它只能显示以前的读数，必须不断更新才能获得最新的结果。接线图如图 4.53 所示。

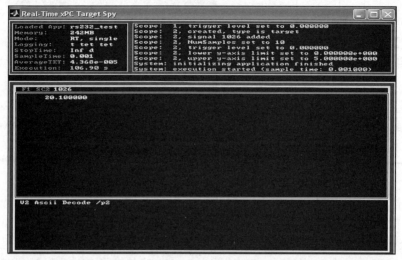

图 4.52　实时 xPC-Target 监控屏幕

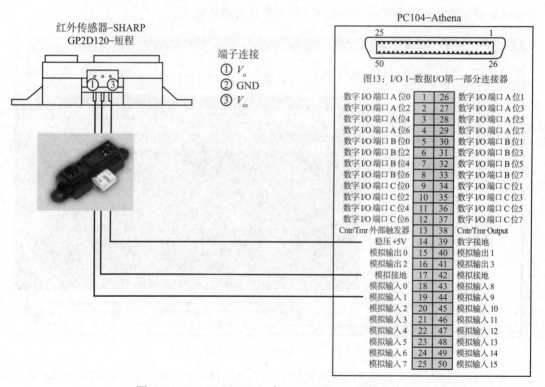

图 4.53　SHARP GP2D120 与 Athena Ⅱ PC104 的连接

4.7　红外传感器模型

红外传感器的信号采用单端输入连接到 PC104 的模拟输入端（VOUT2），电压范围为 0~5V。为了避障和在竞技场中导航，红外传感器为控制系统提供了航行器与障碍物之间的安全距离。此处购买的红外传感器类型是 SHARP GP2D120-short range（参见 https://media.digikey.com/pdf/Data%20Sheets/Sharp%20PDFs/GP2D120.pdf）。这些检测器提供小封装，5V 直流操作电压、50mA 最小电流消耗、低成本和作为模拟输入的输出选项。操作范围为 30cm~40cm。

要在 xPC-Target 中使用红外传感器，应进行以下配置，如图 4.54 所示。可以使用模拟输入模块。由于仅使用了一个红外传感器，因此仅连接到其中一个通道。根据 Athena II 板规范，基地址设置为 0x280。在这种情况下，采样时间设置为 0.001s。

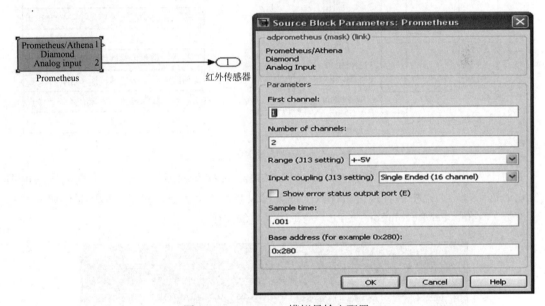

图 4.54　Prometheus 模拟量输入配置

红外传感器的优势之一是它们不受环境光的影响，但是精度会受到目标区域的颜色和纹理的影响。红外传感器以模拟形式估计距离。例如，可以使用卷尺测量障碍物之间的距离，并记录相应的电压。绘制出测量电压与距离的关系图，如图 4.55 所示。随着距离的增加，电压降低。红外传感器可以用三阶多项式方程建模。

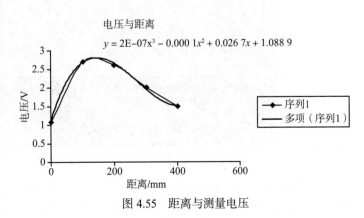

$$y = 2\mathrm{E}{-}07x^3 - 0.000\ 1x^2 + 0.026\ 7x + 1.088\ 9$$

图 4.55　距离与测量电压

4.8 增量编码器模型

光学增量式编码器可以获得电动机速度和行驶距离。计数脉冲（来自编码器的通道 A 和 B）表明电动机转了多少圈。可以根据给定时间段内的计数数量确定旋转速度。通过检测编码器 A 通道和 B 通道之间的相位，可以确定旋转方向。图 4.56 为安装在直流电动机后端的增量编码器（即 PD3046-12-189-BFEC-Transmotec），它与电动机必须正确连接，应有正极和负极。

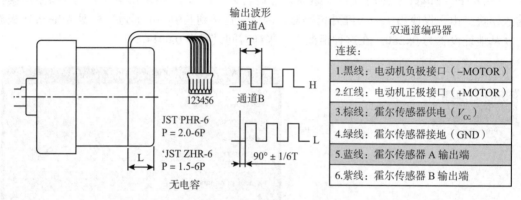

图 4.56　光学增量编码器连接

由于 A 和 B 通道的相位相差 90°（参见 xPC-Target 捕获的图 4.57），一个周期线路电平变化通过对每个通道中的转换进行计数，最多可以获得 4 个计数。对于方形增量编码器，每转计数（Counts Per Revolution，CPR）是每转线数的 4 倍。

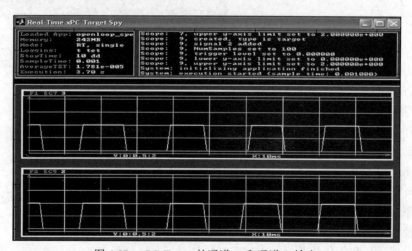

图 4.57　xPC-Target 的通道 A 和通道 B 输出

这里使用了 Transmotec 直流电动机 PDS4377-12-103-ME（https://transmotec.com/product/pds4377-12-103-me/），（如图 4.58～图 4.60 所示）。使用的编码器的 2 个通道都具有 24CPR，

它仅包括上升沿。因此，对于单个通道，CPR 为 12。如果包括下降沿，则变为 24。但是，一般而言，对于线编码器，如果 CPR 为 48，包括上升沿和下降沿，则有 48×4=192 个计数。然而，由于行星齿轮减速比为 103，因此每个计数的最终输出转度以 rpm 为单位降低为原来的 1/103，为 360°/103=3.50°。

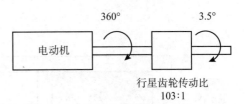

图 4.58　Transmotec 直流电动机行星齿轮减速

有了 CPR 的数量后，需要用到 Simulink 框图。首先，创建一个包含编码器模型的 Simulink 模型，如图 4.60 所示。

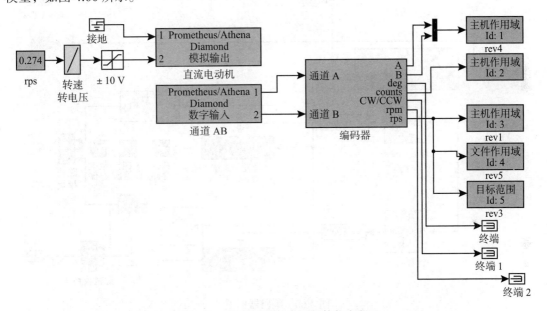

图 4.59　带编码器的电机整体仿真图

如图 4.61 所示，需要计数框图来计算通道 A 和 B 中记录的脉冲数。由于采样时间为 0.001s，要达到 1s，需要 1000 次计数。同样，要达到 60s，需要 60 000 次计数。60s 和 1s 的计数设置如图 4.62 所示。

选择 Count event → Nonzero sample。当 Inc/Dec 或 Rst 输入不为 0 时，非零样本将在每个采样时间触发计数或复位操作。

接下来，构建并运行模型。观察 CPR。对于所使用的电动机，CPR 为 1 300。将值更新到常量框图中。

请注意，需要速度－电压转换框图。它用于将相应的速度（以 rps 为单位）转换为施加到直流电动机的电压。用 Lookup Table 对这种关系建模。选择 Edit → Lookup Table Editor，如图 4.63 所示。

速度 - 电压曲线如图 4.64 所示。当直流电动机以角速度 $\dot{\theta}(t)$、反电动势电压 $e_b(t)$ 旋转时，就会产生上述曲线。反电动势电压 $e_b(t) = K_e \dot{\theta}(t)$，此处 $K_e = 1.142$。

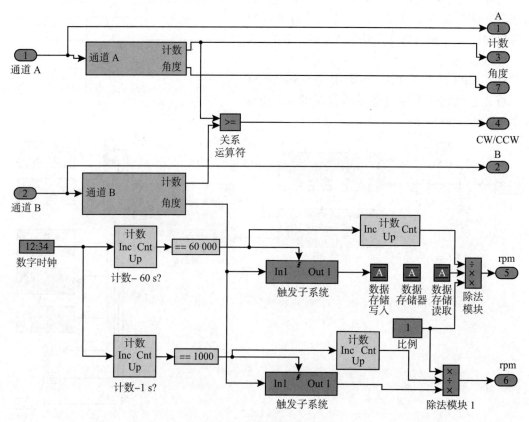

图 4.60　编码器框图

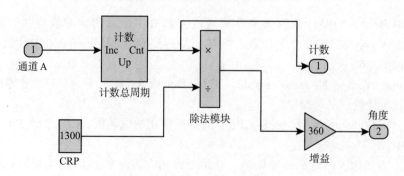

图 4.61　通道 A 的编码器框图

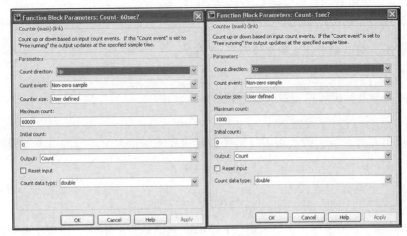

图 4.62　60s 和 1s 计数设置

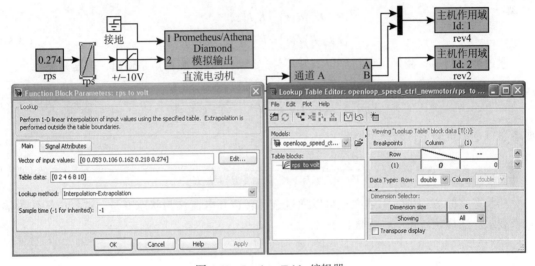

图 4.63　Lookup Table 编辑器

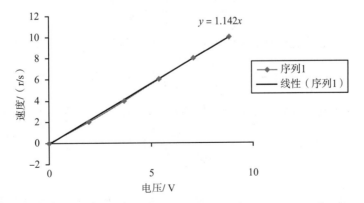

图 4.64　速度 – 电压曲线

4.9　伺服直流电动机的识别

电动机转矩 T 与电枢电流 i 和常数因子 K_t 有关：

$$T = K_t i \tag{4.1}$$

反电动势 e 与电动机转速有关，如下式所示：

$$e = K_e \dot{\theta} \tag{4.2}$$

其中，K_e 为反电动势常数。我们可以根据牛顿定律和基尔霍夫定律写出以下方程式：

$$J\ddot{\theta} + K_e\dot{\theta} = K_t i \tag{4.3}$$

$$L\frac{di}{dt} + Ri = V - K_e\dot{\theta} \tag{4.4}$$

其中，J 为惯性矩，L 为电感，R 是电阻，V 是输入到电动机的电压。使用拉普拉斯变换，上述电动机模型方程可以用 s 表示：

$$s(Js + K_e)\theta(s) = K_t I(s)$$
$$(Ls + R)I(s) = V(s) - K_e s\theta(s) \tag{4.5}$$

通过消除 $I(s)$，我们可以得到以下开环传递函数，其中旋转角是输出，电压是输入：

$$\frac{\theta(s)}{V(s)} = \frac{1}{s}\left[\frac{K_t}{(Js + K_e)(Ls + R) + K_t K_e}\right] \tag{4.6}$$

或者，以电动机输出轴转速为输出：

$$\frac{\dot{\theta}(s)}{V(s)} = \frac{K_t}{(Js + K_e)(Ls + R) + K_t K_e} \tag{4.7}$$

在状态空间方程中，上述方程可以通过选择转速和电流作为状态变量，选择电压作为输入来表示。选择旋转角度作为输出。

$$\begin{bmatrix} \ddot{\theta} \\ \dot{I} \end{bmatrix} = \begin{bmatrix} -\dfrac{K_t}{J} & \dfrac{K_t}{J} \\ -\dfrac{K_e}{L} & -\dfrac{R}{L} \end{bmatrix} \begin{bmatrix} \dot{\theta} \\ I \end{bmatrix} + \begin{bmatrix} 0 \\ \dfrac{1}{L} \end{bmatrix} V \tag{4.8}$$

此外，被测量的电动机转速可以使用下列公式计算得到：

$$\dot{\theta} = \begin{bmatrix} 1 & 0 \end{bmatrix}\begin{bmatrix} \dot{\theta} \\ I \end{bmatrix} \Rightarrow \theta = \int_0^t \begin{bmatrix} 1 & 0 \end{bmatrix}\begin{bmatrix} \dot{\theta} \\ I \end{bmatrix} dt \tag{4.9}$$

由于 L 通常较小（或电时间常数比系统响应时间短），因此可以忽略，速度控制的开环传递函数为

$$\frac{\dot{\theta}(s)}{V(s)} = \frac{K_m}{\tau_m s + 1} \tag{4.10}$$

其中，$K_m = \dfrac{K_t}{K_t K_e + K_e R}, \tau_m = \dfrac{JR}{K_t K_e + K_e R}$。将开环传递函数与电动机的实际转速进行比较。

如图 4.65 所示，传递函数在 Simulink 中被建模仿真。例如，使用 0.274rps 为输入。

如图 4.65 所示，响应中存在一个时间延迟。为了精确地建立电动机动力学模型，采用了一阶系统加滞后系统：

$$\frac{\dot{\theta}(s)}{V(s)} = \frac{K_m}{\tau_m s + 1} e^{-\theta s} \qquad (4.11)$$

其中，时间延迟 $\theta = 1\text{s}$（如响应时间所示）。

电动机的估算和计算工艺参数（减速比，189∶1）如图 4.66～图 4.70 所示。当直流伺服电动机的 J 很小时，随着电阻 R 的减小，电动机的时间常数接近 0。此时，电动机被视为理想的积分器。

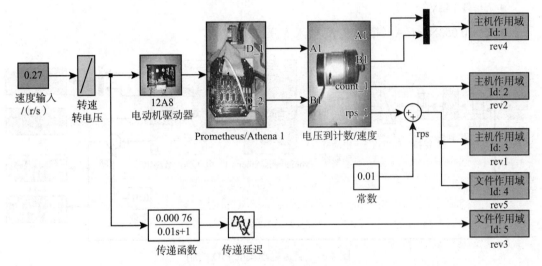

图 4.65　开环调速框图

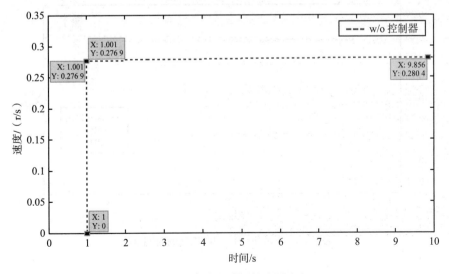

图 4.66　直流电动机的阶跃响应

- $K_m = \dfrac{K_t}{K_t K_e + K_e R} = 0.000\ 76$

- $\tau_m = \dfrac{JR}{K_t K_e + K_e R} = 0.01\text{s}$

- $J_m = \dfrac{mr^2}{2} = 2.924\ 5 \times 10^{-7}\,\text{kg} \cdot \text{m}^2$

- $R = \dfrac{12}{150 \times 10^{-3}} = 80\Omega$（在没有负载时）

- $K_e = 1.142\text{V}/\text{s}$

- $K_t = 0.053\text{N} \cdot \text{m}/\text{A}$（把 J, R, K_e 代入 K_m）

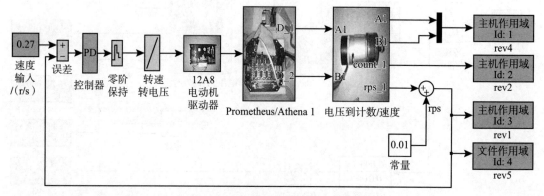

图 4.67　直流电动机的 PID 控制

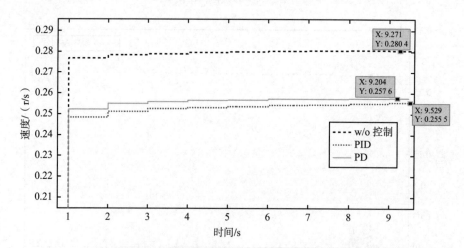

图 4.68　直流电动机 PID 控制的时间响应

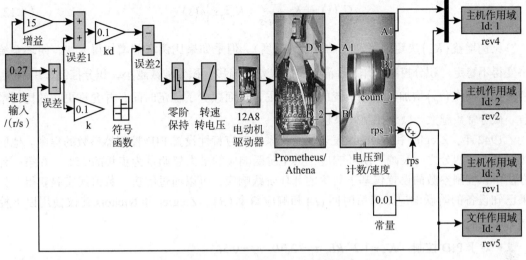

图 4.69　直流电动机的滑模控制

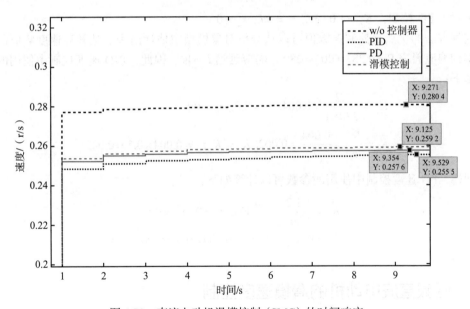

图 4.70　直流电动机滑模控制（SMC）的时间响应

4.10　伺服直流电动机的 PID 速度控制

具有 PID 控制器的闭环系统由框图表示。该装置是将电动机的速度加以控制。编码器监控电动机输出并向控制系统提供反馈。控制器采用输入和反馈信号并为电动机产生控制命令。

PID 控制器的传递函数可以写成：

$$G_c(s) = \left(K_p + \frac{K_p}{\tau_i s} + K_p \tau_d s \right) e(s) \tag{4.12}$$

比例增益 (K_p) 决定控制动作的幅值（幅度）。但是如果比例增益增加得太快，闭环系统将变得不稳定。积分控制动作 (τ_i) 消除稳态误差或偏移。积分常数越小，积分控制作用越大。微分控制动作 (τ_d) 增加了闭环系统的有效阻尼，从而减少了稳定时间，并允许更高的比例增益。微分常数越大，微分控制效果越好。

1942 年，Ziegler 和 Nichols 发表了基于系统响应特性设置 PID 控制器参数的程序。他们建议基于"四分之一衰减"闭环响应，其中阶跃响应的最大超调量为步长的 25%。在第一种方法中，控制参数的设置仅基于对象的开环阶跃响应，可以通过解析、数值或实验获得。如果已知设备的阶跃响应、滞后时间 (L) 和响应斜率 (R)，Ziegler 和 Nichols 建议使用以下控制器参数值：

- 对于 PID 控制：$K_p = 1.2/RL$，$\tau_i = 2.0L$，$\tau_d = 0.5L$
- 对于 PI 控制：$K_p = 0.9/RL$，$\tau_i = 3.3L$，$\tau_d = 0$
- 对于 PD 控制：$K_p = 1.0/RL$，$\tau_i = \infty L$，$\tau_d = 0$

这种方法的优点是控制参数值可以从分析对象模型中估计出来。从开环速度响应曲线可以观察到响应斜率 $R = 0.28/0.001 = 280$，响应延迟 $L = 1s$。因此，PID 速度控制中使用的参数计算如下：

$$K_p = \frac{1.2}{280 \times 1} = 0.004, \; \tau_i = 2.0, \; \tau_d = 0.5$$

$$K_i = \frac{K_p}{\tau_i} = \frac{0.004}{2} = 0.002, \; K_d = K_p \tau_d = 0.004 \times 0.5 = 0.002$$

同样，PD 速度控制中使用的参数可以计算如下：

$$K_p = \frac{1.2}{280 \times 1} = 0.004, \; \tau_i = 0, \; \tau_d = 0.5$$

$$K_i = 0, \; K_d = K_p \tau_d = 0.004 \times 0.5 = 0.002$$

4.11 伺服直流电动机的滑模速度控制

为了简化符号，将电动机模型写为

$$\tau_m \ddot{\theta} + \dot{\theta} = K_m V \tag{4.13}$$

其中，$\tau_m > 0, K_m > 0$。我们假设 $\dot{x}(=\dot{\theta})$，$x(=\theta)$ 都是测量的。定义跟踪的标量度量：

$$s = \dot{\tilde{x}} + \lambda \tilde{x} \tag{4.14}$$

其中，$\tilde{x} = x - x_d$ 是跟踪角度误差，$\lambda > 0$ 是控制带宽。对于 $s = 0$，此表达式描述了具有指数动力学的滑动表面：

$$\tilde{x}(t) = \exp\left[-\lambda(t-t_0)\right]\tilde{x}(t_0) \tag{4.15}$$

这保证了当 $s=0$（滑模）时，跟踪误差 $\tilde{x}(t)$ 在无限时间内收敛到 0。实际上，误差轨迹将在有限时间内达到任意初始条件 $\tilde{x}(t_0)$ 时变为滑动曲面，然后沿该曲面以指数方式向 $\tilde{x}(t)=0$ 方向滑动。因此，将控制目标简化为寻找一个非线性控制律，保证：

$$\lim_{t\to\infty} s(t) = 0 \tag{4.16}$$

在滑模控制律的设计中，可以方便地定义满足以下条件的虚拟参考 x_r：

$$\dot{x}_r = \dot{x}_d - \lambda\tilde{x} \Rightarrow s = \dot{x} - \dot{x}_r \tag{4.17}$$

因此，$\tau_m \dot{s}$ 的表达式如下所示：

$$
\begin{aligned}
\tau_m \dot{s} &= \tau_m(\ddot{x} - \ddot{x}_r) \\
&= (K_m V - \dot{x}) - \tau_m \ddot{x}_r \\
&= -|\dot{x}|s + (K_m V - \tau_m \ddot{x}_r - |\dot{x}|\dot{x}_r)
\end{aligned} \tag{4.18}
$$

考虑标量类李亚普诺夫候选函数：

$$V_L(s,t) = \frac{1}{2}\tau_m s^2, \tau_m > 0 \tag{4.19}$$

对 V_L 相对于时间进行微分（假设 $\dot{\tau}_m = 0$），得到：

$$\dot{V}_L = \tau_m s\dot{s} = -|\dot{x}|s^2 + s(K_m V - \tau_m \ddot{x}_r - |\dot{x}|\dot{x}_r) \tag{4.20}$$

取控制律为

$$V = 1/K_m(\tau_m \ddot{x}_r + |\dot{x}|\dot{x}_r - K_d s - K\text{sgn}(s)) \tag{4.21}$$

其中：

$$\text{sgn}(s) = \begin{cases} 1 & s > 0 \\ 0 & s = 0 \\ -1 & \text{其他} \end{cases} \tag{4.22}$$

可得：

$$\dot{V}_L = -|\dot{x}|s^2 + s\left(-K_d s - K\text{sgn}(s)\right) \tag{4.23}$$

通过求解 $\dot{V}_L \leq 0$ 得到开关增益条件 K，即

$$\dot{V}_L \leq -\left(|\dot{x}| + K_d\right)s^2 - K\text{sgn}(s) \leq 0 \tag{4.24}$$

注意，$\dot{V}_L \leq 0$ 意味着 $V_L(t) \leq V_L(0)$，因此 s 是有界的，并且 $\dot{V}_L$ 也是有界的。因此，$\dot{V}_L$ 必须是一致连续的。最后，应用 Barbalat 引理，得到 $s \to 0$，因此当 $t \to \infty$ 时，$\bar{x} \to 0$。

4.12　线性二次调节器

线性二次调节器（LQR）的概念，或最优状态反馈设计，是使用一组加权矩阵来惩罚系统的状态和控制输入。这一要求设置在最小化成本函数中，如下所示。对应用于状态和输入的权重矩阵 $\boldsymbol{Q}$ 和 $\boldsymbol{R}$ 进行迭代调整，直到达到期望的性能。

LQR 问题的目标是使状态和控制输入的能量以成本函数的形式加权和最小化：

$$J = \int_0^{\mathrm{T}} \left[\boldsymbol{x}^{\mathrm{T}}(t)\boldsymbol{Q}x(t) + \boldsymbol{u}^{\mathrm{T}}(t)\boldsymbol{R}u(t) \right] \mathrm{d}t \tag{4.25}$$

其中，$\boldsymbol{u}(t)$ 是输入向量。对于优化求解，$\boldsymbol{Q}$ 必须是一个对称的半正定矩阵（$\boldsymbol{Q}^{\mathrm{T}} = \boldsymbol{Q} \geqslant 0$），$\boldsymbol{R}$ 必须是一个对称正定矩阵（$\boldsymbol{R}^{\mathrm{T}} = \boldsymbol{R} > 0$）。例如，使用 Pontryagin 最小原理，解是时变控制律的形式：

$$\boldsymbol{u}(t) = -F(t)x(t) \tag{4.26}$$

其中：

$$F(t) = \boldsymbol{R}^{-1}\boldsymbol{B}^{\mathrm{T}}\boldsymbol{P}(t) \tag{4.27}$$

$P(t)$ 是 Riccati 微分方程（RDE）的解：

$$A^{\mathrm{T}}\boldsymbol{P}(t) + \boldsymbol{P}(t)A + Q - \boldsymbol{P}(t)\boldsymbol{B}\boldsymbol{R}^{-1}\boldsymbol{B}^{\mathrm{T}}\boldsymbol{P}(t) = -\frac{\mathrm{d}}{\mathrm{d}t}\boldsymbol{P}(t) \tag{4.28}$$

为了实现式（4.26）中的 LQR 控制器，要求所有状态 $x(t)$ 都是可测量的。如果时间是无限的 $(T \to \infty)$（且存在最优解，则 $\boldsymbol{P}(t)$ 趋近于常数矩阵 $\boldsymbol{P}$，控制律为

$$u(t) = -Fx(t) \tag{4.29}$$

其中：

$$F = \boldsymbol{R}^{-1}\boldsymbol{B}^{\mathrm{T}}\boldsymbol{P} \tag{4.30}$$

矩阵 $\boldsymbol{P}$ 是代数 Riccati 方程（ARE）的一个解：

$$A^{\mathrm{T}}\boldsymbol{P} + PA + Q - \boldsymbol{PBR}^{-1}\boldsymbol{B}^{\mathrm{T}}\boldsymbol{P} = 0 \tag{4.31}$$

注意，与时间相关的参数变得与时间无关，式（4.31）的右边变成 0。对于正定矩阵 $\boldsymbol{P}$，在式（4.29）中具有 LQR 控制器的闭环系统是渐近稳定。

LQR 设计的控制器保证了良好的稳定裕度和灵敏度特性。使用这种方法，最小相位裕度为 60°并且可获得无限的增益裕度。根据卡尔曼恒等式，返回差值矩阵 $I + L(s)$ 总是大于等于 1，如下所示：

$$\begin{aligned} \left[I + F\left(sI - A\right)^{-1}\boldsymbol{B} + D \right] \geqslant 1 \\ \left[I + L(s) \right] \geqslant 1 \end{aligned} \tag{4.32}$$

其中 $\boldsymbol{F}$ 为最优状态反馈增益矩阵。这意味着良好的抗干扰和跟踪性能，从而保证了 LQR 方法的鲁棒性。为了实现上述结果，我们采取了以下设计步骤。使用式（4.31）求解 $\boldsymbol{P}$ 的代数 Riccati 方程。

1）确定最优状态反馈增益 $\boldsymbol{F}$（LQR.m）。

2）选择 $\boldsymbol{C}^{\mathrm{T}}\boldsymbol{C}$ 权重矩阵 $\boldsymbol{Q}$，因为这个选择反映了自 $\boldsymbol{y}^{\mathrm{T}}\boldsymbol{y} = \boldsymbol{x}^{\mathrm{T}}\boldsymbol{C}^{\mathrm{T}}\boldsymbol{C}\boldsymbol{x}$ 以来的输出状态的权

重。对于权值矩阵 $\boldsymbol{R}$，它被选择为控制输入上具有相等权值的对角矩阵。研究发现，当控制输入为 50% 和 0% 负载时，$\boldsymbol{R}$ 等于单位矩阵，得到了较好的折中结果。$\boldsymbol{Q}=k_c\boldsymbol{C}^T\boldsymbol{C},\boldsymbol{R}=\boldsymbol{I}$，其中 k_c 是用于减少态相互作用的标量，它的值是 0.000 1。

3）使用图 4.71 中的 SIMLINK 工具编制仿真框图时，响应如图 4.72 所示。注意，初始比例模块用于减少输出的大小。这适用于所有后续的子控制器设计。

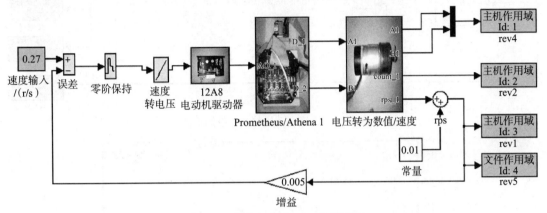

图 4.71   直流电动机 LQR 控制框图

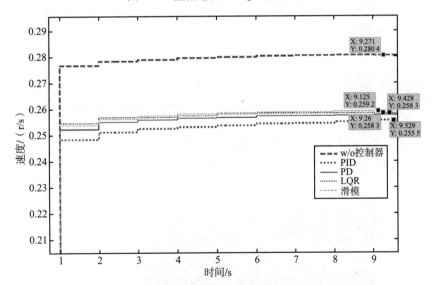

图 4.72   直流电动机 LQR 控制的时间响应

现在，使用电动机轴达到 360°（即设定点）时激活的抑制功能（装配开关控制）。框图如图 4.73 所示。如图 4.74 所示，电动机轴的位置比没有抑制功能的传统方法快 360°。

现在，我们可以通过向系统注入 1.5kHz 正弦扰动（见图 4.75）来检查控制器的鲁棒性，如图 4.76 所示。当没有控制器时，稳态误差会增加。如图 4.77 中的 SMC 所示，稳态误差最小，响应时间更快。LQR 和 PID 的响应几乎相同。

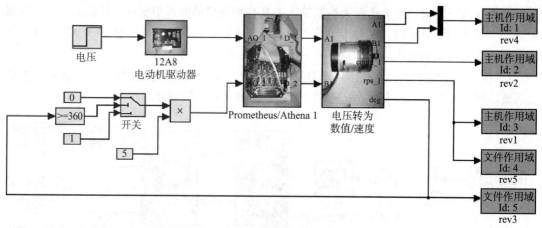

图 4.73　直流电动机的开关控制框图

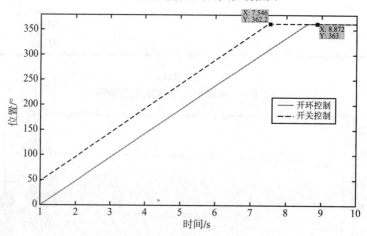

图 4.74　直流电动机开关控制响应

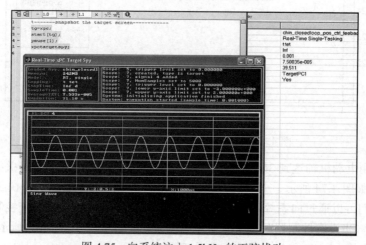

图 4.75　向系统注入 1.5kHz 的正弦扰动

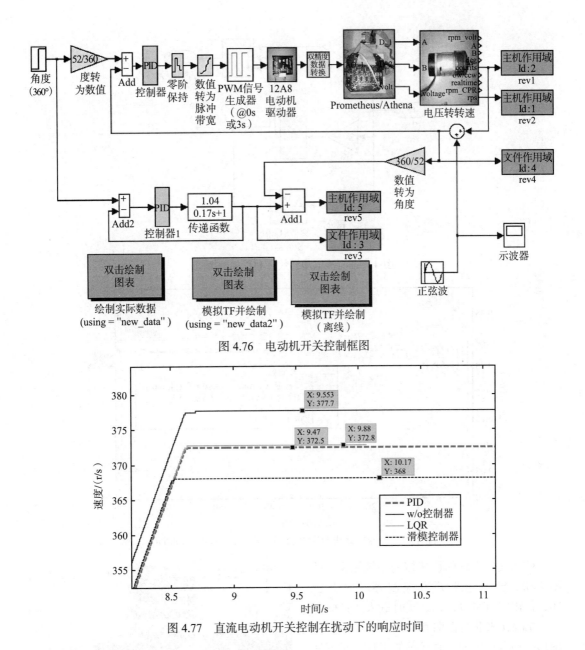

图 4.76　电动机开关控制框图

图 4.77　直流电动机开关控制在扰动下的响应时间

4.13　伺服直流电动机数字速度控制

可以用离散时间 PID 控制器（见图 4.78）代替连续 PID 控制器来代替图 4.76 中的 PID 模块，同样的程序也可用于仿真。离散时间响应如图 4.79 所示。这里，期望的速度响应是 0.3rps。该方法在 1.5KHz 正弦扰动下仍具有较好的瞬态和稳态响应，具有较好的鲁棒性。无控制器时，响应较差，超调明显。因此，SMC 将用于嵌入式控制系统在水中的实际应用。

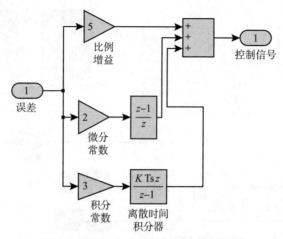

图 4.78 直流电动机数字 PID 控制框图

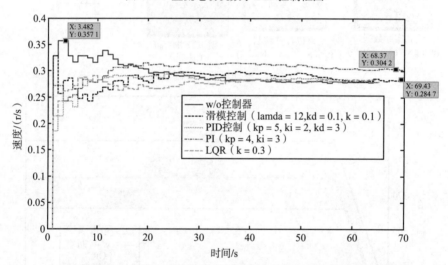

图 4.79 直流电动机数字 PID 控制在扰动下的响应时间

使用硬件在环的快速控制系统原型（见图 4.80）已经用来开发控制器。如上所述，使用实时窗口目标、实时嵌入式目标和 xPC-Target 来获得框图和结果。它提供了从图形模型自动生成实时代码的工具，而不是程序编码，从而不必编写和学习编写详细、复杂的嵌入式代码。这些可进一步体现在汽车系统设计、过程控制和机器人系统的全方位应用中。

图 4.80 使用硬件在环的快速控制系统原型[1]

4.14　案例研究：使用 xPC-Target 系统的具有不确定性的海洋机器人航行器

嵌入式系统的原型可以根据应用的不同而不同。值得注意的是，使用 xPC-Target 开发的自主水下机器人航行器，特别是涉及动态建模、控制系统设计和硬件在环测试的快速控制系统原型的研究并不多。关于本节工作的详细内容可以在参考文献 [1-2] 中看到。

此外，大多数水下机器人航行器系统的开发 [3-4]，在其控制系统设计中使用的是 QNX、UNIX-OS/90 和 LinuxMZ 运行环境。这些方法对于工程师或学生来说可能不容易使用，因为它包含大量的 C/C++ 编程和输入 - 输出电路，用于在动态建模之前进行连接，以及用于控制系统设计的水动力参数测试。近年来，水下机器人航行器的发展和实际应用引起了人们极大的兴趣，其中涉及精确跟踪和快速避障的重大挑战 [5]。通过在水下机器人航行器的设计、操作和控制中使用计算建模，提高了对于水下机器人航行器的开发能力。xPC-Target 计算机模型提供了一种建模和在设计阶段确定航行器性能的方法，并可以设计和优化控制器，利用硬件在环概念反复提高航行器的性能特性。

为了便于对装有推进器的水下机器人航行器进行动态建模和运动控制，工作被分解成三个子任务：确定机器人的水动力系数，模拟控制系统设计，对于一组已知的控制输入，获得航行器随后的运动，以及现场测试水下机器人航行器。在确定水动力系数时，不确定性通常会导致模型或最终结果存在误差。然而，利用能够补偿这些建模误差和不确定性的鲁棒控制方案 [6]，水动力系数的精度在大多数水下机器人控制系统设计中不会构成巨大问题。这项工作旨在从动力学建模、控制系统设计到水中最终测试中，将 xPC-Target 和所提出的嵌入式硬件应用于水下机器人。

4.14.1　系统设计与架构

构建一种自主水下机器人航行器。水下机器人航行器旨在作为系统研究的实验平台，以及未来几年的通用研发工具。如图 4.81 所示，它在水中是中性浮力、轴对称、圆柱形的物体。航行器总长（L）为 0.6m，直径（D_a）为 0.25m，净重（m）约为 14kg。浮力中心位于（0, 0, zB）。推进器由有刷式直流电动机和三叶螺旋桨（直径等于 0.18m）组成。水下机器人航行器有一对侧鳍，用于在水中稳定水下机器人航行器。一对靠近其端部的顶部和底部控制面产生水平运动的偏航力矩。由锂离子电池组提供动力，可持续以最高 1m/s 的速度运行。航行器配备了用于测量距离的高度计和用于测量航向的磁罗盘。电动机上的编码器用于测量电动机轴的角位置和角速度。

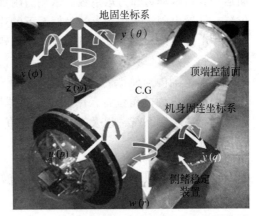

图 4.81　带有坐标系的水下机器人航行平台[1]

对于使用硬件在环概念的水下机器人航行器建模和控制验证，使用了如图 4.82 所示的 xPC-Target 软件和硬件。系统设置示意图包括：

- 一张工业 PC104-Athena II CPU（或普罗米修斯 CPU）卡。
- 有 DAQ 卡的潘多拉魔盒。
- 两个带编码器的刷式 Transmotec 直流电动机。
- 三叶螺旋桨。
- 带有 Kyowa 放大器的 4 个欧米茄应变计。
- 两个先进的功率放大器。
- 霍尼韦尔磁罗盘。
- Tritech PA200 精密数字高度计。

航行器的运动由目标 PC 中的机载工业 PC104 计算机控制，该计算机在 xPC-Target 软件和 Target 内核的帮助下运行。以太网链路用于与装有 MATLAB 和 Simulink 软件包的主机通信。PC104 计算机 Athena II 与功率放大器、直流电动机、高度计和磁罗盘相连。当可执行代码在 xPC-Target 内核中运行时，指令电压信号从 I/O 板模拟输出通道产生，并进入功率放大器以驱动相应的直流电动机。如图 4.82 所示，编码器连接到 I/O 板的数字通道，而高度计连接到 I/O 板的模拟输入。磁罗盘连接到 RS232 端口，并根据供应商提供的软件进行校准，如图 4.83 所示。

为了操作和测试水下机器人实验台，编译（使用 Microsoft Visual Studio V9.0 编译器）包含所给控件架构的 Simulink 框图。然后将其下载到运行高度优化的 xPC-Target 内核的目标 PC。主机 – 目标 PC 之间通过以太网链路通信。为了进行实时监测和分析，以太网链路允许在水下机器人航行器运行时改变模型参数和命令输入。对于独立控制或在水中实际测试时，以太网电缆可以与目标 PC 断开。

图 4.82 给出了水下机器人航行器实验台快速控制系统原型的总体流程。该模型采用开放式水箱实验和 CFD-ANSYS CFX 方法，通过测量水下机器人航行器的三自由度运动或水平面运动获得水动力和力矩系数。水动力附加质量系数是用条形理论解析确定的。根据测得的位置，推导出固定于车身上的坐标系下的速度，并估算出水动力和水动力力矩。推进器动力学模型由螺旋桨和直流电动机组成。控制输入变量由推进器顶部控制面角和控制输入电压组成。在此，将模拟数据与得到的实际结果进行比较，不断重复这个过程，直到输出数据在一个合理的范围内与模拟的结果匹配。在获得开环水下机器人航行器动力学模型后，用 SMC 控制顶部操纵面的角位置，用 PID 控制器控制螺旋桨的角速度。如图 4.82 所示，为了验证设计的整体控制系统，以及实验和 CFD 仿真得到的水动力系数，在游泳池中进行了水下机器人航行器实验。

4.14.2 水下机器人航行器动力学模型

考虑图 4.81 所示的坐标系，机身固连坐标系与航行器的主轴重合，并且可以相对于地固坐标系自由平移和旋转。机身固连坐标系原点是水下机器人航行器的质心。正向 x 轴沿纵向中心线指向航行器前方，z 轴的正向指向下。

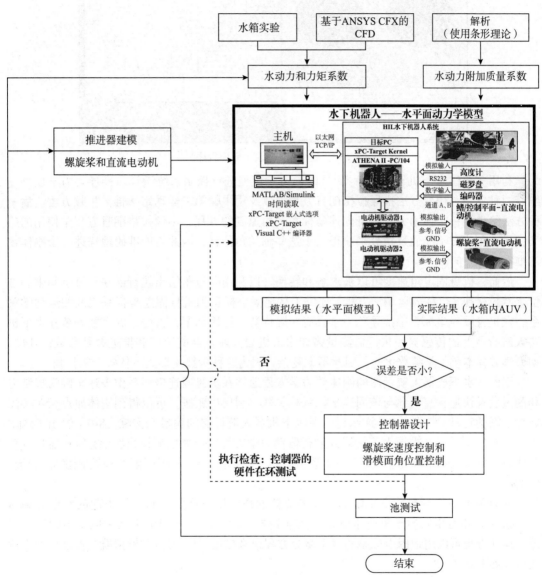

图 4.82　水下机器人航行器快速控制系统原型制作工艺流程[1]

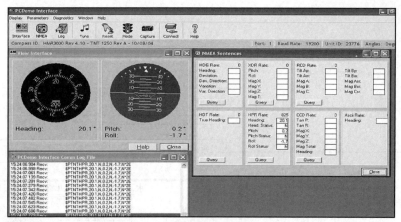

图 4.83　磁罗盘 PC 演示界面程序[1]

利用非线性水下机器人航行器[7]的动力学模型进行控制系统设计。推导动力学模型一般有两种方法：用变分法推导拉格朗日方程，以及用牛顿第二运动定律推导牛顿方程。后一种方法给出了一个使用关于机身固连坐标系的角速度的方程，不像拉格朗日方程中使用的广义变量，角速度不能通过积分来获得关于这些轴的角位移，因此不能准确地描述一个刚体在三维空间的方向。

然而，机身固定角速度可以被求解和转换，以利用欧拉角给出航行器在三维空间中的方位。欧拉变换（也称为运动学方程）提供了从地固坐标系到机身固连坐标系之间的运动学关系。在机身固连坐标系中推导动力学具有实际优势，原因如下：首先，大多数安装在水下机器人航行器上的传感器和执行器测量诸如水下机器人航行器的速度和推进力等参数；其次，动力学方程本质上是参数化的，因此不太复杂，因为这种参数化形式不依赖于欧拉角。

因此，水下机器人航行器的刚体动力学方程通常在机身固连坐标系中表达，因为控制力和测量装置快速且直观地与该固连坐标系相关联。利用牛顿法，可以得到刚体原点相对于固定参照系的运动。文献［7］详细讨论了水下机器人航行器的建模，文献［8-9］给出了水动力和力矩的建模。在推导水下机器人航行器动力学方程时所做的假设是：（a）航行器是一个刚体，一旦进入水中就完全浸没；（b）该航行器在水下操作时移动缓慢；（c）地固坐标系是惯性的。

外力和力矩矢量包括由于阻尼、周围流体的惯性以及恢复力和力矩引起的水动力和力矩。这些力和力矩倾向于阻碍水下机器人航行器的运动。在地固坐标系中应用牛顿第二定律，运动方程可以用地固坐标系的六个微分方程组来描述[7]。类似的模拟航行器动力学表达式可以参考式（3.8）。

欧拉角的变换使式（3.8）中在机身固连坐标系中表示的动力学模型能与地固坐标系进行变换。由于地面某一点的加速度可以忽略不计，因此对于缓慢移动的海上航行器，地固坐标系可以认为是惯性坐标系。运动学方程[7]可以写成：

$$\dot{\eta} = J(\eta)v \tag{4.33}$$

其中，欧拉变换矩阵 $J(\eta)$ 是通过绕 Z、Y 和 X 轴连续旋转欧拉角得出的：

$$J(\eta) = \begin{bmatrix} J_1(\eta_2) & 0 \\ 0 & J_2(\eta_2) \end{bmatrix} \tag{4.34}$$

其中：

$$J_1(\eta_2) = \begin{bmatrix} c(\psi)c(\theta) & -s(\psi)c(\phi)+c(\psi)s(\theta)s(\phi) & s(\psi)s(\phi)+c(\psi)c(\phi)s(\theta) \\ s(\psi)c(\theta) & c(\psi)c(\phi)+s(\phi)s(\theta)s(\psi) & -c(\psi)s(\phi)+s(\theta)s(\psi)c(\phi) \\ -s(\theta) & c(\theta)s(\phi) & c(\theta)c(\phi) \end{bmatrix} \tag{4.35}$$

$$J_2(\eta_2) = \begin{bmatrix} 1 & s(\phi)t(\theta) & c(\phi)t(\theta) \\ 0 & s(\phi) & -s(\phi) \\ 0 & \dfrac{s(\phi)}{c(\theta)} & \dfrac{c(\phi)}{c(\theta)} \end{bmatrix} \tag{4.36}$$

并且 $s=\sin(.)$，$c=\cos(.)$，$t=\tan(.)$。

　　已有的一些确定水动力系数的方法可大致分为基于实验和基于预测两种。基于实验的方法包括风洞或拖曳水箱模型实验以及全尺寸航行器的实验[10-12]可以直接确定水动力参数。上述方法的最大缺点是需要航行器或航行器本身的精确物理模型，以及实验室或现场测试设施，但这些往往是不具备的，要么是因为成本，要么仅仅是因为航行器还没有制造出来。当航行器仍处于设计阶段或成本限制实验阶段时，预测方法为基于测试的方法提供了一个有吸引力的替代方案。

　　最基本的预测方法是纯解析法，但对于复杂的钝体，这些方法容易产生不合常理的结果。文献[13]中对现有的三种方法进行了详细的讨论和评价。经验和半经验方法是广泛使用的预测方法，并已被证明产生的结果合理[14-15]。因此，上述预测方法可能会在流线型航行器上产生合理的结果，因为它们的动力学更容易预测。很少有研究者[16-17]通过两个非线性观测器（滑模观测器和扩展卡尔曼滤波器）估计流线型水下机器人航行器的水动力系数，其中基于模型的估计算法被用来估计流线型水下机器人航行器的水动力系数。该方法可以得到 15 个线性阻尼系数[18]。

　　由于水下机器人航行器不是一个复杂结构，因此可以采用不太完整的方法来量化水动力系数。另一种替代方法为利用水箱实验和 CFD，并采用半经验方法来实证 CFD 过程。由于 CFD 软件的发展和计算机技术（如 xPC-Target）的进步，确定从水箱实验中获得的参数变得越来越容易。然而，无论采用哪种方法，它都会受到实验和数值误差的影响。因此，由于误差或不确定性，无论用哪种方法得到的模型都必须依赖于某种形式的鲁棒控制方案，如用 SMC（如后面所述）来控制水下机器人航行器。下面几节将介绍本书提出的水下机器人航行器快速控制系统原型。

4.14.3　稳态推进器动力学

　　推进器由一个直流电动机和与之连接的三叶螺旋桨（直径为 0.18m）组成。为了确定推进器在不同输入电压下产生的推力，需要研究推进器的动力学特性。如下所示，先得到直流电动机的动力学，然后是螺旋桨的动力学。通过实验观察可知，当推进器维持低速时，螺旋桨的推力和输入电压可以用简单线性函数来描述，同时，螺旋桨的角速度可以通过稳态直流电动机模型获得。

众所周知，电动机的转速（假设电气时间常数与机械时间常数相比较小）可以用以下公式表示。这里，我们将简要讨论该模型以及如何将其耦合到仿真中。

$$J_m\dot{\Omega} + \frac{K_mK_e}{R_m}\Omega = \frac{K_m}{R_m}\bar{u} - Q \tag{4.37}$$

$$\bar{u} = R_mI_t + L_m\frac{\mathrm{d}I_t}{\mathrm{d}t} + K_e\Omega \tag{4.38}$$

此外，螺旋桨稳态时的推力和转矩模型[19-20]（不考虑螺旋桨的轴向流体速度）可以使用以下公式表示：

$$u = K_{Td}\Omega^2 \tag{4.39}$$

$$Q = K_{Qd}\Omega^2 \tag{4.40}$$

式中，$\bar{u}$ 是推进器输入电压，单位是 V，R_m 是电枢电阻，单位是 Ω，I_t 是电枢电流，单位为 A，L_m 是电感，单位是 L，K_m 是电动机转矩常数，单位为 N·m/A，K_e 是电动机的反电动势，单位是 V·s/rad，J_m 是以 N·m·s²/rad 为单位的转子转动惯量，Ω 是螺旋桨的转速，单位是 rad/s，Q 是螺旋桨的转矩，单位是 N·m，u 是螺旋桨的推力，单位为 N，K_{Td} 是以 N·s/rad 为单位的推力常数，K_{Qd} 是转矩常数，单位为 N·m·s/rad。

根据水箱实验，推力 u 和指令的输入电压之间近似呈线性关系，得到了推进器的 $\bar{u}$。在图 4.84 中，由于水箱的空间限制（10m×10m×2m），水下机器人航行器以缓慢的速度前行。水下机器人航行器上覆盖了一层防水铝壳。多个应变计连接到电动机轴来测量转矩，并在具有已知质量的空气中进行校准。测试结果显示，转矩随质量线性变化。转矩传感器的读数通过连接到计算机的界面获得。使用数字示波器测量施加在推进器上的电压。重复实验几次，实验结束后，将应变计的转矩值除以螺旋桨的桨距半径，离线存储和计算推力。如图 4.85 所示为推力-电压实验，当 R^2（即相关因子）在 0.7~1 典型范围内时，两个变量 $\bar{u}$ 和 u 之间显示出合理相关性。

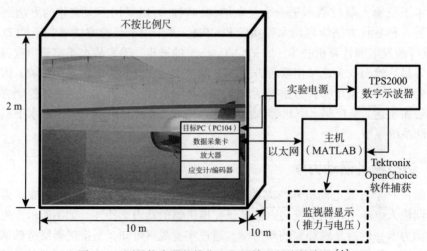

图 4.84　测量推力器的推力和电压输入的水箱实验[1]

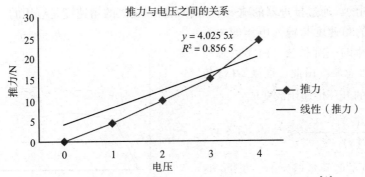

图 4.85　推力与推进器输入电压之间的关系（前向运动）[1]

由图 4.85 的实验结果可知，推力与电压的输入关系为

$$u = f_T \bar{u} \tag{4.41}$$

其中，$f_T = 4.03\text{N}/\text{V}$（从图 4.85 中获得）。输入的力和力矩向量变为 $\boldsymbol{\tau} = 4.03T\bar{u}$。如下所示，推力配置矩阵 $\boldsymbol{T}$ 提供基于水下机器人航行器顶部控制面和推进器方向的力和力矩分布。它是通过求解水下机器人航行器重心的力和力矩得到的。

$$\tau_x = f_T \bar{u} \tag{4.42}$$

$$\tau_y = f_T \bar{u} \sin \varphi \tag{4.43}$$

$$\tau_\psi = L/2 f_T \bar{u} \sin \varphi \tag{4.44}$$

其中 φ 是顶部控制面的角度，f_T 是 4.03N/V，L 是水下机器人航行器的长度。

将式（4.42）~式（4.44）中的方程处理成矩阵形式，得到：

$$
\begin{bmatrix} \tau_x \\ \tau_y \\ \tau_\psi \end{bmatrix} = f_T \begin{bmatrix} 1 & 0 & 0 \\ 0 & \sin\varphi & 0 \\ 0 & 0 & L/2\cdot\sin\varphi \end{bmatrix} \bar{u} \tag{4.45}
$$

其中 $\boldsymbol{T}$ 为

$$
\boldsymbol{T} = \begin{bmatrix} 1 & 0 & 0 \\ 0 & \sin\varphi & 0 \\ 0 & 0 & L/2\cdot\sin\varphi \end{bmatrix} \tag{4.46}
$$

如图 4.86 所示，在实验过程中获得了推力的时间响应。该图显示了推力在水中的瞬态和稳态行为。由于水箱的尺寸，水下机器人航行器到达水箱的另一边只需要 8s。结果表明，在不同的输入电压下，推力均能稳定到稳态值，稳定时间约为 2s。

图 4.87 中的设置用于获得传动轴角速度与输入电压之间的关系。角速度由安装在电动机上的编码器获得，电压由直流电源提供。根据得到的角速度和输入电压关系，使用图 4.87 中的 xPC-Target 将实际测量结果与 xPC-Target 的仿真数据进行比较。计算角速度的编码器的两个通道加在一起有 24 个 CPR（对每个前沿过渡）。行星齿轮减速比为 103。正如在 xPC-

Target 中观察到的，通过推进器的输入电压来控制螺旋桨的角速度是有用的。出于控制的目的，将螺旋桨的角速度与输入电压的关系建模为具有时滞的一阶系统。由于电感通常很小，因此可忽略。由此，速度 $\Omega(s)$ 与输入电压 $\bar{u}(s)$ 的开环传递函数变成：

$$\frac{\Omega(s)}{\bar{u}(s)} = \frac{K_{\mathrm{m}}}{\tau_{\mathrm{m}}s+1}\mathrm{e}^{-s} \qquad (4.47)$$

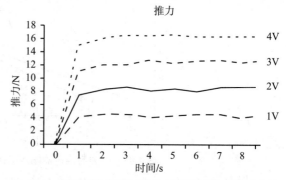

图 4.86 水箱实验中不同输入电压下的推力随时间的变化[1]

由此观察到的时间延迟为 1s（如图 4.88 所示），电动机增益 K_{m} 约为 0.028，电动机时间常数 τ_{m} 约为 0.01s，如图 4.87 所示，xPC-Target 用于比较推进器的实际和模拟速度输出。通过将模拟结果与实际测试（在某个电压输入下）进行比较，除了瞬态阶段有轻微偏差之外，稳态下匹配良好。然而，这种差异是相当微不足道的，因此该模型对于获得螺旋桨的角速度以及使用式（4.45）得到的相应推力输出是有用的。

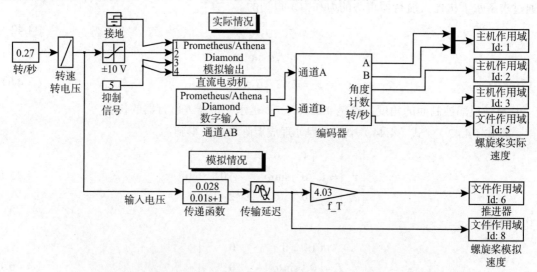

图 4.87 确定传动轴角速度与输入电压关系的 xPC-Target 框图[1]

4.14.4 水下机器人航行器——水平子系统模型

正如从式（3.8）所示的水下机器人航行器动力学模型中所观察到的，它是高度耦合和非线性的。在大多数水下机器人航行器设计中，它们是为水平和垂直[4,7]平面运动而设计的。这减少了水下机器人航行器每次在一个平面内移动时的运动耦合。大多数水下机器人航行器采用运动解耦方案：以水平面运动的方式移动，首先沿着直线以恒定的前进速度行驶到期望的目标点。因此，一次只考虑几个自由度就可以使运动解耦。这减少了控制系统设计中可控自由度的数量。

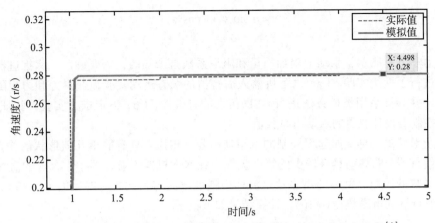

图 4.88　水箱实验中模拟螺旋桨和实际螺旋桨随时间变化的角速度[1]

在初始阶段，水下机器人航行器被设计为在水平面上运动。当水下机器人航行器以恒定的升沉速度（$w = \bar{w} = 0$）和前进速度沿 X 轴移动时，横滚、俯仰和升沉速度是有界的，水下机器人航行器的水平面动力学模型可以写成：

$$\left(m - X_{\dot{u}}\right)\dot{u} + X_{|u|u}\,|u|u + \left(Y_{\dot{v}} - m\right)vr = \tau_x \qquad (4.48)$$

$$\left(m - Y_{\dot{v}}\right)\dot{v} + Y_{|v|v}\,|v|v + \left(m - X_{\dot{u}}\right)ur = \tau_y \qquad (4.49)$$

$$\left(I_z - N_{\dot{r}}\right)\dot{r} + N_{|r|r}\,|r|r + \left(-Y_{\dot{v}}u + X_{\dot{u}}u\right)v = \tau_\psi \qquad (4.50)$$

其中 $\tau_x, \tau_y, \tau_\psi$ 是输入的力和力矩。$X_{\dot{u}}, Y_{\dot{v}}, N_{\dot{r}}$ 是水动力附加质量系数。$X_{|u|u}, Y_{|v|v}, N_{|r|r}$ 是非线性水动力阻尼系数。水下机器人航行器的质量 m 约为 14kg，其绕 Z 轴的转动惯量使用 Pro/ENGINEER 软件生成，如图 4.89 所示。转动惯量 I_r 约为 $0.093\mathrm{kg \cdot m^2}$。

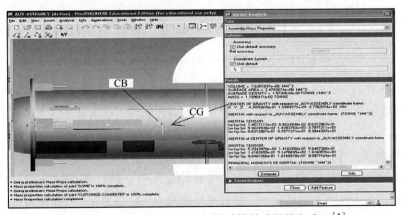

图 4.89　用 Pro/ENGINEER 软件计算转动惯量和重心[1]

在水平面运动中，运动学方程变为

$$\dot{x} = u\,\cos\,\psi - v\,\sin\,\psi \qquad (4.51)$$

$$\dot{y} = u \sin \psi + v \cos \psi \qquad (4.52)$$

$$\dot{\psi} = r \qquad (4.53)$$

如动力学方程所示，水动力附加质量和阻尼系数是未知的，需要确定。除推进器水箱实验外，还进行了两组实验：（a）水下机器人航行器的稳态运动实验，获得力和力矩随速度的变化规律，并验证采用类似方法进行 CFD 仿真的有效性；（b）恒定推力实验，验证 CFD 方法和水中控制器设计获得的水动力系数值。

与复杂形状的物体（如远程控制的水下航行器）相比，具有简单几何形状的物体（如水下机器人航行器）的移动具有较少的复杂流场。在水下机器人航行器中，合成的流场主要是航行器雷诺数的函数。刚体的雷诺数是流体中惯性效应与黏性效应的比值（在 20℃时）。水下机器人航行器的雷诺数为 6×10^5，计算结果如下：

$$\mathrm{Re} = \frac{uL}{v} = \frac{1.0 \times 0.6}{1 \times 10^{-6}} = 6 \times 10^5 \qquad (4.54)$$

当物体在流体中运动时，物体与流体之间的相互作用会对水下机器人航行器产生一些诱导水动力负载。诱导水动力负载由附加质量或惯性系数和阻尼系数量化。产生的附加质量系数是由平移和转动加速度的势流现象引起的，阻尼系数由物体平移和转动的黏性现象引起。

在大多数流线型水下机器人航行器设计中，式（4.48）~式（4.50）中的附加质量系数 $X_{\dot{u}}, Y_{\dot{v}}, N_{\dot{r}}$ 采用条带理论[7]进行解析计算，如式（4.55）所示，将航行器的水下部分分成几个条带。附加质量的二维水动力系数可以针对每个条带进行计算，并在主体长度上进行汇总，以产生 3D 系数。水下机器人航行器被看作一个细长的机身，每个方向的附加质量系数计算如下：

$$\frac{\partial X}{\partial \dot{u}} = -X_{\dot{u}} = -\int_{-L/2}^{L/2} A_{11}^{(2D)}(y, z)\,\mathrm{d}x = 0.1 \qquad (4.55)$$

$$\frac{\partial Y}{\partial \dot{v}} = -Y_{\dot{v}} = \int_{-L/2}^{L/2} A_{22}^{(2D)}(y, z)\,\mathrm{d}x = -\pi \rho \left(0.5 D_a\right)^2 L \qquad (4.56)$$

$$\frac{\partial N}{\partial \dot{r}} = -N_{\dot{r}} = \int_{-D_a/2}^{D_a/2} y^2 A_{11}^{(2D)}(x, z)\,\mathrm{d}y - \int_{-L/2}^{L/2} x^2 A_{22}^{(2D)}(y, z)\,\mathrm{d}x$$

$$= = 1/24 \left[\pi \rho \left(0.5 D_a\right)^2 L^3 + 0.1 D_a^3 \right] \qquad (4.57)$$

其中，$L = 0.6\mathrm{m}$ 和 $D_a = 0.25\mathrm{m}$，分别是水下机器人航行器的长度和直径。$\rho = 1000\mathrm{kg/m^3}$ 是 20℃时水的密度，将这些值代入方程，得到各个方向的附加质量系数分别为 $X_{\dot{u}} = 0.1, Y_{\dot{v}} = 29.4, N_{\dot{r}} = 0.1$。

如图 4.90 所示，在一个 $10\mathrm{m} \times 10\mathrm{m} \times 2\mathrm{m}$ 的开放式水箱（为清晰起见，未显示水箱）中进行了一系列实验，以研究水下机器人航行器在水平面上正向进退、横移和偏航时的运动特性。

每个实验在不同速度下重复多次，并且平均阻尼力（纵向力 $X_{|u|u}$、横向力 $Y_{|v|v}$、力矩 $N_{|r|r}$ 分别是进退力、横移力和偏航力矩）在表 4.4 中列出。当航行器的进退或横移速度设定为恒定速度时，推力可视为等于水动力，推进器提供的力矩可视为等于以恒定角速度偏航时的水动力力矩。因此，推力与运动变量的关系（或表 4.4 中的数据）假设为与水动力负载对这些运动变量的关系相同。因此，推力与运动变量 u、v 和 r 的关系可以在图 4.91 中得到。

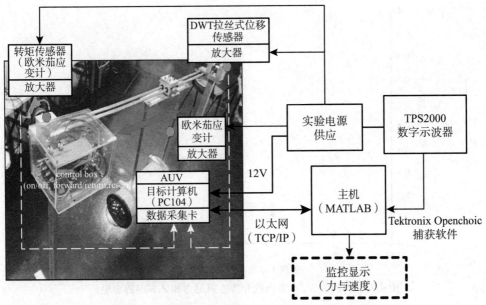

图 4.90　X 方向阻力测试设备（为清晰起见未显示水箱）[1]

表 4.4　水下机器人航行器实验与 ANSYS-CFX 非线性阻尼系数比较[1]

速度 / (m/s)	实验（L/D=2.5）			ANSYS-CFX（L/D=2.5）		
	$X_{|u|u}$ / (Ns²/m²)	$Y_{|v|v}$ / (Ns²/m²)	$N_{|r|r}$ / (Ns²/rad²)	$X_{|u|u}$ / (Ns²/m²)	$Y_{|v|v}$ / (Ns²/m²)	$N_{|r|r}$ / (Ns²/rad²)
0	0	0	0	0	0	0
0.1	0.62	0.81	0.45	0.52	0.51	0.35
0.2	0.71	0.95	0.98	0.61	0.75	0.78
0.3	0.85	1.19	1.21	0.75	1.04	1.01
0.4	0.83	1.21	1.23	0.78	1.11	1.13
0.5	0.86	1.21	1.29	0.76	1.15	1.18
0.6	0.88	1.24	1.35	0.84	1.19	1.23
0.7	0.91	1.25	1.28	0.87	1.21	1.25
0.8	0.91	1.32	1.29	0.94	1.26	1.26
0.95	0.92	1.34	1.32	0.93	1.31	1.3
总平均水平	**0.75**	**1.05**	**1.04**	**0.70**	**0.95**	**0.95**
Kempf 模型无量纲结果[21]（使用 ANSYS-FLUENT，L/D = 6）				不可用	0.076 7	0.018 5
Kempf 模型无量纲结果[21]（使用 ANSYS-CFX，L/D = 6）				不可用	0.081 1 （5.7% 的误差）	0.019 2 （3.8% 的误差）

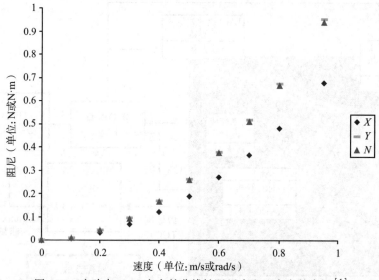

图 4.91　实验中 X、Y 方向的非线性阻尼力和 Z 方向的力矩[1]

　　该测试设备由 DWT 拉丝式位移传感器（弦罐）组成，用于测量航行器在水中位移随时间的变化，以确定航行器的最终速度。对水下机器人航行器进行定向，以便在测试过程中测量每个方向的位移。例如，图 4.90 显示了 X 方向的阻尼力测试。为了测量 Y 方向的阻尼力，水下机器人航行器必须旋转 90°（顺时针），使侧面朝向纵向。安装在电动机轴上的转矩传感器（或预布线应变计）测量产生的转矩，然后转换成水下机器人航行器在 X 和 Y 方向上的平移力。梁表面的预布线应变计捕捉到了偏航运动过程中产生的力矩（绕 Z 轴的力矩），然后确定移动水下机器人航行器的合力和合力矩。

　　为了节省计算成本，可以根据以下假设简化运动方程：（a）航行器只沿推力方向运动；（b）水动力力矩可以忽略不计；（c）姿态角始终为 0。航行器在每个方向上线性移动，并测量了每个方向（对应于零加速度）上的最大速度。X 和 Y 方向的阻尼系数确定如下：

　　对于 X 方向的阻力，

$$\tau_x - X_{|u|u}\,|u|u = 0 \Rightarrow X_{|u|u} = \tau_x / u_{max}^2 \tag{4.58}$$

对于 Y 方向的阻力，

$$\tau_y - Y_{|v|v}\,|v|v = 0 \Rightarrow Y_{|v|v} = \tau_y / v_{max}^2 \tag{4.59}$$

对于绕 Z 轴的阻力，允许水下机器人航行器自由转动，使顶部控制面可以改变水下机器人航行器的前进方向。假设 X 和 Y 方向上的位移最大（或零速度），则推力为

$$\tau_\psi - \left(N_{|r|r}\,|r|r \right) = 0 \Rightarrow N_{|r|r} = \tau_\psi / r_{max}^2 \tag{4.60}$$

速度从 0 到 0.95m/s，增量为 0.1m/s 的水下机器人航行器的阻尼系数估计值如表 4.4 所示，推力与运动变量 u、v 和 r 的关系如图 4.91 所示。为了将水箱实验结果与 CFD 仿真结果进行比较，我们使用了水动力学求解软件 ANSYS-CFX。

　　在大多数水下机器人航行器作业中，考虑到其尺寸和速度，方程（4.61）中计算的雷诺数表示流场中的湍流。在湍流中，流体运动的特点是高度随机、非定常的三维流动。湍流长度和时间尺度远小于大多数数值分析中使用的最小有限体积网格。生成如此小的网格超出了我们实验室目前可用的计算能力。采用湍流模型可以解决这一问题。基于 SST 模型的可用性，我们使用了 ANSYS CFX。目前，基于 $k\text{-}\omega$ 的 SST 模型是预测层流向紊流转变的最重要的方程模型。它的目的是在不利的涡流黏性条件下，对气流分离的起始和分离量给出高度准确的预测。

　　在网格生成过程中，要成功计算湍流需要考虑一些因素。由于平均流和湍流的强烈相互作用，湍流的数值结果比层流的数值结果更容易受到网格的影响。对于平均流量变化较快且存在较大平均应变率的剪切层区域，必须生成足够精细的网格。SST 湍流模型将采用自动壁面函数处理，因为它对流动分离有很高的预测精度。水下机器人航行器周围的网格尺寸[21]为 $3.66 \times 10^{-5}L$，其计算公式如下：

$$y^{+} = 0.172\left(\frac{y}{L}\right)\mathrm{Re}^{0.9} \Rightarrow y = \frac{1}{0.172 \times \left(6 \times 10^{5}\right)^{0.9}}L = 3.66 \times 10^{-5}L \quad (4.61)$$

其中 L 是水下机器人航行器的长度。

　　确定流体域尺寸是主要难点，如图 4.92a 所示。为了研究无约束流体域中作用于水下机器人航行器上的阻尼力，需要一个无限大的流体域。然而，这在 CFD 和实验中都是不切实际的。选择的流体域尺寸约为水下机器人航行器的长度、宽度和高度的 20 倍，如图 4.92 所示。通过增加区域尺寸观察结果的变化分析不确定度，但是，当区域尺寸达到 $11\mathrm{m} \times 3\mathrm{m} \times 5.25\mathrm{m}$ 时，结果的偏差可以忽略不计，从而形成了水下机器人航行器机身下游流经流体的扰动区域（通常是湍流），这是流体绕机身流动造成的。如图 4.92b 所示，该区域在后端形成高速（或低压）区域，因此前部的低速（或高压）区域会阻碍航行器的运动。球体的流线图也有类似的现象。

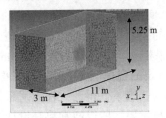

Setting	Value
Basic settings > Fluids list	Water
Domain models > Pressure > Reference pressure	1 [atm]
Heat transfer > Option	Isothermal
Heat transfer > Fluid temperature	20 [C]
Turbulence > Option	Shear stress transport

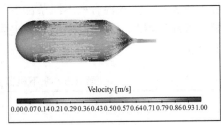

　　　a）流场的网格划分　　　　　　　　　　　　b）流线图

图 4.92　水下机器人航行器周围流场的网格划分和水下机器人的流线图[1]

在 ANSYS-CFX 中，在 0~0.95m/s 的不同速度范围内模拟了航行器周围区域的流场（见表 4.4）。通过对其表面压力进行积分得到水动力负载或阻尼力，该压力是通过仿真获得的。如表 4.4 所示，当航行器进退和横移时，力表现出很好的一致性；但是，计算得到的力矩比实验结果小。造成差异的主要原因有两个。第一个是 CFD 模型没有考虑推力器，这可能会导致模拟的水动力旋转中心产生误差。第二个是由于测试过程中有固定水下机器人航行器的夹具，改变了重心和浮力，这意味着它们可能与设计不一致。这两个因素对航行器的动力学都有一定的影响，但与平移动力学相比，它们对旋转动力学的影响较小。另外，必须注意的是，在实验过程中，该航行器是沿着实验台的轨道行驶的，具有一定的俯仰效应，因此与CFD 结果相比，俯仰可能会增大实验数据。这可以从 CFD 结果的略微增加中看出。

为了获得 CFD 计算结果的可信度，必须将其与文献中基于形状相似的计算公式和半经验公式的可用数据进行比较。许多现有的经验公式只提供线性阻尼系数，假设它适用于较小俯仰角（速度和航行器纵轴之间的角度）的远程控制的水下航行器，而不适用于潜水过程中以较大俯仰角运动的水下机器人航行器（假设当前设计限制俯仰角为 0）。然而，目前的计算表明，这些力和力矩的性质本质上是非线性的，因此即使在小速度范围内，对于这些力和力矩的线性模型也是不够的。

文献［22］中的几何形状被使用。该模型为轴对称的，具有半球形的头部和半径为 0.1 的正弦尾部。然而，水下机器人航行器没有尾部，结果可能会有不同。此外，文献中水下航行器的水动力系数的可用数据非常稀缺［21, 23］。因此，将计算出的导数与现有结果进行直接比较可能很困难。因此，即使对于相同的几何形状，从不同来源获得的系数值也表现出很大的差别［24］，因此只能说目前估计的系数值在一定范围内是准确的。这项工作的主要目的是表明 CFD 结果在可接受的范围内，更重要的是表明 CFD 结果本质上预测了使用相同模型的非线性变化速度下的力或力矩。使用 ANSYS-CFX 是因为 FLUENT（文献中常用的）不可用，但采用的分析模型是相似的。在这种情况下，使用了文献［21, 23］中的 Kempf 模型，$L/D = 6$。如表 4.1 所示，结果似乎比文献中所说的要高。这可能是软件中未提及的边界、网格划分、流出和流入设置所致。然而，与文献结果相比，结果存在大约 5% 的误差。

因此，ANSYS-CFX 能够预测类似的结果，在一定的合理范围内，结果是准确的。此外，还获得了关键的非线性阻尼系数，也可以通过适当的初始条件得到线性阻尼系数。然而，由于非线性阻尼更难获得，对水下机器人航行器来说很重要，所以通常将其设计为俯仰以达到更大的深度（尽管测试中俯仰较小）。

综上所述，这些发现为在不同条件下，用简化的半经验或经验模型研究具有不同形状的水下机器人航行器时，需要确定的系数提供了一个参考。获得的水下机器人航行器参数值如表 4.5 所示。

表 4.5   水下机器人航行器实验台实测值［1］

描述	值	描述	值
D_a	0.25m	$Y_{\dot{v}}, Y_{|v|v}$	29.4,1.05N $\cdot$ m^{-2}s^2
L	0.60m	$N_{\dot{r}}, N_{|r|r}$	0.1,1.04N $\cdot$ m^{-2}s^2

（续）

描述	值	描述	值
m	14kg	$X_{\dot{u}}$, $X_{|u|u}$	$0.1, 0.75\mathrm{N} \cdot \mathrm{m}^{-2}\mathrm{s}^2$
I_r	$0.093\mathrm{kg} \cdot \mathrm{m}^2$		

利用在水平面中获得的水动力参数，动力学模型（用下标"h"表示）可以用紧凑的形式写成：

$$\boldsymbol{M}_\mathrm{h}\dot{\boldsymbol{v}}_\mathrm{h} + \boldsymbol{C}_\mathrm{h}(\boldsymbol{v}_\mathrm{h})\boldsymbol{v}_\mathrm{h} + \boldsymbol{D}_\mathrm{h}|\boldsymbol{v}_\mathrm{h}|\boldsymbol{v}_\mathrm{h} = \boldsymbol{\tau} \tag{4.62}$$

其中，$\boldsymbol{\eta}_\mathrm{h} = [x \quad y \quad \psi]^\mathrm{T}$，$\boldsymbol{v}_\mathrm{h} = [u \quad v \quad r]^\mathrm{T}$，$\boldsymbol{\tau} = f_T T_{\bar{u}}[\tau_x \quad 0 \quad \tau_y]^\mathrm{T}$，$\varphi$ 是顶部控制面的角位置。

$$\boldsymbol{M}_\mathrm{h} = \begin{bmatrix} m-X_{\dot{u}} & 0 & 0 \\ 0 & m-Y_{\dot{v}} & 0 \\ 0 & 0 & I_r-N_{\dot{r}} \end{bmatrix}; \boldsymbol{C}_\mathrm{h}(\boldsymbol{v}_\mathrm{h}) = \begin{bmatrix} 0 & (Y_{\dot{v}}-m)r & 0 \\ 0 & 0 & (m-X_{\dot{u}})u \\ 0 & -(Y_{\dot{v}}-X_u)u & 0 \end{bmatrix};$$

$$\boldsymbol{D}_\mathrm{h} = \begin{bmatrix} X_u & 0 & 0 \\ 0 & Y_v & 0 \\ 0 & 0 & N_r \end{bmatrix}; \boldsymbol{T} = \begin{bmatrix} 1 & 0 & 0 \\ 0 & \sin\varphi & 0 \\ 0 & 0 & 0.3\sin\varphi \end{bmatrix}; f_T = 4.03 \tag{4.63}$$

运动学方程可以表示为

$$\dot{\boldsymbol{\eta}}_\mathrm{h} = \boldsymbol{J}_\mathrm{h}(\boldsymbol{\eta}_\mathrm{h})\boldsymbol{v}_\mathrm{h} \tag{4.64}$$

其中

$$\boldsymbol{J}_\mathrm{h}(\boldsymbol{\eta}_\mathrm{h}) = \begin{bmatrix} \cos\psi & -\sin\psi & 0 \\ \sin\psi & \cos\psi & 0 \\ 0 & 0 & 1 \end{bmatrix} \tag{4.65}$$

方程（4.62）可以改写为状态空间形式：

$$\dot{\boldsymbol{x}}_\mathrm{h} = \overline{\boldsymbol{f}}_\mathrm{h}(\boldsymbol{x}_\mathrm{h}, t) + \overline{\boldsymbol{g}}_\mathrm{h}(\bar{\boldsymbol{u}}, t) \tag{4.66}$$

其中

$$\boldsymbol{x}_\mathrm{h} = [\boldsymbol{\eta}_\mathrm{h}\boldsymbol{v}_\mathrm{h}]^\mathrm{T}$$

$$\overline{\boldsymbol{f}}_\mathrm{h}(\boldsymbol{x}_\mathrm{h}, t) = \begin{bmatrix} \boldsymbol{J}_\mathrm{h}(\boldsymbol{\eta}_\mathrm{h})\boldsymbol{v}_\mathrm{h} \\ -\boldsymbol{M}_\mathrm{h}^{-1}[\boldsymbol{C}_\mathrm{h}(\boldsymbol{v}_\mathrm{h}) + \boldsymbol{D}_\mathrm{h}]\boldsymbol{v}_\mathrm{h} \end{bmatrix}; \overline{\boldsymbol{g}}_\mathrm{h}(\bar{\boldsymbol{u}}, t) = \begin{bmatrix} 0_{3\times1} \\ [\overline{\boldsymbol{g}}_{\mathrm{h}_1} \quad \overline{\boldsymbol{g}}_{\mathrm{h}_2} \quad \overline{\boldsymbol{g}}_{\mathrm{h}_3}] \boldsymbol{T}_\mathrm{h} \boldsymbol{F}_\mathrm{T} \bar{\boldsymbol{u}} \end{bmatrix};$$

$$\overline{\boldsymbol{g}}_{\mathrm{h}_1} = \begin{bmatrix} \dfrac{1}{m-X_{\dot{u}}} & 0 & 0 \end{bmatrix}^\mathrm{T}; \overline{\boldsymbol{g}}_{\mathrm{h}_2} = \begin{bmatrix} 0 & \dfrac{1}{m-Y_{\dot{v}}} & 0 \end{bmatrix}^\mathrm{T}; \overline{\boldsymbol{g}}_{\mathrm{h}_3} = \begin{bmatrix} 0 & 0 & \dfrac{1}{I_r-N_{\dot{r}}} \end{bmatrix}^\mathrm{T}$$

通过恒定推力实验验证了 CFD 方法得到的水动力系数。在这些仿真中分别使用了 1.2N（0.3m/s）、2N(0.5m/s) 和 3.8N(0.95m/s) 的输入推力。如图 4.93 所示，使用 xPC-Target 对水下机器人航行器的水平动力学进行仿真。水下机器人航行器在 x、y 和偏航方向上的动力学可以在子系统框图中看到。它产生模拟时间响应，与从相应传感器获得的实验结果相比较。推进器用于水下机器人航行器的纵向运动，而水下机器人航行器的航向由顶部控制面的角位置 φ 控制。如框图中的正弦函数所示，水下机器人航行器的横移位置或偏离其纵轴的偏差是通过航向角间接计算的。读取偏航或航向角度并以 ASCII 格式输出。通过基带 RS232 发送接收、FIFO ASCII 读取器和 ASCII 解码子系统，将数据解码成可接受的控制格式。

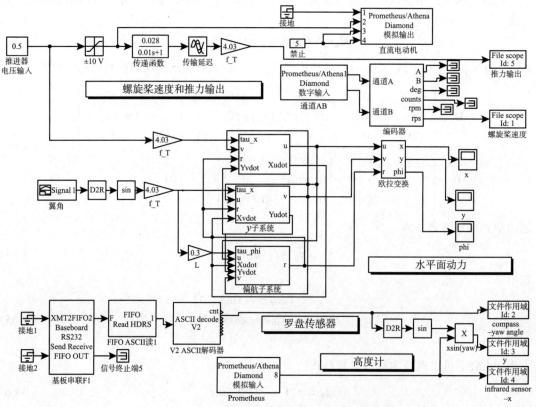

图 4.93　xPC-Target 水箱实验中使用的水平动力学

结合航行器实物，使用图 4.93 中的 xPC-Target 的计算机数值方法与 CFD 和实验得到的水动力系数进行比较。在仿真中使用了固定步长的求解器，每次仿真运行 70s，以确保进行充分的避障。每个仿真都重复多次。由于篇幅所限，我们将给出水下机器人航行器以 0.95m/s 的速度运动的结果，如图 4.94 所示，运动方程所预测的动力学与实验结果之间存在一定的差异。这是意料之中的，因为水平运动方程已根据方程中的假设进行了简化。从图 4.94 中可以看出，在 x、y 位置和偏航角的时间响应是振荡的，这是因为在实验过程中顶部控制面试图克服相反的阻力。然而，模拟的水动力系数（通过实验和数值方法获得）确实很好地表示了航行器在水中的整体动力学。

然而，通过重复整个过程，可以进一步提高水动力系数。

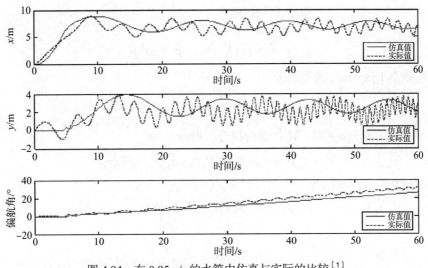

图 4.94　在 0.95m/s 的水箱中仿真与实际的比较[1]

4.14.5　控制器设计

为了减小开环实验中顶部控制面的振荡响应，需要一个闭环控制系统。进退位置由螺旋桨转速控制（PID 控制器），而航向角由顶部控制面角度控制（用 φ 表示）。水下机器人航行器控制器的开发有多种方法，既有传统的线性控制，也有现代的智能控制。鉴于控制要求的复杂性，线性控制器不能很好地控制航行器[25]。神经网络、滑模控制（SLC）和模糊控制（FLC）等智能控制方法具有更强的鲁棒性，更适应航行器水动力的不确定性。此外，它们的抗干扰能力极好。采用 SMC[6]，使用 xPC-Target 模块集，可以很容易地在水下机器人航行器平台上实现复杂的 SMC 方案。为简单起见，定义跟踪的标量度量：

$$s = \dot{\widetilde{\varphi}} + \lambda \widetilde{\varphi} \tag{4.67}$$

其中 $\widetilde{\varphi} = \varphi - \varphi_d$ 是跟踪角误差，即顶部控制面角度的误差。$\lambda > 0$ 为控制带宽。对于 $s = 0$，此表达式描述了具有指数动力学的滑动面：

$$\widetilde{\varphi}(t) = \exp\left[-\lambda(t - t_0)\right]\widetilde{\varphi}(t_0) \tag{4.68}$$

这保证了当 $s = 0$（滑动模态）时，跟踪误差 $\widetilde{\varphi}(t)$ 在无限时间内收敛到 0。在任意初始条件 $\widetilde{\varphi}(t_0)$ 下，误差轨迹在有限时间内到达时变滑动面，然后沿滑动面以指数型滑向 $\widetilde{\varphi}(t) = 0$。因此，控制目标归结为找到一个控制律，该控制律确保 $\lim_{t \to \infty} s(t) = 0$。

在滑模控制律的设计中，可以方便地定义一个满足条件的虚拟参考 φ_r，满足：

$$\dot{\varphi}_r = \dot{\varphi}_d - \lambda \widetilde{\varphi} \Rightarrow s = \dot{\varphi} - \dot{\varphi}_r \tag{4.69}$$

因此，$\tau_m \dot{s}$ 的表达式如下所示：

$$\begin{aligned}
\tau_m \dot{s} &= \tau_m (\ddot{\varphi} - \ddot{\varphi}_r) \\
&= (K_m V - \dot{\varphi}) - \tau_m \ddot{\varphi}_r \\
&= -|\dot{\varphi}| s + (K_m V - \tau_m \ddot{\varphi}_r - |\dot{\varphi}| \dot{\varphi}_r)
\end{aligned} \tag{4.70}$$

考虑标量类 Lyapunov 函数候选：

$$V_L(s,t) = \frac{1}{2} \tau_m s^2, \tau_m > 0 \tag{4.71}$$

相对于时间（当 $\dot{\tau}_m = 0$ 时）对 V_L 进行微分，得到

$$\dot{V}_L = \tau_m s \dot{s} = -|\dot{\varphi}| s^2 + s(K_m \tau_\psi - \tau_m \ddot{\varphi}_r - |\dot{\varphi}| \dot{\varphi}_r) \tag{4.72}$$

取顶部控制面的控制律为

$$\tau_\psi = -1/K_m (K_d s + K \mathrm{sgn}(s)) \tag{4.73}$$

其中

$$\mathrm{sgn}(s) = \begin{cases} 1 & s > 0 \\ 0 & s = 0 \\ -1 & 其他 \end{cases} \tag{4.74}$$

得到

$$\dot{V}_L = -|\dot{\varphi}| s^2 + s(-K_d s - K \mathrm{sgn}(s) - \tau_m \ddot{\varphi}_r - |\dot{\varphi}| \dot{\varphi}_r) \tag{4.75}$$

通过确保 $\dot{V}_L \leqslant 0$，得到开关增益 K_d 和 K 的条件。特别的选择：

$$K_d + K \geqslant \tau_m \ddot{\varphi}_r + |\dot{\varphi}| \dot{\varphi}_r \tag{4.76}$$

其中 $\tau_m = 0.01$，并且由于电动机的运行速度较慢，$\dot{\varphi}$ 和 $\dot{\varphi}_r$ 会变小。这意味着

$$\dot{V}_L \leqslant -(|\dot{\varphi}| + K_d) s^2 - K \mathrm{sgn}(s) \leqslant 0 \tag{4.77}$$

请注意，$\dot{V}_L \leqslant 0$ 意味着 $V_L(t) \leqslant V_L(0)$，因此 s 是有界的。这反过来又表明 $\dot{V}_L$ 是有界的。因此，$\dot{V}_L$ 必须一致连续。最后，应用 Barbalat 定理，证明了当 $t \to \infty$ 时，$s \to 0$，从而 $\tilde{\phi} \to 0$。

式（4.73）中的 SMC 定律如图 4.95 所示。当跟踪误差为负（正）时，表示位置太小，则增加（减少）控制输入来增加输出。当系统到达滑动面（接近零跟踪误差）时，系统的"能量"将缓慢减小。为了测试控制器对外部干扰的鲁棒性，在系统中注入了低频（2Hz，峰值幅度小于 5）的正弦波干扰。从开环实验中可以观察到外部干扰的大小。在开环实验中，顶部控制面从其初始位置振动不超过 5°。为了实现对干扰的鲁棒性，SMC 要求离线设计。在仿真阶段，调整控制增益使输出达到期望值。

在设计和模拟鲁棒控制器时，需要考虑模型参数对车辆响应的敏感性[18]，以及 10% 的模型不确定性（通过将流体动力学系数降低和增加 10%）产生的扰动，这些是在如图 4.97 所示的 xPC 目标框图中实现的。如果在（离线）设计鲁棒控制器的过程中没有考虑其他干扰，那么它们可能会对系统产生不利影响。然而，如图 4.96 或更后面的水池测试所示，时间响应的振荡较小。SMC 的鲁棒性可以补偿干扰（顶端控制面的振荡行为和模型的不确定性）。

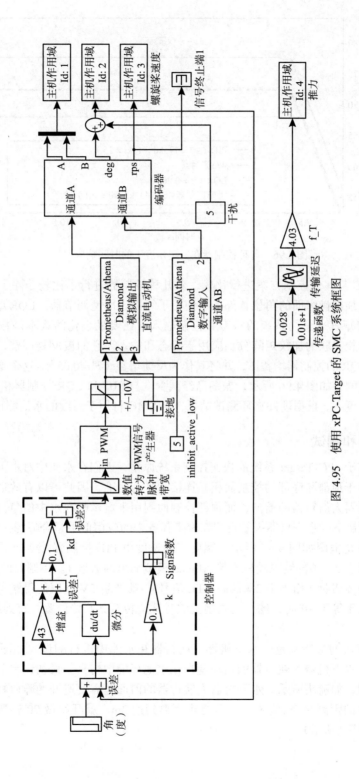

图 4.95　使用 xPC-Target 的 SMC 系统框图

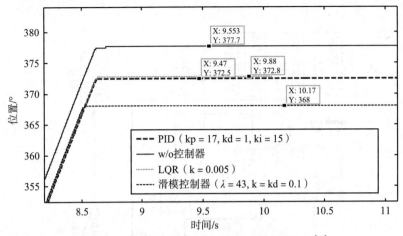

图 4.96　各种控制器在一定角度下的时间响应[1]

　　为了将 SMC 与其他控制方案进行比较，对几种控制器进行了比较。除了使用 PID 控制器来控制水中的顶部操纵面的角位置外，还使用了线性二次型调节器（LQR）。在该方法中，它使用一组加权矩阵来惩罚系统的状态和控制输入。在要最小化的成本函数中设置了该需求。与成本函数相关联的加权矩阵分别应用于状态和输入。它们被反复调整，直到达到期望的性能。计算 LQR 的控制器增益 F，并将其作为反馈增益（$F = 0.05$）。这个增益是根据速度的反馈回路确定的。如图 4.96 所示，振荡已经减少。与 PID 和 LQR 控制器相比，使用 SMC 的稳态误差似乎更小。根据硬件在环测试结果，该 SMC 将用于后续的水池测试。

4.14.6　实现和测试

　　为了验证基于 xPC-Target 系统的快速控制系统原型，人们在水池中对水下机器人航行器进行了测试。由于顶部和底部的控制面相互连接和平行对准，因此可以有效地利用底部控制面来改变水下机器人航行器的航向，而顶部控制面则用来显示鳍在水中的角位置。在目前传感器和系统的限制下，水下机器人航行器在避障任务中的应用似乎是合适的。

　　水池测试系统框图如图 4.97 所示，螺旋桨的速度由 PID 控制器控制。螺旋桨电动机连接模拟输出的通道 2，顶部鳍电动机连接 Athena 模拟输出的通道 1。控制面的角位置由 SMC 控制。一旦发现障碍物（相当于 2V 的高 TTL 信号），就产生 5V 电压使得鳍电动机逆时针旋转。当航向角大于等于 90°时，鳍片的电动机顺时针旋转至其原始位置，直到航行器达到 90° 航向角。

　　随着控制算法的最终确定，水下机器人航行器在水池中进行测试，如图 4.98 所示。由水池测试可知，水下机器人航行器的运动现在在水池环境中仿真。最初，水下机器人航行器面向水池壁放置，如箭头所示。水下机器人航行器的前面是需要避开的障碍物。水下机器人航行器到水池壁的距离在 2m 左右，一旦行进距离到达 2m，就开始做 90°转弯以避开障碍物（如图 4.98 中顺序 2 所示）。

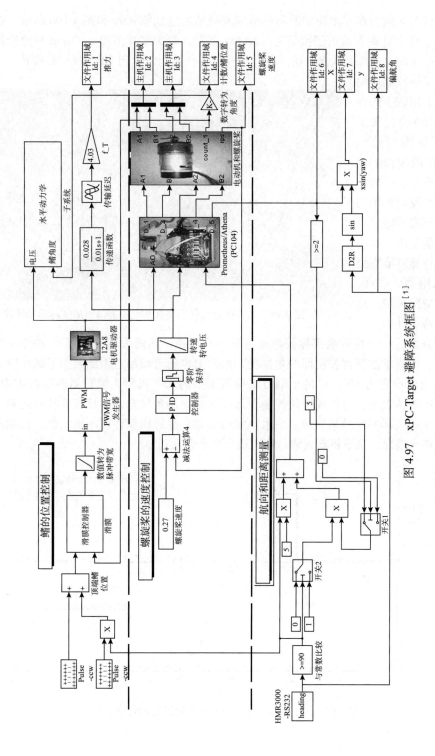

图 4.97 xPC-Target 避障系统框图 [1]

水下机器人航行器在水池中的实际响应和模拟响应如图 4.99 和图 4.100 所示。在图 4.99 中，显示了高度计和罗盘的切换信号。在 18s 左右，螺旋桨速度以 0.27rpm 慢速旋转时，障碍物首次被发现。顶部操纵面开始逆时针旋转，直到航向角达到 90°后顺时针旋转。与开环情况相比，顶部控制面角度位置显示出较少的振荡。图 4.100 中比较了来自水平面模型的 x、y 和偏航角的模拟响应与通过传感器获得的实际测量值，发现模拟的瞬态行为与实验结果不同。这可能是由于水下机器人航行器需要克服初始的水阻力。然而，对于这种情况来说，这是可以忽略不计的。

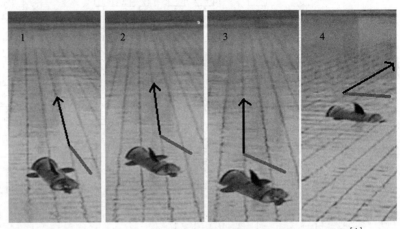

图 4.98　水下机器人航行器在水池中避障时的实际运动顺序[1]

另一方面，x、y 位置响应振荡严重，有一些过冲，然而采用 SMC 后，在 20s 左右达到了稳态值。如果增加顶部控制面的角位置，则阻力也随着增加。因此，为了减小阻力，顶部控制表面角度设置为 10°，以最小阻力实现所期望的水下机器人航行器的航行方向。总之，在振荡最小的情况下，可以成功地控制顶部控制表面的角位置，并且位置和航向角的仿真结果与水池中的实际实验结果一致。由水池实验可知，尽管模型存在不确定性，例如水动力参数和一些喷水情况，水下机器人航行器与模型仍非常接近。

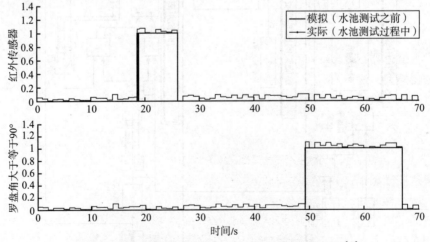

图 4.99　水下机器人航行器在水池避障时的切换信号[1]

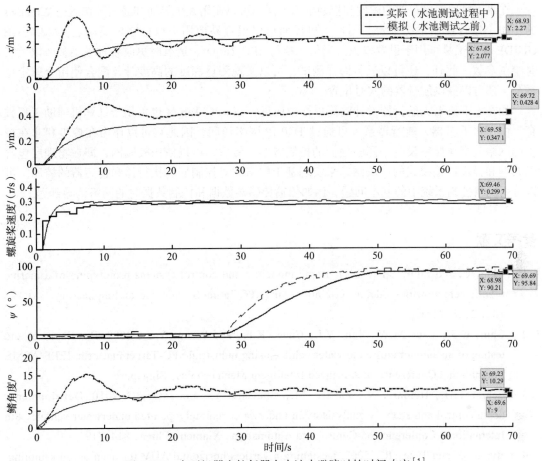

图 4.100　水下机器人航行器在水池中避障时的时间响应[1]

人们利用软件包（如 MATLAB、Simulink、xPC-Target、Real-Time Workshop、Microsoft Visual C++ 编译器）以及商用硬件实现了水下机器人航行器控制的实时控制系统平台，获得稳态推进器模型，建立了电压、速度和推力输出之间的关系。利用 xPC-Target 仿真软件和硬件，通过水箱实验确定了水下机器人航行器的水平面动态特性，包括非线性水动力阻尼，并利用 ANSYS CFX 进行了数值验证。如实验所示，水动力负载与机器人平移和旋转速度之间的关系是固有非线性的，并且获得了关键的非线性阻尼系数。

使用 CFD 方法，可以获得非线性（或线性）阻尼系数，因此仿真结果不限于小范围的运动。所有这些模型都提供了一个参考点，在考虑与流线型半经验模型相比具有不同形状的水下机器人航行器时用于确定需要研究的系数。当根据物理模型实验确定水动力参数时，这对于降低成本非常重要。在进行动力学建模后，选择并设计 SMC 来控制航向运动过程中的顶部控制面角度。从传感器获得的水池实验结果与从模拟水平动态方程获得的模拟结果一致。此外，使用 SMC 的顶部控制面角位置显示出最小振荡。由此，我们成功完成了所提出的 xPC-Target 从快速原型到最终的水池中的测试。

　　在水下机器人航行器的硬件和控制架构方面，可以使用人机界面和通信。在运行 Windows 的主机上运行控制系统平台，图形人机界面可以很容易地用于执行客户端功能。MATLAB GUIDE 开发工具可用于设置以太网通信、执行 xPC-Target、运行时更改各种模型参数以及实时绘制参数。此外，还可以进行海洋测试，可以实现测量深度的高度计，配合使用全球定位系统，还可以提供航行器的实时位置。

　　如在水下机器人航行器设计的简单性中所见，该 xPC-Target 也可用于计算机辅助工程教育。由于水下机器人航行器系统可通过 TCP/IP 网络访问，因此它可以作为在校生和非在校生的网络共享实验室设备来测验他们的控制方案。最后，可以使用校园网，即在物理层包含以太网和异步传输模式的广域网，来实现基于网络的对控制器、执行器和传感器的控制。可以分析网络控制系统中的基本问题，例如传输传感器数据和控制数据时的网络诱导延迟。

参考文献

［1］Chin, C. and Lum, S.H., 2011. Rapid modeling and control systems prototyping of a marine robotic vehicle with model uncertainties using xPC Target System. Ocean Engineering, 38（17–18）, 2128–2141.

［2］Chin, C.S., Lau, M.W., Tan, Y.J., Chee, K.F., and Wong, Y.C., 2009. Development and testing of an autonomous underwater vehicle using industrial xPC-Target platform. IEEE/ASME International Conference of Advanced Intelligent Mechatronics, Singapore.

［3］Fehrani, H., Heidari, N., Zakeri, M., Ghaisari, Y., and Jafar, G. 2010. Development, depth control and stability analysis of an underwater remotelyoperated underwater vehicle, 8th International Conference on Control and Automation, Xiamen, China, 814–819.

［4］Byron, J. and Tyce, R., 2007. Designing a vertical/horizontal AUV for deep ocean sampling. MTS/IEEE OCEAN 2007, Vancouver, Canada, 1–10.

［5］Ura, T., Nakatani, T., and Nose, Y., 2006. Terrain-based localization method for wreck observation AUV. MTS/IEEE OCEANS 2006, Boston, USA, 1–6.

［6］Utkin, V. I., 1977. Variable structure system with sliding modes. IEEE Transactions on Automatic Control, 22（2）, 212–222.

［7］Fossen, T. I., 1994. Guidance and Control of Ocean Vehicles, John Wiley & Sons Ltd., Chichester, New York.

［8］Gertler, M. and Hagen, G., 1967. Standard equations of motion for submarine simulation. David Taylor Naval Ship Research and Development Center, Technical Report, Defense Technical Information Center Document, 653 861.

［9］Lamb, S.H., 1932. Hydrodynamics. Cambridge University Press, Cambridge.

［10］Aage, C., and Wagner, L.S., 1994. Hydrodynamic manoeuvrability data of a flatfish type AUV. MTS/IEEE OCEANS 1994, 3, 425–430.

［11］Yoon, H.K., Son, N.S., and Lee, C.M., 2007. Estimation of the roll hydrodynamic moment model of a ship by using the system identification method and a free running model test. IEEE Journal of Ocean Engineering, 32（4）, 798–806.

[12] Yoon, H.K., and Son, N.S., 2004. Estimation of roll-related coefficients of a ship by using the system identification method（in Korean）. Journal of the Society of Naval Architects of Korea, 41（4）, 53–58.

[13] Jones, D.A., Clarke, D.B., and Brayshaw, I.B, 2002. The calculation of hydrodynamic coefficients for underwater vehicles. DSTO Platforms Sciences Laboratory, Fishermans Bend, Australia, Report. DSTO-TR-1329.

[14] Nahon, M., 1993. Determination of undersea vehicle hydrodynamic derivatives using the USAF DATCOM. MTS/IEEE OCEANS 1993, 2, Victoria, 283–288.

[15] Humphreys, D., 1981. Dynamics and hydrodynamics of ocean vehicles, MTS/IEEE OCEANS 1981, 13, 88–91.

[16] Kim, K., Kim, J., and Choi, H.S., 2002. Estimation of hydrodynamic coefficients of a test-bed AUV-SNUUV1 by motion test, MTS/IEEE OCEANS 2002, 1, 29–31, 186–190.

[17] Kim, J., Kim, K., and Choi, H.S., 2002. Estimation of hydrodynamic coefficients for an AUV using nonlinear observers. IEEE Journal of Ocean Engineering, 27（4）, 830–840.

[18] Sen, D., 2000. A study on sensitivity of manoeuvrability performance on the hydrodynamic coefficients for submerged bodies. Journal of Ship Research, 45（3）, 186–196.

[19] Whitcomb, L.L. and Yoerger, D.R., 1999. Development, comparison, and preliminary experimental validation of nonlinear dynamic thruster models. IEEE Journal of Ocean Engineering, 24（4）, 481–494.

[20] Yoerger, D.R., Cooke, J.G., and Slotine, J.J.E., 1990. The influence of thruster dynamics on underwater vehicle behavior and their incorporation into control systems design. IEEE Journal of Ocean Engineering, 15（3）, 167–178.

[21] Tyagi, A. and Sen, D., 2006. Calculation of transverse hydrodynamic coefficients using computational fluid dynamic approach. Ocean Engineering, 33（5–6）, 798–809.

[22] White, N.M., 1977. A comparison between a single drag formula and experimental drag data for bodies of revolution, DTNSRDC Report 77-0028.

[23] Tang, S., Ura, T., Nakatani, T., Thornton, B., and Jiang, T., 2009. Estimation of the hydrodynamic coefficients of the complex-shaped autonomous underwater vehicle TUNA-SAND. Journal of Marine Science Technology, 14, 373–386.

[24] Roderick, Barr, A., 1993. Review and comparison of ship maneuvering simulation methods. SNAME Transaction, 101, 609–635.

[25] Yoerger, D.R., Cooke, J.G., and Slotine, J.J.E., 1990. The influence of thruster dynamics on underwater vehicle behavior and their incorporation into control systems design. IEEE Journal of Ocean Engineering, 15（3）, 167–178.

第 5 章
PIC 嵌入式系统设计

5.1 MPLAB IDE 概览

MPLAB IDE 是一个基于 Windows 操作系统的用于 PICmicro 微控制器（MCU）系列的 IDE。它允许读者为固件产品设计编写、调试和优化 PICmicro MCU 应用程序。MPLAB IDE 包括一个内置的文本编辑器、模拟器和项目管理器。MPLAB IDE 还支持 MPLAB ICD-2 在线调试器、PICkit2、PICSTART Plus 和 PROMATE II 编程器，也包括其他微型芯片或第三方开发系统工具。最新的 MPLAB IDE 可以从 www.microchip.com 下载。

MPLAB IDE 工具（见图 5.1）通过下拉菜单和自定义快捷键提供工具，用户可以：

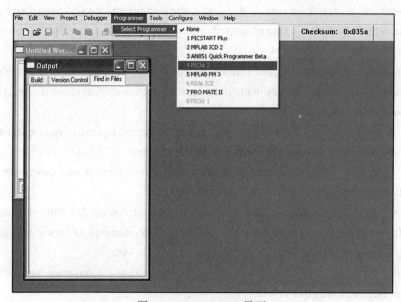

图 5.1　MPLAB IDE 界面

- 使用内置编辑器创建源代码。
- 使用各种语言工具汇编、编译和链接源代码。
- 用内置模拟器观察程序流，或用 MPLAB ICD-2 在线调试器或 PICkit2 实时调试可执行逻辑。

- 使用模拟器或仿真器进行计时测量。
- 查看监控窗口中的变量。
- 从 MPLAB IDE 在线帮助中快速找到问题的答案。

5.2　智能真空机器人系统设计

5.2.1　系统设计与架构

智能真空机器人系统上的目标板可以作为一个独立的板与一个编程设备和一个 PICkit2 来使用。本节所使用的智能真空机器人系统设计细节参见文献 [1-2]。真空机器人的目标板如图 5.2a 所示，机器人的目标板示意图如图 5.2b 所示，它由微处理器中使用的端口信息组成，在本例中是 PIC18F4620，也可以使用 PIC16 和 PIC32（https://www.microchip.com/）。因此，图 5.2b 中的示意图可能会不同。目标板上各部件的位置如表 5.1 所示。目标板的硬件特点如下：

- 2 个 AA 电池座以及 4 个电池。
- PICkit2。
- 2 个 360°旋转的遥控伺服电机。
- 12V 直流电动机。
- 物体传感器（超声波传感器）。
- 2 个地板 / 边界传感器（红外传感器）。
- 蜂鸣器。
- 2 个电位计。
- 7 个发光二极管（LED）。
- 4 路 DIP 开关。
- 2 个滚珠轴承。
- 2 个轮胎。

主控制器具有以下特点：

- 输入电压——12V。
- 计算机接口——1 个 USB。
- I^2C 总线——2 条。
- 处理器——PIC18F4620。
- 数据内存——64KB。
- CPU 频率——40MHz。
- PWM 信号端口——2 通道。
- 数字 I/O 端口——16 个采用 2 个红外传感器，7 个 LED，4 路 DIP 开关，1 个蜂鸣器。
- 模拟量输入端口——超声波传感器。
- 编程语言——C 语言。

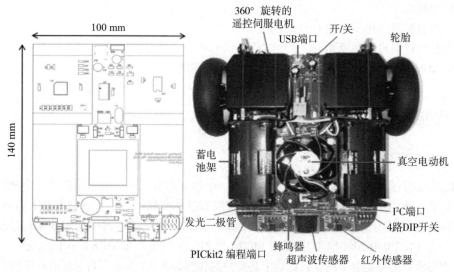

100 mm

140 mm

360° 旋转的
遥控伺服电机
USB端口
开/关
轮胎
蓄电
池架
真空电动机
发光二极管
I²C端口
4路DIP开关
PICkit2 编程端口
蜂鸣器
超声波传感器
红外传感器

a）目标板与组件安装

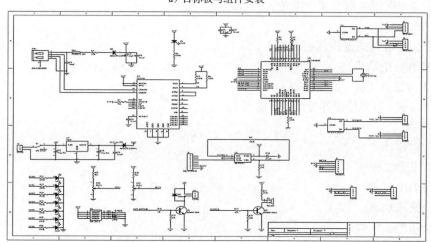

b）目标板示意图

图 5.2　目标板与组件安装及目标板示意图

表 5.1　目标板组件

主控制器		主控制器		红外传感器	
位置	描述	位置	描述	位置	描述
B1	蜂鸣器	Q1, Q2	MMBT3904	C1	0.1μF
C1, C2, C4, C6, C9, C10	0.1μF	R1, R2, R16	1kΩ	C2	NL
C3	10μF	R3	10Ω	D1	LED
C5	10μF	R4, R11, R12, R14, R15, R18, R25, R26	430Ω	J1	CON4

（续）

主控制器		主控制器		红外传感器	
位置	描述	位置	描述	位置	描述
C7, C8	极化电容	R5, R6, R8, R9, R19, R20, R21, R24	100kΩ	R1	IMΩ
CN1	CN-USB-MINI	R7, R27, R28	电阻	R2	10kΩ
D1, D4, D5, D6, D8, D9, D10, D11	LED	R10, R17, R22, R23	10kΩ	R3	75Ω
D2, D3	MSSIP5-E3/89A	R13	100Ω	R4	820kΩ
D7	IN4148	R29, R30	POT1	R5	1kΩ
FB1	FERRITE BD	S1	SW-SPDT	R6	100kΩ
J1, J2	MOLEX4	S2	SW DIP-4	U1	TCND5000_SENSOR
J3, J4	CON3	U1, U4	PESD5V2S2UT	U2	MCP6232
J5	CON2	U2	PIC18f4620		
J6	BK_SENSOR	U3	FT232R		
J7	PICKIT2	U5	5V Regulator-7805		
J8, J9	CON4	U6	MCP6001		
J10	CON2	Y1	CRYSTAL		

　　在对控制算法进行计算机编程之前，需要先设计机器人的工作原理或程序流程图（见图 5.3）来说明计算机编程的流程。机器人操作步骤如下：机器人通电后开始启动；电动机控制前进的运动，当驱动电动机开始运转时，机器人向前移动；在向前移动时，机器人不断地跟踪位于机器人前方（超声波传感器）和机器人底部（红外传感器）的输入信号。在一个典型的操作场景中，当遇到障碍物（或桌子的边缘）时，超声波传感器（或红外传感器）被激活，MCU 输入适当的信号给 H 桥电路，使驱动电动机逆时针旋转，驱动机器人反向避开障碍物。另外，当桌子的边缘被检测到时，红外传感器被激活。MCU 向 H 桥电路输入适当的信号，使驱动电动机逆时针旋转，从而引导机器人避开工作台边缘，防止机器人从桌子上掉下来。

　　接下来，为了便于原型测试、分析和改进，将程序下载到嵌入式处理器中，完成 C 程序代码，如图 5.4 所示。利用 C 程序设计了智能真空机器人，该程序有几个功能（如风扇电动机、LED），可以简化编程，使控制机器人所需的功能得到更系统的应用。PICkit2（见图 5.4a 和图 5.4b）开发编程器 / 调试器（PG164120）也是一个低成本的开发工具，具有更易使用的接口，用于编程和调试 Microchip Flush 系列的 MCU。全功能的 Windows 编程接口支持基线（PIC1OF、PIC12F5xx、PIC16F5xx），中端系列（PIC12F6xx、PIC16F）、PIC18F、PIC24、dsPIC30、dsPIC33 和 PIC32 系列的 8 位、16 位和 32 位 MCU，以及许多 Microchip 串行 EEPROM 产品。当 PICMCU 嵌入应用程序中时，电路中的调试会暂停并单步执行程序。当在断点处停止时，可以检查和修改相关文件寄存器。

　　将 PICkit2 连接到目标设备后，打开设备电源。双击 MAPLAB 图标从菜单中选择项目，然后单击 PICkit2。

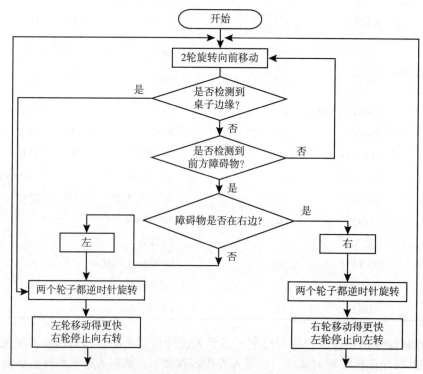

图 5.3　智能真空吸尘器机器人控制体系流程图

a）使用 PICkit2 的智能真空机器人

图 5.4　使用 PICkit2 的智能机器人及 MPLAB PICkit2

1–状态指示灯　3–挂绳连接　5–引脚1标记
2–按钮　　　　4–USB端口连接　6–编程连接器

b）MPLAB PICkit2

图 5.4　使用 PICkit2 的智能机器人及 MPLAB PICkit2（续）

5.2.2　程序设计与系统实现

智能真空机器人使用的 C 程序如以下代码所示。可以看出，该程序有多项功能，可以帮助用户简化编程，"用户代码"部分的程序代码如图 5.5 所示。

加载程序——快速指南

步骤 1　连接到 PICkit2，如图 5.4a 所示。

步骤 2　先构建程序，确保图 5.6 中的程序代码中没有错误。

步骤 3　重新建立与 PICkit2 的连接，如图 5.7 所示。

步骤 4　如图 5.8 所示，对设备进行编程。

本节旨在快速介绍 MPLAB-IDE v8.xx 的用户界面。此处并不打算讨论 MPLAB IDE 的所有细节，而是提供基本的理解，以便读者可以立即使用 MPLAB IDE。MPLAB-X IDE 的最新版本和详细信息可以从 http://www.microchip.com/mplab/mplab-x-ide 下载。

```
/********************** User Code Section **************
*****************************************************/
LATD = 0x00; // off all LEDs
_BUZZER = 0;
PWM_ct = 0;
SERVO = 0;
BUZZ();
SENSE = FALSE;
while(1)
    {
        if(_DS0 == 1 )
        {
            _FAN_MOTOR = 1;
            _LED1 = 1;
        }
        else
        {
            _FAN_MOTOR = 0;
            _LED1 = 0;
        }
        if((_IR_R == 0) || (_IR_L ==0) || (Ult_Val < 200))
        {
            Stop();
            BUZZ();
            Reverse();
            Delay10KTCYx(255);
            Delay10KTCYx(255);
            Delay10KTCYx(255);
            Delay10KTCYx(255);
            Turn_Right();
            Delay10KTCYx(255);
            Delay10KTCYx(255);
        }
        else
        {
            PWM0_VAL =-2000;
            PWM1_VAL =2000;
        }
        Calculate_Pulse();
    }
/***************************************************
```

图 5.5　C 程序代码

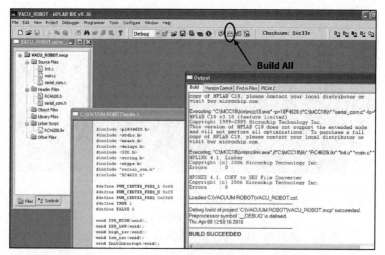

图 5.6　创建项目

图 5.7　连接到 PICkit2

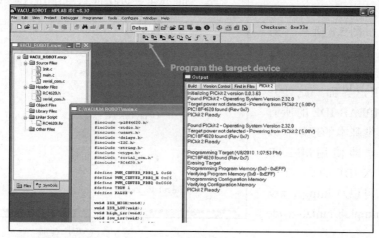

图 5.8　设备项目

在介绍了 MPLAB-IDE 环境之后，将提供创建原型源文件的指导，下面将对这些步骤进行总结：

- 设置开发模式。
- 创建一个新项目。
- 设置语言工具位置。
- 选择工具套件。
- 打开项目文件并配置项目窗格。
- 输入源代码。

为了更好地理解 MPLAB IDE 环境，读者可以通过双击 MPLAB 图标来调用程序，此时会出现如图 5.9 所示的 MPLAB IDE 桌面。

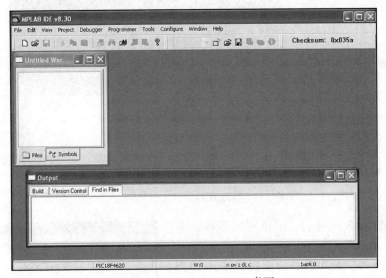

图 5.9　MPLAB IDE v8.30 桌面

MPLAB IDE 桌面包含如图 5.10 所示的主要元素：

- 顶部一行的菜单。
- 菜单下方的工具栏。
- 可以显示各种文件、窗口和对话框的工作空间。

要理解每个图标的功能，只需要将光标放在图标上面，其功能将显示在光标下面。

步骤 1　设置开发模式

在开始开发之前，读者需要选择设备并决定使用哪种开发模式。此处我们将只使用文本编辑器、模拟器和调试器。如图 5.11 所示。

- 如果需要选择设备，请选择 Configure → Select Device，将显示如图 5.11 所示对话框。从支持的可用处理器的下拉列表中选择 PIC18F4620，然后单击 OK。
- 当你想在 MPLAB 上模拟运行程序而不使用硬件时，使用 MPLAB SIM 模拟器作为开发模式。

- 当你想要在硬件上运行程序时，将使用 PICkit2 调试器作为开发模式。

我们将使用 MPLAB SIM，这是一款软件模拟器。稍后可以通过单击 Debugger → Select Tool 切换到任何模式，如图 5.12 所示。

要选择 MPLAB SIM 模拟器作为开发模式，请选择 Debugger → Select Tool → MPLAB SIM。

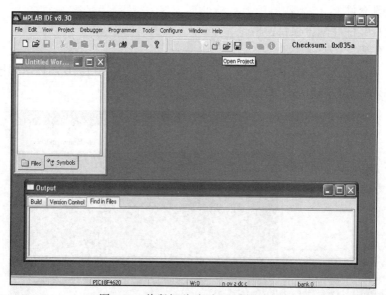

图 5.10　将鼠标移动到工具栏图标上

当选择 MPLAB SIM 后，应该可以看到以下变化：

- MPLAB IDE 窗口底部的状态栏应该变为 MPLAB SIM。
- 附加菜单项现在应该出现在 Debugger 菜单中，附加的工具栏图标应该出现在调试工具栏中。

步骤 2　创建一个新项目

设置好开发模式后，就可以开始模拟程序了。要运行模拟器，必须先创建一个源代码文件（例如，main.c）并成功编译源代码。编译器会生成一个十六进制文件。这个文件的扩展名是 .hex。在这个实验中，文件将被命名为 main.hex。

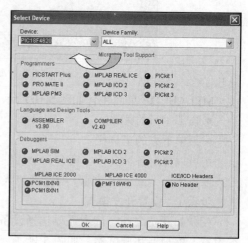

图 5.11　Select Device 对话框

- 首先，使用 Windows 资源管理器检查目录 C:\MCT Myproj 是否存在于你的计算机上。如果没有，就创建它。这将是你在其中创建项目时的默认项目目录。
- 要创建一个新项目，从菜单中选择 Project → New，将看到图 5.13 所示的对话框。为新项目输入一个名称（例如：lab1）并使用 Browse…按钮选择项目目录。输入所有内容后单击 OK 按钮。

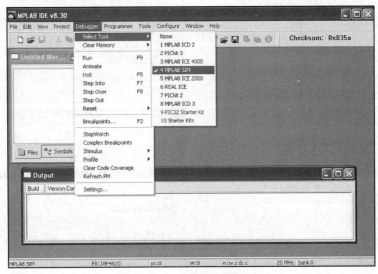

图 5.12　选择模拟器模式

步骤 3　设置语言工具位置

选择 Project → Set Language Tool Locations，以确认 Microchip C18 工具套件的位置。单击 MPLAB C18 C Compiler（mcc18.exe）。MPLAB C18 C 编译器的完整路径将出现在 Location 文本框中，如图 5.14 所示。如果路径不正确或为空，单击 Browse…按钮，找到 mcc18.exe，设置好必要的工具后，单击 OK 按钮。

步骤 4　选择工具套件

在开始编辑代码之前，需要设置所使用的语言工具套件。这使得 MPLAB IDE 可以更准确地对上下文敏感的编辑和文件扩展名进行调整。

选择 Project → Select Language Toolsuite 在对话框中设置 Active Toolsuite 为 Microchip C18 Toolsuite PICmicro 语言工具将出现在 Toolsuite Contents 下。请确保为图 5.15 中的 4 项选择正确的位置，选择后单击 OK 按钮。

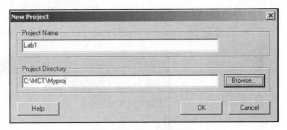

图 5.13　创建新项目

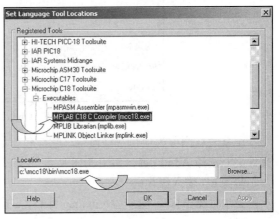

图 5.14　Set Language Tool Locations 对话框

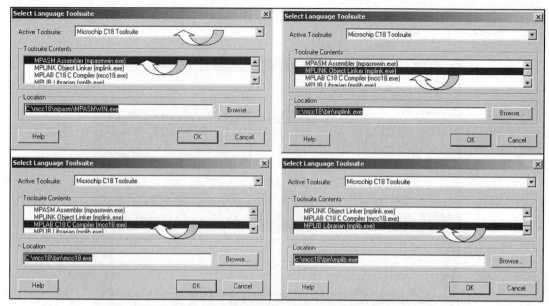

图 5.15　Select Language Toolsuite 对话框

步骤5　打开项目文件并配置项目窗格

- 选择 Project → Open，选择项目文件 VACU-ROBOT，单击 Open 按钮，如图 5.16 所示。
- 通过选择 Project → Sav to project 来保存项目。

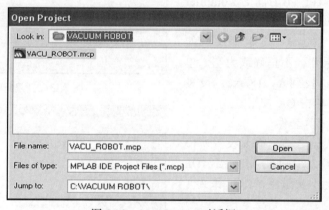

图 5.16　Open Project 对话框

屏幕的右侧称为项目窗格窗口，它应包含如图 5.17 所示文件。如果有缺失的文件，右击文件夹并选择 Add Files，如图 5.18 所示。

步骤6　输入源代码

在项目窗格窗口下，选择 main.c 并右击，选择 Edit，显示的界面如图 5.19 所示。

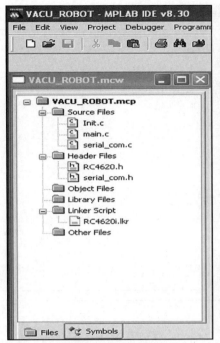
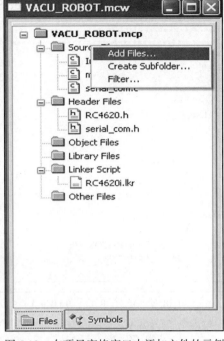

图 5.17　项目窗格窗口　　　　图 5.18　在项目窗格窗口中添加文件的示例

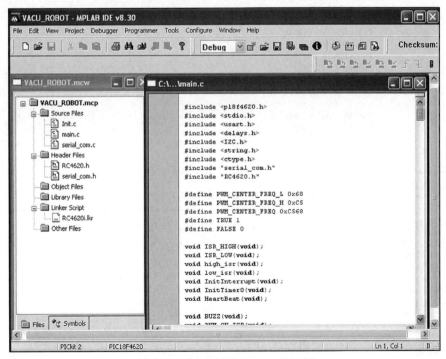

图 5.19　编辑源文件 main.c 的示例

将光标定位在 main.c 开头。在 User Code Section 窗口中准确地输入以下文本：

```
/*********************** User Code Section ***************
*******************************************************/
LATD = 0x00; // off all LEDs
_BUZZER = 0;
PWM_ct = 0;
SERVO = 0;
BUZZ();
SENSE = FALSE;

 while(1)
        {
                if(_DS0 == 1 )
                {
                        _FAN_MOTOR = 1;
                        _LED1 = 1;
                }
                else
                {
                        _FAN_MOTOR = 0;
                        _LED1 = 0;
                }
```

```
                if((_IR_R == 0) || (_IR_L ==0) || (Ult_Val < 200))
                {
                        Stop();
                        BUZZ();
                        Reverse();
                        Delay10KTCYx(255);
                        Delay10KTCYx(255);
                        Delay10KTCYx(255);
                        Delay10KTCYx(255);
                        Turn_Right();
                        Delay10KTCYx(255);
                        Delay10KTCYx(255);
                }
                else
                {
                        PWM0_VAL =-2000;
                        PWM1_VAL =2000;
                }
                Calculate_Pulse();
        }
/*********************************************************
****** End of User Code Section ********
*******************************************************/
```

完整的使用 PIC 程序代码设计的智能真空机器人系统如下：

```
#include <p18f4620.h>
#include <stdio.h>
#include <usart.h>
#include <delays.h>
#include <I2C.h>
#include <string.h>
#include <ctype.h>
#include "serial_com.h"
#include "RC4620.h"
```

```
#define PWM_CENTER_FREQ_L 0x68
#define PWM_CENTER_FREQ_H 0xC5
#define PWM_CENTER_FREQ 0xC568
#define TRUE 1
#define FALSE 0

void ISR_HIGH(void);
void ISR_LOW(void);
void high_isr(void);
void low_isr(void);
void InitInterrupt(void);
void InitTimer0(void);
void HeartBeat(void);

void BUZZ(void);
void PWM_ON_ISR(void);
void PWM_OFF_ISR(void);
void InitTimer1(void);
void ReadAnalogInput(char ch, far int* data);
void Calculate_Pulse(void);
void Reverse(void);
void Turn_Right(void);
void Stop(void);
```

```
#pragma udata MAIN_DATA
int HeartCount;
float f;
int buzz_ct;
int PWM_ct;

int  PWM0_Counter;
unsigned char* ptChar;
char SERVO;
int *POT0,p0;

int *POT1,p1;
int *U_Sensor, Ult_Val;
int PWM0,PWM1;
float pV0,pV1;
float p0_diff,p1_diff;
unsigned char SENSE;
char enter;
int  PWM0_VAL,PWM1_VAL;
#pragma udata

void main (void)
{
        char i;
/******* initialization ***********/
        RCONbits.IPEN = 1;
        INTCONbits.GIEH = 0;
        INTCONbits.GIEL = 0;
        Init();
        InitTimer0();
        InitTimer1();
        PWM0_VAL =0;
        PWM1_VAL =0;
        PWM0 = 0;
        PWM1 = 0;
```

```
        InitInterrupt();
        Init_Serial_COM(255); //9.6K
        OpenI2C(MASTER, SLEW_ON);
        SSPADD = 0x63;


/**************end of Initialization****/

/******************************************************
****** User Code Section ***************
******************************************************/
LATD = 0x00; // off all LEDs
_BUZZER = 0;
PWM_ct = 0;
SERVO = 0;
BUZZ();
SENSE = FALSE;
```

```
while(1)
    {

            if(_DS0 == 1 )
            {
                    _FAN_MOTOR = 1;
                    _LED1 = 1;
            }
            else
            {
                    _FAN_MOTOR = 0;
                    _LED1 = 0;
            }

            if((_IR_R == 0) || (_IR_L ==0) || (Ult_Val < 200))
            {
                    Stop();
                    BUZZ();
                    Reverse();
                    Delay10KTCYx(255);
                    Delay10KTCYx(255);
                    Delay10KTCYx(255);
                    Delay10KTCYx(255);
                    Turn_Right();
                    Delay10KTCYx(255);
                    Delay10KTCYx(255);
            }
            else
            {
                    PWM0_VAL =-2000;
                    PWM1_VAL =2000;
            }


            Calculate_Pulse();
    }

/******************************************************
****** End of User Code Section ********
******************************************************/
    while(1);
}
```

```
/********************************************************
Interrupt Serive Routines
********************************************************/
//#pragma code HIGH_INTERRUPT_VECTOR = 0x08
//void high_isr(void)
//{
//      _asm
//      //        goto    ISR_Read_UART
//      _endasm
//}
//#pragma code

#pragma code LOW_INTERRUPT_VECTOR = 0x18
void low_isr(void)
{
      _asm
            goto    ISR_LOW
      _endasm
}
#pragma code

#pragma interruptlow ISR_LOW
void ISR_LOW(void)
{
      ReadAnalogInput(0,U_Sensor);
      Ult_Val = *U_Sensor;
      ReadAnalogInput(1,POT0);
      p0 = *POT0;
      ReadAnalogInput(2,POT1);
      p1 = *POT1;

      if(INTCONbits.TMR0IF){
            InitTimer0();
            if(PWM_ct++ > 8)
            {
                  PWM_ON_ISR();
                  PWM_ct =0;


/********************************************************
End of Interrupt Serive Routines
********************************************************/
```

```
void InitInterrupt(void)
{
      RCONbits.IPEN = 1;
      INTCONbits.GIEH = 1;
      INTCONbits.GIEL = 1;

      INTCONbits.TMR0IF = 0;
      INTCON2bits.TMR0IP = 0;
      INTCONbits.TMR0IE = 1;

      PIR1bits.TXIF = 0;
      PIR1bits.RCIF = 0;
      IPR1bits.TXIP = 1;
      IPR1bits.RCIP = 1;
      PIE1bits.TXIE = 0;
```

```
        PIE1bits.RCIE = 1;


}


void InitTimer0(void)
{
        INTCONbits.TMR0IF = 0;
        T0CON = 0x01;                   // prescaler 4 over, 10Mhz  result in 2 5Mhz
                                        // timer value = 2.5ms * 2.5Mhz = 6250 = 0x186A
                                        // timer register = 0x10000- 0x186a = 0xE796
        //2.5ms interrupt
        TMR0H = 0xE7;
        TMR0L = 0x96;
        T0CONbits.TMR0ON = 1;
}

void InitTimer1(void)
{
        PIR1bits.TMR1IF = 0;
        PIE1bits.TMR1IE = 0;
        T1CON = 0; //internal 10MHz clock
        TMR1L = PWM_CENTER_FREQ_L ;
        TMR1H = PWM_CENTER_FREQ_H; //Center pulse width of 1.5ms

}
```

```
void HeartBeat(void)
{


        if(++HeartCount >= 400){
                HeartCount = 0;
                _LED0 = 1;
        }else{
                _LED0 = 0;
        }

        Serial_TimeOut++;
}

void BUZZ(void)
{
        _BUZZER = 1;
        Delay10KTCYx(100);
        _BUZZER = 0;
        Delay10KTCYx(50);
        _BUZZER = 1;
        Delay10KTCYx(80);
        _BUZZER = 0;
        Delay10KTCYx(50);
        _BUZZER = 1;
        Delay10KTCYx(40);
        _BUZZER = 0;


}

void PWM_ON_ISR(void)
```

```
{
        T1CON = 0;
        PIR1bits.TMR1IF = 0;

        if(SERVO == 0)
        {
                PWM0_Counter =  PWM0 + PWM_CENTER_FREQ + PWM0_VAL;
                ptChar = (unsigned char*)&PWM0_Counter;
                TMR1L = ptChar[0];
                TMR1H = ptChar[1];

                _SERVO0 = 1;
                SERVO = 1;
        }
```

```
        else{
                PWM0_Counter =  PWM1 + PWM_CENTER_FREQ + PWM1_VAL;
                ptChar = (unsigned char*)&PWM0_Counter;
                TMR1L = ptChar[0];
                TMR1H = ptChar[1];

                _SERVO1 = 1;

                SERVO = 0;
        }
        PIE1bits.TMR1IE = 1;
        T1CONbits.TMR1ON = 1;

}

void PWM_OFF_ISR(void)
{
        PIR1bits.TMR1IF = 0;
        PIE1bits.TMR1IE = 0;
        T1CONbits.TMR1ON = 0;
        _SERVO0 = 0;
        _SERVO1 = 0;
}

void ReadAnalogInput(char ch, far int* data)
{
        switch (ch){
                case 0: ADCON0=0b00000011;
                                break;
                case 1: ADCON0=0b00000111;
                                break;
                case 2: ADCON0=0b00001011;
                                break;
                default: ADCON0=0b00001011;
                                break;
        }
        while(ADCON0bits.GO);
        *data = ADRES;
}
```

```
void Calculate_Pulse(void)
{
        pV0 = p0 * 5/1023;
```

```
        p0_diff = 2.5 - pV0;
        PWM0 = p0_diff * 500;

        pV1 = p1 * 5/1023;
        p1_diff = 2.5 - pV1;
        PWM1 = p1_diff * 500;

}

void Reverse(void)
{
        PWM0_VAL = 2000;
        PWM1_VAL = -2000;
}

void Turn_Right(void)
{
        PWM0_VAL = 2000;
        PWM1_VAL = 2000;
}

void Stop(void)
{
        PWM0_VAL = 0;
        PWM1_VAL = 0;
}
```

5.2.3　测试

人们对真空机器人在地毯地板和桌面等不同位置进行了测试，如图 5.20 所示。在机器人上进行了硬件在环测试，它提供了一种在不确定环境下对系统进行微调的鲁棒方法，可以通过进一步的测试提高传感能力。例如，可以使用一个附加的传感器来检测灰尘级别的物体。可以通过安装垃圾袋来收集真空系统中的污垢，再安装外壳，以覆盖和保护电子器件以及电动机。

a）硬件在环测试期间的机器人　　　　　　　b）地面移动期间的机器人

图 5.20　硬件在环测试和地面移动期间的智能真空机器人系统

5.3　面向患者的远程温度传感系统设计

本节提到的内容可参考文献［3］。在 2003 年爆发 SARS（严重急性呼吸综合征）期间，医院成为大多数国家的治疗中心。患者体温是监测患者健康状态的一个重要参数，通常需要人工测量，频率从几小时一次到一天一次不等。然而，这样测量患者体温需要很多工作人员。此外，当患者出现体温突然变化的情况时，例如术后手术部位感染，但值班人员在下一次测温时才会知道患者体温发生了变化，这种延迟可能导致患者健康状态恶化，这是非常危险的，因为 1.5℃ 的体温变化就可能导致不良结果[4]。因此，人们需要一套监测系统，以提升医疗护理系统[5]的水平，例如使用无线远程温度监测系统，监测老年人以及需要帮助的人的体温。

体温可以反映患者在手术[6]或安装肩内假体[7]后的疼痛程度。在某些病例中，比如在使用微波肝消融[8]治疗肝转移时监测组织温度，则没有使用温度传感器，而是采用脉冲回波超声[9]来可视化体温的变化。此外，非接触式测温装置，如热成像摄像机[10]，在 SARS 爆发期间成功地用于检测人体体温。然而，给每个病房配备一台热成像摄像机是相当昂贵的。此外，市场上还有一些无线温度监测系统（如 CADI、Primex 和 TempTrak），它们使用人体传感器网络[11]来监测和存储病人的体温，用于医学研究。这些系统大多由一个电子模块和一个温度传感装置组成，包括一个独立的电子模块和一个显示屏，温度传感器数据通过一个安全的无线网络传输。

然而，购买和维护这些系统的成本可能相当高，重新配置这些系统以适应医院目前使用的数据库系统可能很难。目前系统使用基于短消息服务的远程医疗[12]系统和硬件设备是为了监测患者的活动能力。然而，用于管理信息和在手机上显示患者体温的适当硬件和软件不是很普及。

因此，需要一种利用无线温度传感器持续测量患者体温的医疗设备[13-14]。有了这样一个无线温度传感器系统，护士将不再需要手动测量患者的体温，这将节省出时间让护士去做其他工作，也减少了与传染性疾病患者（如 SARS）接触的风险。这些读数将被无线传输到中央护士站，在那里值班人员可以实时监控它们。此外，体温测量的当前数据和历史数据可以存储在一个在线数据库中，当医务人员不在医院时，也可以访问该数据库。

我们的目标是开发和实现一个体温监测系统，并将其无线远程连接到护士站，以进行频繁的实时监测。体温监测系统采用基于患者和协调器设置的设计方法，通过对患者体温的连续监测提升效率，提高医疗质量。

5.3.1　系统设计与架构

人的体温是决定个人健康程度的重要统计数据之一。正常的人体体温约为 37℃，其变化取决于年龄和地质条件[15]等因素。当人体不能通过散热来调节体温时，体温将高于正常水平，这种情况称为发烧。人类存活的最高体温记录是 45℃[16]。有 4 个位置[16]可用于测量体温：直肠（肛门）、口腔（口）、鼓室（耳）、腋窝（腋下）。直肠测量被认为是测量体温最准确的方法。每个位置的测量互有优劣。直肠测量是体温测量的首选方法。但是，因为我们的目标是通过无线方式持续跟踪患者的体温，所以腋窝测量是一个可行的选择。重要的是，该测量系统的临床相关温度偏差应该在 0.3~0.5℃ [17-18]，并识别出 0.1℃的人体体温变化。

为了实现腋窝温度的测量，无线远程温度监测系统设计（见图 5.21）包括 MiWi 无线收发器（MRF24J40MA）、PIC 微处理器（PIC18LF4620）/MCU、温度传感电路、患者装置（患者配戴）以及（护士站）设置的协调器，用于在患者和中心护士站之间进行数据协调。温度传感器将产生一个大小等于体温的输出电压。模数转换器（ADC）在微处理器中有 13 个模拟通道和 10 位分辨率来转换输出电压为数字值。患者的收发器将通过 MiWi 无线协议栈将该数字值传输到协调器的收发机。协调器 MCU 将温度读数通过 RS232 发送给计算机，RS232 将温度测量值记录并存储在数据库中。该无线温度监测装置能够对处于同一无线网络下的多个患者进行体温监测。

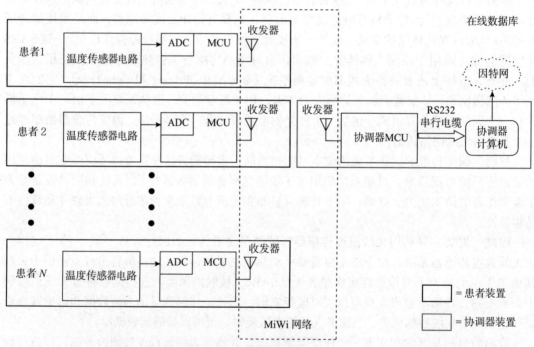

图 5.21　多患者－协调器装置设计方法整体框图

有一些无线和有线温度传感器可以用来监测患者的体温，然而将无线传感器直接应用于基于网络的远程体温监测还不是很普遍。通常，温度分辨率约为 ±0.2℃，量程范围为 25~60℃。然而在体温监测中，需要 ±0.1℃的分辨率。由于记录的存活体温最高为 45℃，因此温度传感器所需的温度范围减小了。在初始原型中，使用了非医疗级的 LM35CAZ（来自 http://www.ti.com/lit/ds/symlink/lm35.pdf）温度传感器（见图 5.22），最大测量范围为 45℃，同一楼层的网络覆盖范围为 35m（最小）。所使用的温度传感器仅从其电源中提取 60μA。因此，与医用级传感器相比，它唯一的优势是低功耗。尽管如此，只要在硬件和软件上稍加改动，传感器就可以被任何医用级温度探头（如鼓膜探头或标准的皮肤贴探头）所应用。

建议的温度传感器的输出为 10mV/℃，需要 3.3V 供电电压。由于温度传感器的输出为 10mV/℃，因此传感器与 ADC 的直接连接将导致大约 0.32℃ 的量化误差。为了减小这种量化误差，将引入放大器，但是没有超过传感器输出电压的量程。ADC 的最大输入电压为 3.3V，传感器的最大理论输出为 0.45V（或 45℃）。在这种情况下，选择放大 5（而不是 7.3）以防止 ADC 输入电压的值高于 3.3V。通过此增益，ADC 的输入电压变为 50mV/℃。因此，量化误差减小到 0.064℃（四舍五入到 0.1℃）。此量化误差级别给出了最低有效数字或 0.1℃ 的温度测量分辨率。图 5.22 显示了用于放大温度传感器输出信号以达到所需分辨率的同相放大器电路设计。

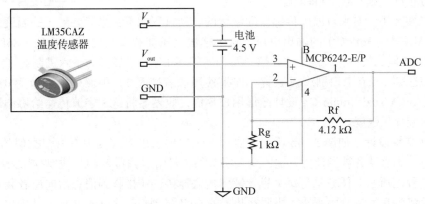

图 5.22　放大器电路设计

患者装置设计　患者装置主要由三部分组成，分别是温度传感器电路、MCU 和收发器。电子元件安装在一个小 PCB 板上，并连接到患者的 MCU。如图 5.23 所示，进行体温监测时，将装置（在外壳内）绑在患者的手臂上。

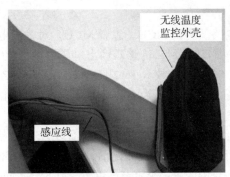

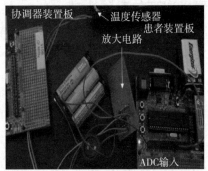

a）绑着温度监测系统原型的患者　　　　b）绑着温度监测系统原型的电路板

图 5.23　绑着温度监测系统原型的患者和电路板

最初只使用了两组患者装置。当患者装置中的 MCU 打开时，它将使用无线协议栈与设置的协调器建立连接。在初始阶段，MiWi 的简单无线通信使用方案被用于实现低成本和低功耗的无线控制网络（与大约 30mW 的 ZigBee 相比，其电池使用量为 $95\mu W \sim 115\mu W$）。

将 MiWi 无线收发模块（MRF24J40MA-2.5GHz IEEE 802.15.4）安装在载波板上。为了方便配置和监控数据包交互，使用 ZENA 无线网络分析仪（DM183023）和软件。图 5.24（顶部）显示了在 ZENA 无线网络分析仪上查看传输消息的示例。第一行指示患者节点试图加入网络，第二行指示协调器将患者节点识别为网络成员。

因为 ADC 为 10 位，所以输出可以分为两个寄存器（2 字节）。2 字节的数字输出值被发送到协调器装置，并附加 1 字节，以显示哪个患者装置正在发送数据。有时，MiWi 无线网络可能会出现中断或者故障，从而阻止协调器接收来自患者的数据。为了解决这个问题，使用 16 位（或 2 字节长）的循环冗余校验（CRC）来确定在传输期间传输的包是否有效。例如，如果整组位正确，则 CRC 值将匹配。

在患者装置中，对来自温度传感器的温度的转换过程如下：患者装置 1 的温度传感器将产生 0.365V（对应 36.5℃）的输出电压。这个输出电压被放大 5.12 倍，达到 1.868V。然后 ADC 将电压转换成数值存入两个寄存器，每个寄存器 1 字节（转换为十六进制），得到 0246。随后，MCU 添加字节来识别患者装置。如果使用患者装置 1，则额外的字节为 01。随后，通过 Microsoft Visual Studio C# 设计图形用户界面，收发器将这 3 字节传输给协调器 MCU，并在计算机上显示温度。

协调器装置设计　如图 5.24b 所示，协调器装置要求患者装置中有一个类似的 MCU 和收发器。每个患者装置被设计为发送一个 3 字节的消息给协调器 MCU。协调器的 MCU 执行任务，如流程图所示。任务是与每个患者装置建立连接，在接收到消息后向患者装置发送确认字节，并将消息发送给协调器。协调器装置的 GUI 将创建一个文本文件，其中包含一天的温度读数。该文件存储在本地 PC 文件夹中，包含所有的温度数据、患者姓名（带有序列号或患者编号）和时间戳。图 5.24 显示了患者的温度分布。然后计算统计信息，例如某一时间段的平均值和标准差。该信息显示在协调器患者装置附近的工作人员计算机上。

5.3.2　程序设计与系统实现

实验室硬件装置包括温度传感器、放大电路、协调 MCU、患者 MCU。对输出电压进行了校准，并与数字温度计读数进行了比较。我们观察到，传感器输出电压可以产生 ±0.1℃ 的容差水平。此外，放大电路的输入电压为 307.4mV，放大 5.12 倍至 1.574V，在 ZENA 网络分析仪上显示 ADC 过程的结果，ADC 将输入电压转换为 20.3℃ 的十六进制，如图 5.24a 所示。测试表明，患者 MCU 中的 ADC 转换过程能够正确测量温度。

如前所述，患者 MCU 将 3 字节消息发送给协调器 MCU。为了测试此功能，患者装置每隔几秒将消息发送给协调器以处理消息。在按下按钮且 CRC 为正之前，协调器 MCU 不会发送确认消息。如图 5.24a 所示，另外一名患者的消息中的第一个字节已更改，以区分不同的患者。图 5.24 还显示了协调器（源地址在有效负载部分以 01 结尾）能够接收来自多个患者的消息。

MRF24J40MA 收发器的网络覆盖范围在一所学校的校园进行测试。协调器 MCU 被放置在一个房间里，而患者 MCU 被放置在走廊上。协调器 MCU 每隔几秒发送一条消息。信号可以在视线清晰的情况下传输到近 50m 的距离。除了测试室内网络覆盖之外，数据表中提供的 120m 的范围在环境温度为 26℃ 的室外测试中得到了验证。

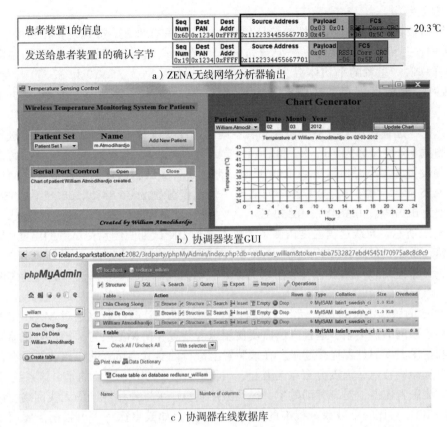

a）ZENA无线网络分析器输出

b）协调器装置GUI

c）协调器在线数据库

图 5.24　ZENA 无线网络分析器输出、协调器装置 GUI 和协调器在线数据库

5.3.3　测试

实验者在 3 位患者身上对前面提出的无线远程温度监测装置进行了测试。在测试前，实验者已获得三名受试者的同意。使用图 5.24b 中协调器装置（护士站）的 GUI。协调器装置通过 RS232 串口电缆连接到协调器 MCU。每当协调器 MCU 收到温度读数消息时，就将该消息发送给协调器的计算机。单击 Open 按钮打开串口，让协调器计算机开始接收来自协调器 MCU 的数据。单击 Update Chart 按钮后，GUI 读取并生成该特定患者和日期的温度记录图表。一旦接收到消息，GUI 将输入转换为实际的温度读数。

用户可以分配一个带有住院序列号的患者名字。一旦分配，带有序列号的患者名字将应用于数据库中的本地文件夹。图 5.24c 为受试者的体温记录，该记录保存在文本文件中，数据格式为"温度 - 时间"。

在护士站中，实现在线数据库时使用的主要是 MySQL 数据库和 PHP 脚本。这里使用了一个名为 sparkstation.net 的在线主机服务器。每组患者信息包括由协调器创建的温度、时间和日期。为了正确操作该系统，护士接受了检索和提供正确患者信息的培训。还有一个额外的功能就是用不同的颜色来表示发高烧的患者。此外，如果出现明显的标准差（或斜率增大），则会触发警报。

用于评估数据的变化和可靠性的统计信息（如均值和标准差）被确定。在初始实验中，在 20 分钟内，每隔 2 分钟进行一次记录和采样，以测试所提出的系统。随后的温度记录每小时采样一次。患者的平均体温为 36.642（95% 置信区间为 35.913 和 37.371）。标准差为 1.019（95% 置信区间为 0.701 和 1.860），中位数为 36.99（95% 置信区间为 36.054 和 37.267）。

此外，无线远程体温监测系统还在 3 名不同的男性受试者（P1、P2 和 P3）上进行了为期 3 天的测试（分别命名为 D1、D2 和 D3），受试者的年龄从 28 岁到 30 岁不等。每次测量之间的间隔设置为 1 小时，从凌晨 1:00 开始。记录 3 名受试者的体温并绘制在时间序列图上，如图 5.25 所示。P1、P2、P3 各日的估计平均温度分别为 36.84℃、36.75℃、37.81℃，标准差分别为 0.368℃、0.364℃、0.352℃。

如图 5.25 所示，无线远程温度监测系统可以在整个测试期间测量受试者的温度（即，在封闭的建筑环境中，最高标准差约为 0.368℃（在 0.3℃~0.5℃范围内）[17-18]，小于 1.5℃）。综上所述，该系统可以测量体温（分辨率为 0.1℃，标准差为 0.368℃），并能识别体温最高的患者。

基于 Web 的腋窝温度传感器无线远程温度监测装置，其温度数据通过 MiWi 无线协议发送到连接互联网的护士站。这种方法需要使用患者装置和协调器装置，该设计将监测、传输、警报和记录温度的过程连接起来。在该装置上进行的实验测试表明，该装置具有良好的性能：提供远距离覆盖，温度分辨率为 0.1℃，标准差为 0.37℃。重要的是，该系统可以 24 小时持续监测患者体温，提高劳动效率，提升医疗质量。可以使用不同的无线网络协议，如 ZigBee 和 WiFi，对比一下效果。标准的医用温度探头，如鼓室探头等可根据需要用于医院的最终实施方案。

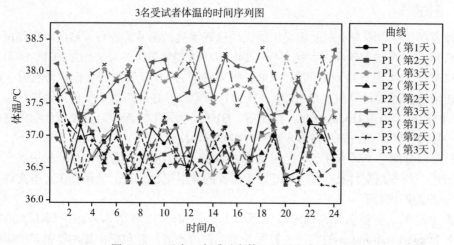

图 5.25　3 天内 3 名受试者体温的时间序列图

5.4 爬壁机器人系统设计

利用干燥黏合剂作为爬升机构的爬壁机器人是非常有用的，因为仿生黏合剂可用于不同的应用，如监测、核反应堆清洁和维护。本节我们将开发一种类似坦克的爬壁机器人，它可以攀爬大部分墙壁的表面。我们将用带有纳米级纤毛的仿生黏合剂制成爬坡用的履带。爬壁机器人是一种可以从地面移动到墙壁表面的机器人。市面上有很多不同类型的爬壁机器人，有的利用磁力机构攀爬金属墙壁，有的利用吸气机构攀爬，科学家和工程师一直对蜥蜴攀爬墙壁的方式很感兴趣。例如，这种爬壁机器人在灾难发生时将非常有用，因为它可以在不危及消防员生命的情况下搜索燃烧的高层建筑，提供鸟瞰图和人员伤亡位置。

真空吸力是爬壁机器人设计中最常用的爬升机构之一[19]。利用真空吸力，爬壁机器人将具有很强的附着力。利用真空吸力的缺点是需要强大的电动机来实现可观的真空吸力。电动机运转时噪声会很大。静电黏附创造了一种电可控的黏附技术[20]，利用连接到移动机器人的兼容垫上的电源，在墙壁上诱导静电电荷[20]。它可以通过远程的静电电荷，以电子方式开关。静电黏附的缺点是需要外部电源为静电电路供电。虽然诱导电荷的功率很小，但仍然需要外部电源。

在本节中，爬升机构使用壁虎橡胶垫或仿生黏附。它有蘑菇帽形状的、粗细类似人类头发的微小橡胶毛。这些凸起使得机器人能够利用"范德华力"爬上墙壁表面。范德华力是研究分子、原子和表面之间相互吸引的理论，以及其他分子间的作用力[21]，爬壁机器人使用的壁虎橡胶垫如图 5.26 所示。

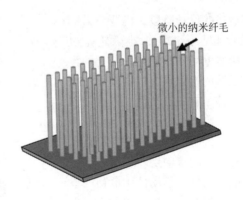

微小的纳米纤毛

图 5.26 纳米纤毛模仿蜥蜴脚

（引自 http://www.nisenet.org/scientific-images/nanotube_mimicking_gecke_feet）

在各种爬壁机器人的设计中也使用了电磁黏合剂[20]。它们有一个主导附着力，这个力的大小取决于电磁电路的规格。当它在不同的表面上移动时，只需轻轻一按开关就可以关闭和打开。爬升机构中也可以使用永磁体，它们不依赖外部电源来产生磁力。稀土磁铁是由稀土元素合金制成的最耐用的永磁体，它们比其他类型的磁铁，如铁氧体或铝镍钴磁铁更强。稀土磁铁主要有两种类型：钕磁铁和钐钴磁铁。稀土磁铁极其易碎，容易被腐蚀。因此，它们通常被涂上一层保护材料。选择钕磁铁是因为它们在消费市场上很容易买到。一个尺寸为2.54cm×2.54cm×0.635cm的小钕磁铁，可以拉起的重量约为12.52kg。

采用真空吸附、静电附着、电磁附着原理的机器人需要使用外部电源才能爬墙，外部电源将增加负载。然而，使用这种仿生黏合剂不需要外部电源，进而减少了总体负载。电附着的缺点是当需要携带较重的物体时，需要较大的接触面积来增加其附着力。对于仿生黏合剂来说，唯一的缺点是为了增加其附着力，会使用比纳米量级更小的纤毛。因此，我们选择了仿生和永磁两种黏合剂。该仿生附着体可攀爬大部分表面，包括粗糙的或光滑的表面，而这种永磁体在攀爬金属墙壁时能提供额外的附着力，表5.2列出了不同类型黏附方法的比较。

表 5.2　不同类型黏附方法的比较

爬升机构	外部电源	爬升所需的外部组件	其他因素
电黏合剂	低功耗	产生静电的特殊材料	需要更大的表面接触面积来携带更重的有效负载
真空吸力	需要电源	电动机需要产生真空吸力	产生巨大的噪声
仿生黏合剂	不需要电源	不需要	没有遇到
电磁黏合剂	需要电源	需要优良的磁性材料来产生由电产生的磁力	只能攀爬金属墙
永磁黏合剂	不需要电源	需要强大的电磁场以获得强大的附着力	只能攀爬金属墙

5.4.1　系统设计与架构

在最初的设计阶段，机器人采用四轮设计（见图5.27），小磁轮是机器人攀爬墙壁时的接触点，最初的设计没有足够的接触点，机器人无法携带重型部件，它的机动性也很有限因此需要对初始原型的设计进行改进。

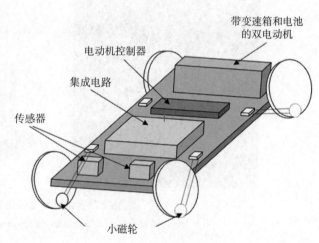

图 5.27　原型设计1等距图

如图5.28所示，改进后的原型设计2有更多的接触点。它可以携带更多的电子元件，移动性比最初的设计更好。它也有一个较低的重心，以减少机器人在攀爬垂直墙壁时的重力影响。磁性车轮从最初的设计中移除，用壁虎橡胶垫轨道来代替，以实现攀爬功能。

如图5.29所示，原型设计3由前车身和后车身组成。机器人采用单一机体结构设计，可以爬上垂直的墙壁，克服墙角带来的攀爬障碍。后车身的功能是在转弯时支撑前车身。连杆足够灵活，可以转动90°。

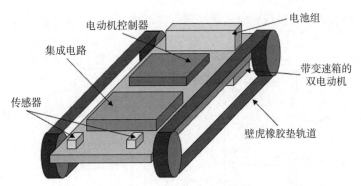

图 5.28　原型设计 2 等距图

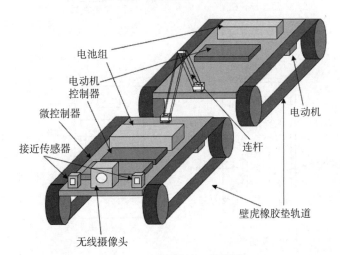

图 5.29　原型设计 3 等距图

　　继续对机器人的爬升机构进行改进。在机器人底部附近安装磁铁以帮助攀爬。电子设备的位置被修改了。如图 5.30 所示的原型设计 4 是爬壁机器人的最终设计。

　　图 5.31～图 5.33 所示的钕磁铁安装在爬壁机器人前后车身的底部前端，电池被放在后车身以提供必要的电力。电动机和变速箱固定在后车身而不是前车身，以提供额外的推力。整体设计效果是一个小巧轻便的爬壁机器人。

　　完成的爬壁机器人设计如图 5.33

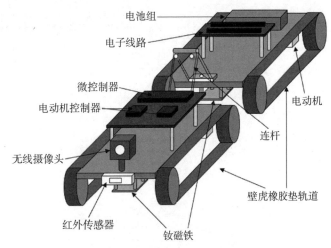

图 5.30　原型设计 4 等距图

和图 5.34 所示。机器人的目标是从水平表面移动到垂直表面，如图 5.35 所示。连杆使机器人能平稳地移动。然而，要实现这一点，需要进行以下计算。

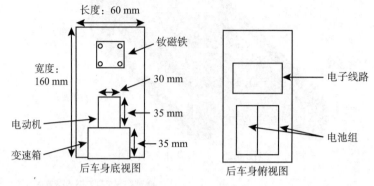

图 5.31 后车身规格

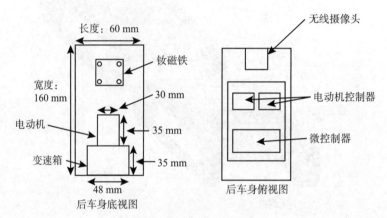

图 5.32 前视图规格

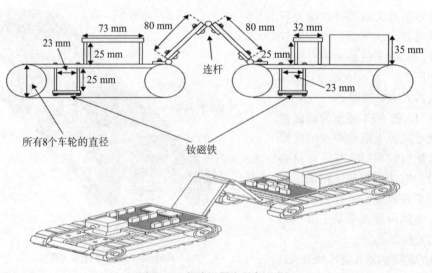

图 5.33 爬壁机器人的侧面图

图 5.33　爬壁机器人的侧面图（续）

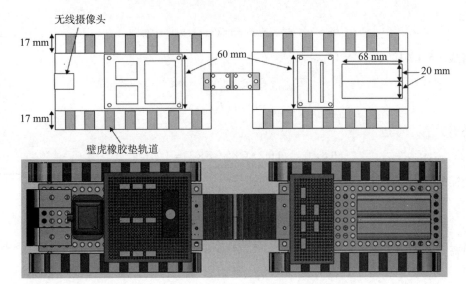

图 5.34　爬壁机器人的俯视图

从设计规范来看，所需速度约为 0.1m/s，加速度约为 0.1m/s²。当车轮半径为 30mm 时，车轮角速度为

$$v = \omega r = 0.1\text{m/s}$$
$$\omega = \frac{v}{r} = \frac{0.1}{0.03} = 3.33\frac{\text{rad}}{\text{s}} = 31.8\text{r/min} \qquad (5.1)$$

机器人前车身的估计质量为

$$M_{\text{body}} + M_{\text{battery}} + M_{\text{motors+gearbox}} + M_{\text{electronics}} = 250\text{g} + 150\text{g}$$
$$+ 200\text{g} + 200\text{g} = 800\text{g} \qquad (5.2)$$

在图 5.36 中，假设摩擦系数 $\mu = 0.2$，摩擦力变为

$$F_{\text{friction}} = \mu N = \mu \times (N_1 + N_2) \qquad (5.3)$$

其中 N 为爬壁机器人的法向接触力，为 $N_1 + N_2 = 800\text{g}$，根据牛顿第二运动定律：

$$\sum F_x = ma \qquad (5.4)$$

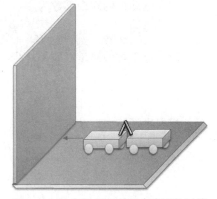

图 5.35　从水平表面到垂直表面的过渡

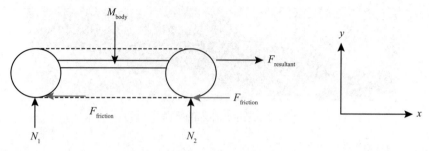

图 5.36 攀爬机器人前车身自由体示意图

将式（5.3）代入式（5.4），得到

$$F_{\text{resultant}} - \left(F_{\text{friction}} \times 2\right) = ma \tag{5.5}$$

$$F_{\text{resultant}} = ma + \left(F_{\text{friction}} \times 2\right) \tag{5.6}$$

合力 $F_{\text{resultant}}$ 变成：

$$(0.8 \times 0.1) + (0.2 \times 0.8 \times 9.8 \times 2) = 3.216\text{N} \tag{5.7}$$

所需的最大转矩近似为

$$T_{\max} = F_{\text{resultant}} \times r \tag{5.8}$$

$$T_{\max} = 3.216 \times 30 \times 10^{-3} = 0.096\text{N}/\text{m} \tag{5.9}$$

所需功率如下：

$$P_{\text{required}} = \omega T_{\max} \tag{5.10}$$

$$P_{\text{required}} = 3.33 \times 0.096 = 0.319\text{W} \tag{5.11}$$

增大电动机的安全系数为 2：

$$P_{\text{required}} = 2 \times 0.319 = 0.638\text{W} \tag{5.12}$$

由于后车身的质量比前车身小，因此所需的转矩和功率如下（见图 5.37）：

$$F_{\text{friction}} = \mu N = \mu \times N_2$$
$$N_2 = 400\text{g} \tag{5.13}$$

根据牛顿第二运动定律：

$$F_{\text{resultant}} - \left(F_{\text{friction}} \times 2\right) = ma \tag{5.14}$$

$$F_{\text{resultant}} = ma + F_{\text{friction}} = \left(0.8\sin45° \times 0.1\right) + \left(0.2 \times 0.4 \times 9.8 \times 2\right)$$
$$= 1.624\text{N} \tag{5.15}$$

因此，所需的最大转矩变为

$$T_{\max} = F_{\text{resultant}} \times r = 1.624 \times 30 \times 10^{-3} = 0.048\text{N}/\text{m} \tag{5.16}$$

所需功率如下：

$$P_{\text{required}} = \omega T_{\max} \tag{5.17}$$

$$P_{\text{required}} = 3.33 \times 0.048 = 0.159\text{W} \tag{5.18}$$

将电动机的安全系数设置为 2，如下所示：

$$P_{\text{required}} = 2 \times 0.159 = 0.319\text{W} \tag{5.19}$$

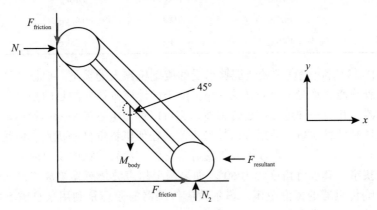

图 5.37　机器人从水平表面过渡到垂直表面的自由体图

根据计算的转矩和功率，对两台电动机进行了比较，各电动机所需规格见图 5.38。

模型		电压		无负载		在最大效率下					失速		
		工作范围	名义上的	速度	电流	速度	电流	转矩		输出	转矩		电流
			V	r/min	4	r/min	A	mN.m	g.cm	W	mN.m	g.cm	A
FF-130SH	14230	2.5~10	6	7400	0.05	6060	0.23	1.20	12.3	0.76	6.67	68	1.03

图 5.38　Mabuchi 电动机规格

（引自 https://product.mabuchi-motor.com/detail.html?id¼425）

Mabuchi 电动机 FF-130RA-18100 在最大效率时消耗 0.56A 电流，由于电动机需要更多的电流，这就意味着需要一个强大的电池，但它会影响机器人的整体重量。因此，Mabuchi 电动机 FF-130SH-14230 是一个更好的选择，因为它在最大效率时仅消耗 0.23A 的电流。对于爬壁机器人来说，FF-130RA-18100 的速度没有 FF-130SH-14230 快。变速箱采用了 Tamiya 70097 双电动机变速箱套件。变速箱有两个传动比，即 58∶1 或 204∶1。对于爬壁机器人来说，从地面到壁面的移动需要较大的转矩。因此，204∶1 这个传动比被用来获得更高的转矩。根据前面的计算，所需转矩为 0.096N/m，安全系数为 2，所需功率为 0.638W。因此，当传动比为 204∶1 时，双电动机变速箱组件产生的转矩为 $1.20 \times 10^{-3} \times 204 = 0.2448\text{N/m}$。

如图 5.38 所示，来自双电动机变速箱套件的转矩高于要求。从 Mabuchi 电动机规格表中可以看出，每台电动机的输出功率为 0.76W。由于每个机身使用两台电动机，所以两台电动机的输出功率为 1.52W，它高于 0.638W 的计算输出功率。为了验证壁虎橡胶垫轨道能够承受的爬壁机器人的重量，这里进行了一些简单的实验测试。选取不同的墙面进行实验，如表 5.3 所示。

表 5.3　壁虎橡胶垫附着力测试结果

场景	第一次实验	第二次实验	第三次实验	平均
木材表面	1.03kg	1.04kg	1.05kg	1.07kg
金属表面	1.16kg	1.15kg	1.18kg	1.16kg
混凝土表面	1.02kg	1.01kg	0.90kg	0.97kg
玻璃表面	1.40kg	1.37kg	1.38kg	1.38kg

从表 5.3 中可以看出壁虎橡胶垫能够承受的爬壁机器人的重量。根据估计，在不同的墙面上，壁虎橡胶垫能够承受的重量约为 1kg。由于设计该机器人的目的是自主导航，因此配备了几种传感器。其中一种是磁接近传感器，它可以利用电磁场来探测物体。选择接近传感器的原因是它具有可靠性高、使用寿命长且不需要任何机械部件等优点。但是，它最短的传感距离只有 15mm。声波可以通过传感器发射器发出，然后从物体反射回来。超声波传感器的缺点是视野狭窄，其视野角度约为 60°。如果两个超声波传感器被放置得比较近，那么视野会重叠，影响传感器的探测范围。霍尔效应传感器的原理是利用来自磁场的感应电流产生与磁场强度成比例的输出电压，从而可以探测到通过其磁场的物体。红外传感器根据红外 LED 反射光线的强度来检测物体的接近程度。LED 发射红外线，物体的反射光被光阻晶体管（接收器）接收。虽然它在近距离检测中效果很好，但是环境照明的数量会影响光阻晶体管的精度，进而影响测量精度。霍尔效应传感器的分辨率高，磁传感器具有较高的精度和可靠性，但传感距离过短。虽然激光传感器的精度最高，但价格太贵。因此，最后本项目选用夏普 2Y0A41SK 的红外传感器，不同传感器的比较见表 5.4。

机器人的主体采用了 Tamiya 的万能板，该板由丙烯腈 - 丁二烯 - 苯乙烯塑料制成，能够承受组件的重量。平板上的孔非常有用，通过这些孔可以快速地将各种部件安装在机器人身上，而且轻巧耐用，可以承受组件的重量。

表 5.4　传感器的比较

传感器	成本	易用性	精度
激光传感器	非常高	简单	非常高
超声波传感器	中等	中等	高
红外传感器	低	简单	中等高
霍尔效应传感器	低	中等	低
磁接近传感器	中等	中等	低

5.4.2　程序设计与系统实现

这里采用 PIC18F4520 作为爬壁机器人的 MCU，使用了同样的 MPLAB IDE。程序流程图如图 5.39 所示。爬壁机器人将（逆时针方向）离开它下面的洞或缝隙。缝隙将被红外传感器检测到。通过 MPLAB IDE 和编译器将编写好的详细的程序下载到 PIC18F4520 中，MPLAB IDE 的用法可以在 5.1 节找到。

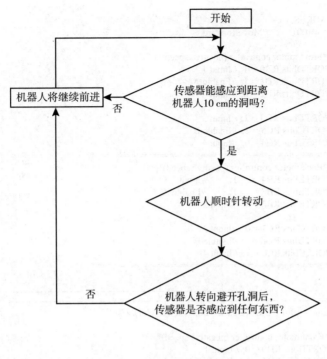

图 5.39　爬壁机器人流程图

爬壁机器人的 PIC 程序代码如下:

```c
#include <p18f4520.h>
#include <delays.h>
int result;

void main(void)
{
        TRISA = 0x01;               //RA0 as sensor input
        TRISB = 0x00;               //Initialize port B as outputs
        TRISC = 0x00;               //Initialize port C as outputs
        TRISD = 0x00;               //Initialize port D as outputs

        /*ADC Module setup*/
        ADCON1bits.PCFG = 1110;     //Select AN0
        ADCON1bits.VCFG0 = 0;       //Vref +Source
        ADCON1bits.VCFG1 = 0;       //Vref -Source
        ADCON0bits.CHS = 0000;   //Select analog channel 0, RA0

        ADCON2bits.ADCS = 010;   //ADC conversion clock FOSC/32
        ADCON2bits.ACQT = 001;   //ADC Conversion clock 2TAD
        ADCON2bits.ADFM = 1;     //ADC Result format select bit Right justified
        ADCON0bits.ADON = 1;     //ADC conversion module enabled
        while(1)
        {
            /*Sensor program*/
            ADCON0bits.GO = 1 ;             //ADC conversion in progress
            while(ADCON0bits.GO == 1);      //wait for conversion to finish
            //ADCON0bits.ADON = 0;   //Turn off ADC module
```

```
result = ADRES;
if(result >= 100)          //Move forward
{
        /*Front motor controller (positive speed)*/
        PORTDbits.RD0 = 1; //Input 1
        PORTDbits.RD1 = 1; //Enable A
        PORTDbits.RD2 = 0; //Input 2

        PORTDbits.RD3 = 1; //Input 3
        PORTCbits.RC5 = 1; //Enable B
        PORTCbits.RC4 = 0; //Input 4
        /*==========================================*/
        /*Back motor controller (positive speed)*/
        PORTBbits.RB4 =      1;         //Input 1
        PORTBbits.RB3 =      1;         //Enable A
        PORTBbits.RB2 = 0; //Input 2

        PORTCbits.RC7 = 0; //Input 3
        PORTDbits.RD4 = 1; //Enable B
        PORTCbits.RC6 = 1; //Input 4
        /*==========================================*/
}
```

```
else if(result < 100)     //Move backwards and turn clockwise
{
        /*Front motor controller (negative speed)*/
        PORTDbits.RD0 = 0; //Input 1
        PORTDbits.RD1 = 1; //Enable A
        PORTDbits.RD2 = 1; //Input 2

        PORTDbits.RD3 = 0; //Input 3
        PORTCbits.RC5 = 1; //Enable B
        PORTCbits.RC4 = 1; //Input 4
        /*==========================================*/


        /*Back motor controller (negative speed)*/
        PORTBbits.RB4 = 0;          //Input 1
        PORTBbits.RB3 = 1;          //Enable A
        PORTBbits.RB2 = 1;          //Input 2

        PORTCbits.RC7 = 1; //Input 3
        PORTDbits.RD4 = 1; //Enable B
        PORTCbits.RC6 = 0; //Input 4
        /*==========================================*/
        Delay1KTCYx(250);

        /*Front motor controller (Turn clockwise)*/
        PORTDbits.RD0 = 1; //Input 1
        PORTDbits.RD1 = 1; //Enable A
        PORTDbits.RD2 = 0; //Input 2

        PORTDbits.RD3 = 0; //Input 3
        PORTCbits.RC5 = 1; //Enable B
        PORTCbits.RC4 = 1; //Input 4
        /*==========================================*/
                /*Back motor controller (Stop back body from moving)*/
        PORTBbits.RB4 = 1;          //Input 1
        PORTBbits.RB3 = 0;          //Enable A
```

```
            PORTBbits.RB2 = 0;        //Input 2

            PORTCbits.RC7 = 1; //Input 3
            PORTDbits.RD4 = 0; //Enable B
            PORTCbits.RC6 = 0; //Input 4
            /*=================================================*/
        }
    }
}
```

　　电动机控制器是用来控制电动机性能的装置，可以启动和停止电动机，控制正反转，调节速度。L298 是高电压、大电流双全桥驱动集成电路，它可以驱动感应负载，如螺线管、继电器、DC 和步进电动机。一台 L298 可以驱动两个电动机，输出电流为 2A，电压从 4.5V 到 36V。L293 是一个四倍大电流半 H 桥驱动器，驱动电感负载，如螺线管、继电器和双极步进电动机。它可以在 4.5V 到 36V 的电压下产生 1A 的输出电流。L293 的输出电流为 1.2A，L298 的输出电流为 2A。根据 Mabuchi 电动机数据表，每个电动机需要拉低 0.66A，这意味着 L298 可以产生足够的电流来驱动电动机。如图 5.40 所示，将壁虎橡胶垫切成小矩形块并粘在轨道上，需要注意的是壁虎橡胶垫会发生磨损。

壁虎橡胶垫

图 5.40　履带与壁虎橡胶垫

　　一个简单的电路如图 5.41 和图 5.42 所示。无线摄像机安装在机器人的前车身上。主电池用完后，无线摄像机仍然可以运行。红外传感器被放置在无线摄像机的下方，以检测靠近传感器的任何前方物体。电子电路原理图如图 5.43 所示。

　　红外传感器需要对其输入 - 输出进行校准，即检测到的电压与距离。一个简单的传感器校准实验如图 5.44 所示。

电动机控制器

微控制器

图 5.41　电子线路板概览

图 5.42   机器人的正视图

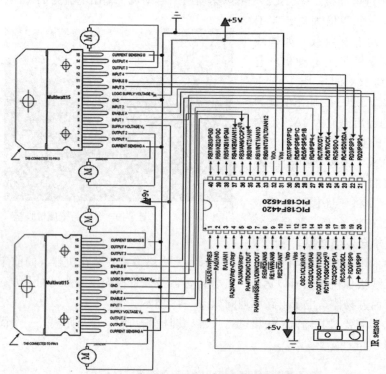

图 5.43   电子电路原理图

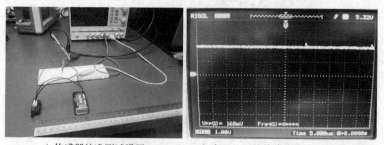

a) 传感器校准测试设置   b) 在 0.5cm 处传感器输出电压的波形

图 5.44   传感器校准测试设置和在 0.5cm 处传感器输出电压的波形

　　传感器的输出电压如图 5.45 所示。当物体离传感器越来越远时，电压就会随之下降。为了让 MCU 读取传感器的输出电压，推导了从模拟电压到数字电压的一个简单关系式。MCU 需要一个 ADC，PIC18F4520 MCU 有一个 10 位的 ADC。该 MCU 需要 5V 模拟 – 数字参考电压。通过一个简单的关系，同样的 + 5V 等于 1024 位（二进制：11111111）。

$$X = \frac{传感器电压}{参考电压} \times 1024 \tag{5.20}$$

其中 X 为 MCU 的数字值。例如，MCU 将检测到相当于 +3V 的模拟电压：

$$X = \frac{3}{5} \times 1024 = 614.4 \approx 614 \tag{5.21}$$

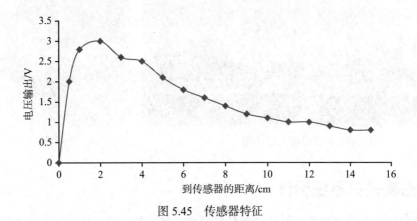

图 5.45　传感器特征

　　该 MCU 给出 614 作为 + 3V 的解释，相当于 2cm。通过校准实验，红外传感器可以与 MCU 通信。如图 5.46 所示，将钕磁铁安装在机器人的底端前部。它们被安装在离地面仅 0.7cm 的地方，以提供足够的吸引力，将机器人固定在金属墙上。不能把它放在离墙太近的地方，因为它会被吸引到表面而保持不动。相反，它也不能被放置在离地面太远的地方，因为引力会很弱，无法将机器人牢牢地固定在墙上。

5.4.3　测试

　　对智能爬壁机器人进行设计和实验测试，如图 5.47 所示。我们在室内环境下进行了多次实验。使用的仿生材料不如人工制造的好，所选择的电动机和变速箱足以驱动机器人从水平方向移动到垂直方向，电子元件与电动机一起工作时不会出现过热现象。该机器人能够实现从水平表面到垂直表面的移动所需的速度和转矩。智能爬壁机器人的独特之处在于使用了仿生材料，使机器人能够在不使用外部电源的情况下攀爬大多数表面。因此，机器人可以长时间地附着在垂直的表面上。使用仿生材料的设计是无害的，不影响墙壁表面。经过多次实验，该仿生材料的主要缺点是黏附性差，需要清洗和更换。

　　由于爬壁机器人只有一个红外传感器，可以在爬壁机器人上安装额外的传感器，使其更加智能。例如，温度传感器可以用来测量周围的温度，更智能的无线摄像机传感器可以用来识别物体。压力传感器可以用来测量施加在表面上的压力。机器人可配备轻型保护外壳，保护电子元件。电子元件可以升级到军事级别，以获得更强大的应用。

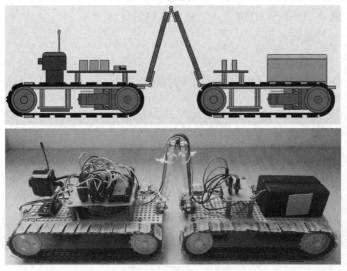 

图 5.46 爬壁机器人整体图　　　　　图 5.47 智能爬壁机器人攀爬桌腿

5.5 磁力输送机系统设计

本节使用的磁力输送机系统设计的细节可以在参考文献［22］中找到。高速列车是使用磁悬浮技术的交通系统的应用之一。例如，德国的 TransRapid 列车[23]就采用了同步线性驱动和电磁悬浮系统的组合。人们大约在 50 年前开始开发电磁系统，电磁系统可分为电动力学悬浮系统、电磁悬浮系统（EMS）和最新的使用永磁体的混合形式。除德国的 TransRapid 外，这些磁悬浮系统的应用还在其他高速列车系统上得到了发展，如日本的 HSST[24]和 MLX[23, 25]，韩国的 UTM[26]，中国的磁悬浮[27]。

综上所述，磁悬浮系统在铁路工业中具有重要的现实意义。EMS 的另一个关键应用是在运输系统[28-32]中，如半导体装配线、生化制造、工业工具生产、食品加工和行李运输，尽管人们对这些系统普遍感兴趣，但进一步的研究还没有得到太大发展。近年来，已有研究用磁悬浮技术来替代传统的输送机或流水线技术。因此，高运行可用性和低运行成本是现代输送机系统的主要要求。传统的输送机往往基于滑轮，而链条因摩擦和高维护成本，（昂贵的维护需求随输送带速度呈指数增长）其上限往往受到限制。

近年来，磁悬浮技术已被用于消除机械接触引起的摩擦、降低维修成本和实现较高速度下的精确定位。人们提出一种利用磁悬浮原理的输送机系统，以利用磁悬浮原理的这些切实的好处。为了改善悬浮间隙，采用了电磁与排斥悬浮的混合方法，并结合了非接触传感和磁体阵列技术。

然而，这些 EMS 也有一些缺点。磁悬浮力本质上是不稳定的[31-34]，高度非线性，需要一个闭环控制器来稳定系统。在过去的几十年里，磁悬浮系统采用了基于模型法和无模型法[33]的多种线性和非线性控制策略。为解决输变电系统在建模精度不高的情况下的稳定性和性能保持问题，人们设计了一种滑模控制器[34]。据我们所知，在电磁驱动的传输系统中，涉及 MCU 的滑模控制系统的实现细节在文献中还未见过。该原型的潜在应用可以用于生化和半导体工厂的材料运输，因为它们需要完全没有灰尘，而且噪声小。

5.5.1　系统设计与架构

新型磁力输送机系统如图 5.48 所示，系统尺寸为 0.5m × 0.5m × 0.3m，重量为 3.5kg（不含电子电路）。原型被设计为携带 2kg 的负载，最大速度为 0.6m/s，加速度为 1.2m/s²。三个主要部件分别是底座组件（0.2kg）、输送机转向架（3kg）和输送机小车（0.3kg）。在磁力输送机系统中有一个混合的电磁悬浮系统，该系统有一个直线同步电动机（LSM）辅助的非接触式传感器推进驱动器，以跟踪输送机小车的位置。为了确保系统适当悬浮，在底座组件的上表面和下表面放置了一组永磁体。

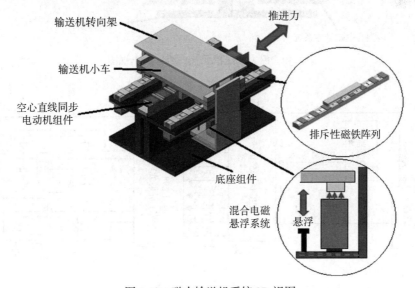

图 5.48　磁力输送机系统 3D 视图

这种排斥性磁铁阵列的布置有助于避免在横向方向上的不对齐，并保持初始悬浮间隙和推进力。另外，在不消耗额外电能的情况下，采用了一种斥力方法的混合电磁系统来提供额外的磁悬浮。在推进过程中，使用 MCU 和红外传感器来保持线圈和导轨之间的参考间隙。图 5.49 显示了最终设计及其输送机系统内组件的正视图。

磁悬浮是由混合电磁悬浮系统构成的。混合电磁悬浮系统采用永磁体和电磁体两种材料（见图 5.50）。前者补偿悬浮力，后者产生磁力，以控制气隙到所需的参考位置。电磁铁芯的材料为 0.000 5m 厚的硅钢层，上面有钕磁铁层。

如图 5.50 所示，两台红外传感器测量输送机小车两侧的气隙，传感器信号进入 PIC18F4520 MCU 来驱动安装在小车左右两侧的两个电磁铁。控制算法是在 MPLAB 环境中实现的，该环境通过一个 PICkit2 编程器 / 调试器将 MCU 与用户的计算机（安装在 MPLAB 软件中）接口相连接。编译器的另一端通过在线串行编程与 MCU 连接，使用两个输入 / 输出引脚串行输入和输出数据。L298 双 H 桥集成芯片用于切换连接在电磁铁线圈上的两个引线的电流方向，使其悬浮。如前所述，一组二极管（IN4936）用于在电源关闭或感应负载电源被移除时保护电源。

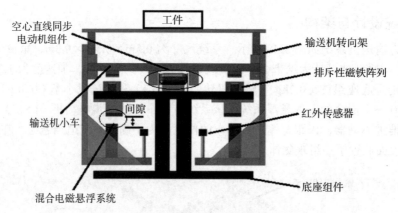

图 5.49　磁力输送机系统内组件的正视图

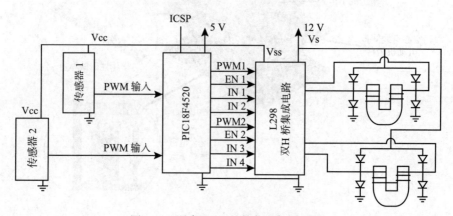

图 5.50　混合 EMS 的简化电气原理图

　　LSM（见图 5.51）由永磁体转子（安装在输送机小车上）、带有线圈的定子（安装在底座组件的顶部）和非接触式传感器组成，以产生正向或反向推进。通过改变定子线圈中的电流方向（使用三相电源），以特定的频率实现输送机小车的推进。这种推进力由永磁体与定子绕组之间的磁场相互作用产生的推力得到，如图 5.52 所示。

　　除了使用永磁体和定子与线圈，LSM 驱动在推进过程中需要某种形式的换向。这里使用图 5.53 所示的红外传感器阵列。LSM 需要一组红外传感器来持续跟踪输送机小车的位置。将反光白纸条贴在输送机小车的底部，对着红外传感器，它们与磁铁阵列中的三个磁铁的中心线对齐以提供位移。另外，额外的永磁体阵列也用于提供额外的排斥力，以维持初始的悬浮间隙，并防止推进过程中的任何横向错位。

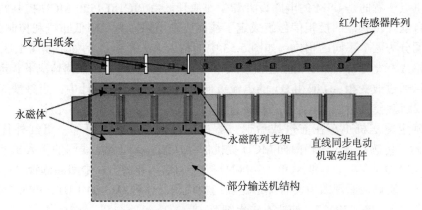

图 5.51　基于非接触式传感器的 LSM 设计

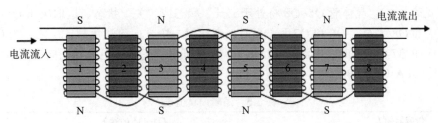

图 5.52　当相 A（或相 B）正向通电时的磁极

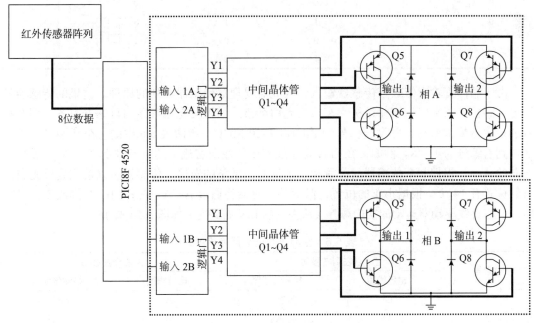

图 5.53　简化的 LSM 系统原理图

需要重点注意的是 LSM 的电路设计和工作原理。由 PIC18F4520 MCU 控制的另外两个 H 桥和来自红外传感器的换相信号组成定子线圈驱动电路。为了降低布线和控制的复杂性，将定子线圈分为两个不同的相位，如图 5.53 中的相 A（或相 B）。例如，线圈 1, 3, 5, 7 相互连接形成相 A，线圈 2, 4, 6, 8 相互连接形成相 B（图中未展示）。在任何情况下，定子线圈的磁极都可以通过改变相 A（或相 B）的电流方向来逆转。在这种设计中，当磁铁阵列不在其附近时，线圈就会通电。这是为了实现更直接的布线、控制和减少电路元件。

为了确定输送机小车在前进或后退过程中的位置，这里使用了一组红外传感器。如图 5.54 所示，传感器通过逻辑门向 MCU 提供信号，该逻辑门激活线圈的相 A 或相 B。逻辑门模块由 NAND（74STD）和 NOR（7400N）门控制输入和输出到中间晶体管 Q1~Q4。为了使图的意义更明确，原理图中没有显示逻辑门模块到晶体管 Q1~Q4（BJT NPN 2N2222）和 Q5~Q8（达林顿 NPN TIP127）的所有输出细节。

为了实现输送机小车的正反向运动，则需要根据传感器反馈的位置给出相 A 或相 B 对应的输出（见表 5.5）。晶体管 Q5~Q8 将处于"开"状态或"关"状态，这取决于 Q1~Q4 的状态。当 Q5 和 Q8 为 O_n，Q6 和 Q7 为 Off 时，电流沿一个方向流过负载，反之，当 Q5 和 Q8 为 O_n，Q6 和 Q7 为 Off 时，电流以相反的方向流过负载。它确保电流在正向或反向流动，以激活线圈的相 A（或相 B）。

表 5.5　逻辑门真值表

传感器输入		Q1~Q4 的输入			
入口 2	入口 1	Y1	Y2	Y3	Y4
0	0	0	1	0	1
0	1	1	1	0	0
1	0	0	0	1	1
1	1	1	0	1	1

由于晶体管输出依赖于传感器输入，因此需要理解传感器阵列的原理。这里的传感器是接近传感器，用来以检测输送机小车或反光白纸条。如果反光白纸条与传感器对齐，那么相应的传感器将被激活，并发送信号到 PIC18F4520 MCU，激活表 5.6 中的一组线圈。传感器从左到右编号为 1 ~ 8。例如，在相 A 定子线圈中从左向右流动的电流被定义为 A+（或相反方向的 A-）。根据 8 个传感器的位置和 3 个反光白纸条的布局，传感器可以检测到反光白纸条的位置有 14 个。根据小车的位置，激活的传感器将通过 A+/A- 或 B+/B- 线圈改变行进方向，空心直线驱动器运动的换向顺序（从左到右和从右到左）如图 5.54 所示。

表 5.6　空心直线驱动器换相序列

位置号	从左到右移动		从右到左移动	
	电压线圈	检测传感器	电压线圈	检测传感器
1	B+	传感器 1	A-	传感器 8
2	A+	传感器 4	B-	传感器 5
3	B-	传感器 3	A+	传感器 6

(续)

位置号	从左到右移动		从右到左移动	
	电压线圈	检测传感器	电压线圈	检测传感器
4	A-	传感器 2	B+	传感器 7
5	B+	传感器 5	A-	传感器 4
6	A+	传感器 4	B-	传感器 5
7	B-	传感器 3	A+	传感器 6
8	A-	传感器 6	B+	传感器 3
9	B+	传感器 5	A-	传感器 4
10	A+	传感器 4	B-	传感器 5
11	B-	传感器 7	A+	传感器 2
12	A-	传感器 6	B+	传感器 3
13	B+	传感器 5	A-	传感器 4
14	A-	传感器 8	B+	传感器 1

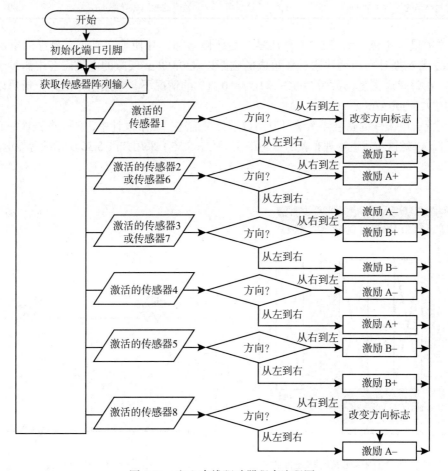

图 5.54　空心直线驱动器程序流程图

EMS 所需的规格和设计限制如表 5.7 所示，根据表 5.7 调整图 5.55 中的磁铁宽度 $p=$ 0.02m。计算出绕组面积后，线圈匝数 $N=1300$，这取决于线圈直径的额定电流 I。利用计算得到的线圈数、线圈的额定电流、磁极面积 $Ag=0.000\,4m^2$ 来计算最终的磁悬浮力 F_m。

表 5.7　EMS 所需的规格和设计限制

所需规格			
悬浮力	>30N	名义上的气隙	0.006m
		最大电流	<5A
设计限制			
磁铁的深度（d）	0.020m	磁铁的宽度（w）	0.020m
磁铁的高度（h）	0.065m	磁铁的宽度（p）	0.020m
磁体的磁场强度（H_c）	920 000At/m	线圈电阻（R_{coils}）	8.1Ω
磁铁在磁化方向上的长度（l）	0.003m	磁体的相对磁导率（μ_M/μ_o）	1.05
输送机小车的等效质量（m）	3kg	轨道的相对磁导率（μ_T/μ_o）	1.00

所需的最大电流（见表 5.7）是从零开始缓慢增加，并使输送机小车悬浮的电流。利用 DGM-202 型高斯计在由两块永磁体组成的磁路以及 0.006m 气隙的电磁磁芯中测量永磁体的矫顽力。在磁感应强度读数为 706Gs（$1Gs=10^{-4}T$）的情况下，利用基本磁路分析可以计算出矫顽力约 920 000A/m。

采用混合电磁铁的磁悬浮系统可以用数学方法描述。在本设计中，两个电磁铁一起工作来实现悬浮。电磁铁与轨道物理布置的磁通路径（见图 5.55）采用如图 5.56 所示的等效电路建模。

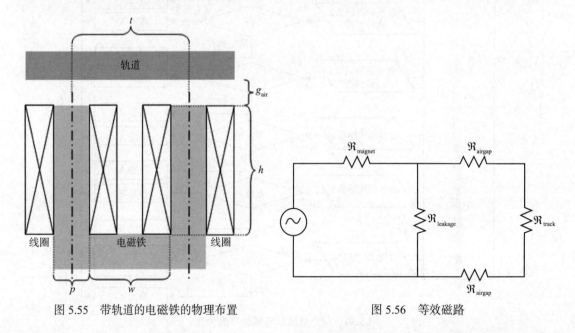

图 5.55　带轨道的电磁铁的物理布置　　　　　图 5.56　等效磁路

电磁铁的引力和输入电流如下所示。首先，横向条纹通量存在时的气隙磁阻为

$$\Re_{\text{airgap}} = \frac{z}{\mu_0 l_m \left(p + \dfrac{2z}{\pi} \right)} \tag{5.22}$$

其中，自由空间的磁导率 $\mu_0 = 4\pi \times 10^{-7}$，$l_m$ 为磁体长度，z 为气隙距离，p 为磁极宽度。

磁道、磁体和漏磁的磁阻计算公式为

$$\Re_{\text{track}} = \frac{(t + 4p)}{\mu_0 \mu_T \times l_m \times p} \tag{5.23}$$

$$\Re_{\text{magnet}} = \frac{(2h + w + 2p)}{\mu_0 \mu_M \times l_m \times p} \tag{5.24}$$

$$\Re_{\text{leakage}} = \frac{2w}{\mu_0 l_m h} \tag{5.25}$$

式中，μ_T 和 μ_M 分别为磁道和电磁铁的相对磁导率。

EMS 产生的磁悬浮力可以写成

$$\begin{aligned} F_m &= \frac{\phi^2}{\mu_0 A_g} = \frac{\text{MMF}_{\text{total}}^2}{\mu_0 A_g R_{\text{total}}^2} \\ &= \frac{(2H_c l + NI)^2}{\mu_0 A_g R_{\text{total}}^2} = \frac{\mu_0 A_g (2H_c l + NI)^2}{4z^2} \end{aligned} \tag{5.26}$$

其中 N 是匝数，H_c 是磁铁的磁场强度，A_g 是气隙的有效横截面积（考虑边缘效应），z 是气隙距离，I 是线圈输入电流，$\text{MMF}_{\text{total}}$ 是来自永磁体和线圈的总磁动势，ϕ 是气隙的磁通，R_{total} 为总磁阻，由此：

$$R_{\text{total}} = \frac{(\Re_{\text{track}} + 2\Re_{\text{airgap}})(\Re_{\text{leakage}} + \Re_{\text{magnet}}) + \Re_{\text{magnet}} \Re_{\text{leakage}}}{\Re_{\text{leakage}} + 2\Re_{\text{airgap}} + \Re_{\text{track}}} \tag{5.27}$$

采用两块电磁铁进行悬浮，式（5.26）中的悬浮力可以简化为

$$F_{m_1} = G_1 I_1^2 \tag{5.28a}$$

$$F_{m_2} = G_2 I_2^2 \tag{5.28b}$$

式中，F_{m_1}、G_1、I_1 分别为左侧电磁铁的悬浮力、悬浮力增益、气隙长度，F_{m_2}、G_2、I_2 分别为右侧电磁铁的悬浮力、悬浮力增益、气隙长度。

在式（5.28）中，实际磁化电流 I_1 和 I_2 由电磁铁驱动电路产生。因此，在控制系统设计中必须考虑实际电压与励磁电流之间的动态关系。EMS 的输入电流可以确定，电磁铁磁芯最大磁通、磁化电流 I（即 I_1 或 I_2）与端电压 V 的关系为

$$V = N \frac{\text{d}\phi_{\text{magnet}}}{\text{d}t} + I R_{\text{coils}} \tag{5.29}$$

其中 R_{coils} 为线圈电阻，$\phi_{\text{magnet}} = \mu_0 A_g NI / 2z$ 为电磁铁通量。

重新排列，则实际磁化电流为

$$\frac{\mathrm{d}I}{\mathrm{d}t} = -\frac{R_{\text{coils}}}{R_{\text{coils}}}I + \frac{V}{L_{\text{coils}}}$$ （5.30）

式中 $L_{\text{coils}} = \mu_0 N^2 A_g / 2z$ 为电磁铁的电感。

式（5.29）中的控制电压

$$V = V_{\text{dc}} \times d$$ （5.31）

其中 d 为驱动电路的控制占空比，V_{dc} 为驱动电路的电源电压。输出电压 V 可以通过调整 PWM 控制器的占空比来控制在一个设计的范围 $[0, V_{\text{dc}}]$ 内。

根据牛顿定律，输送机小车的实际动力为

$$m\ddot{z}(t) = F_{m_2} + F_{m_1} + F_d = G_2 I_2^2 + G_1 I_1^2 + F_d$$ （5.32）

其中 m（=3kg）为输送机小车的质量，$\dot{z}$ 为输送机小车的加速度，$F_{m_1}(t)$ 和 $F_{m_2}(t)$ 为电磁铁的引力，$F_d(t)$ 为扰动力。使用 DFS-BTA 模型游标力传感器测量实际受力，假定从力传感器读出的力等于摩擦力。利用实验所得的平均力来确定在最初的悬浮和推进过程中输送机小车与底座（m=0.30kg）之间的摩擦系数，摩擦系数（μ=0.12）用所得到的力（F_d=0.38N）计算，然后除以输送机小车的质量。

得到摩擦力后，LSM 系统产生的推力可由式（5.32）计算得到。如图 5.57 所示，在两个电磁铁（左右两侧）的不同电流输入处测量产生的推力，它可以很好地估计给定输入电流产生的推力。例如，两个电磁铁在输入电流为 5A 时产生的估计总推力大约等于 11.5N。

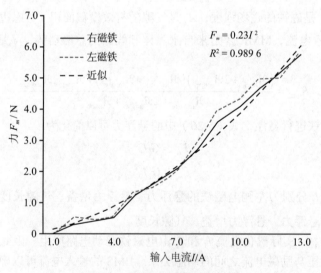

图 5.57　估算推力与输入电流

此外，磁悬浮力的非线性特性不仅受气隙距离和输入电流的影响，还受不同工作点磁导率变化的影响。由于磁导率不易精确获得，因此将磁导率随工作点的变化引起的电磁铁增益（G_1，G_2）的变化以及线圈内部温度变化导致建模误差的因素考虑到集总不确定性中。因此，模型包括这些变化，并且控制器开发应具有鲁棒性，以容忍这些不确定性和未建模的动态。

考虑到参数变化和外界干扰，实际的动态模型可以真实地表示为

$$
\begin{aligned}
& (m+\Delta m)\ddot{z}(t) \\
& = (G_f + \Delta G_2)I_2^2 + (G_f + \Delta G_1)I_1^2 + F_d
\end{aligned}
\tag{5.33}
$$

其中，Δm、ΔG_2、ΔG_1 表示由系统参数和未建模动态引入的不确定性。

通过定义一个集总不确定性向量：

$$
L_u = -\Delta m \ddot{z}(t) + \Delta G_1 I_1^2 + \Delta G_2 I_2^2 + F_d
\tag{5.34}
$$

式（5.34）可以改写为

$$
\ddot{z}(t) = \frac{G_f}{m}u + L_u
\tag{5.35}
$$

其中 $u = I_2^2 - I_1^2$。假设集总不确定性的频带由 $|L_u| < p$ 给出，其中 p 是一个给定的正数。

如图 5.58 和图 5.59 所示，用两个传感器测量间隙距离。这些传感器是故意安装用以抵消 0~0.04m 的失效范围的。测得的混合电磁铁与导轨之间的距离约为 0.06m。在仿真中，期望的间隙距离设置为 0.006m（或 291 次计数）。为了获得实际的间隙距离，需要进行数模转换。在实验过程中，将输送机小车升高 0.001m~0.007m，以确定数字计数（y）和间隙距离（z）之间的平均趋势。两个间隙距离之间的关系近似为 $y = -1.7692z + 303.45$。输送机小车两侧测得的气隙非常接近，因此在随后的控制器比较中只使用了一个电磁铁。

实际间隙距离的瞬态响应如图 5.60 所示，与图 5.61 相比，由于模型的不确定性，瞬态响应存在一些差异。然而，这两个响应都表明它在 0.1s 内达到稳定状态。由于响应表明设备在开环条件下的行为，因此它可以表明输送机小车由于其重量而落在电磁铁上。如果没有控制器，EMS 将无法使输送机小车保持所需的悬浮状态。因此，对磁铁的电流激励是无效的，无法快速上升到足以产生所需的力。

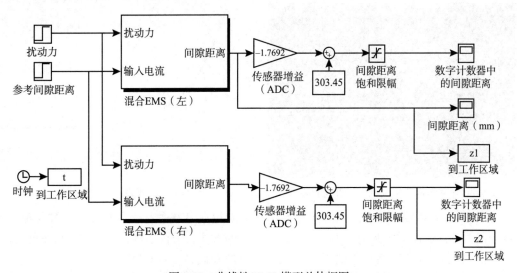

图 5.58　非线性 EMS 模型总体框图

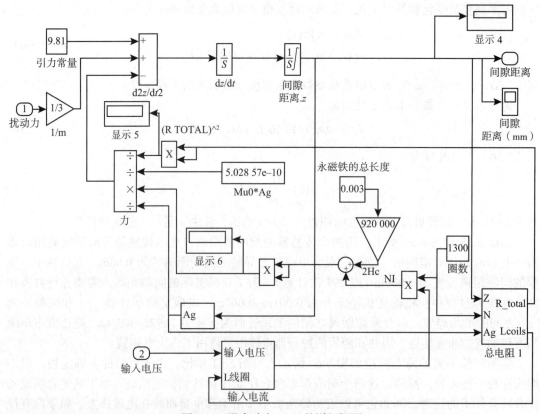

图 5.59　混合动力 EMS 的详细框图

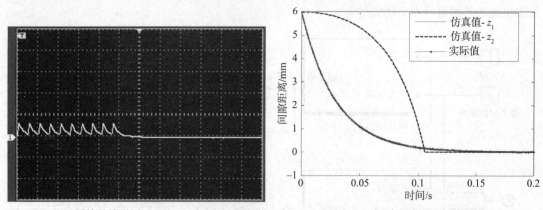

图 5.60　开环系统的波形图（0.002m/div 和 0.02 s/div）

图 5.61　间隙距离开环时间响应

从开环响应中可以看出，EMS 控制系统需要对输送系统进行一定程度的反馈控制。与 PID 控制器不同，H-∞控制是一种有效的减弱扰动的方法，滑模控制方案能够补偿未知扰动。本节的目的是将滑模控制与其他用于磁悬浮系统的控制器（如 PID 和 H-∞控制器）进行比较，为此，构建了磁悬浮系统实验，如图 5.62 所示。这里设计了控制器，对控制器的调节性能进行了实验评估，并与仿真结果进行了比较。

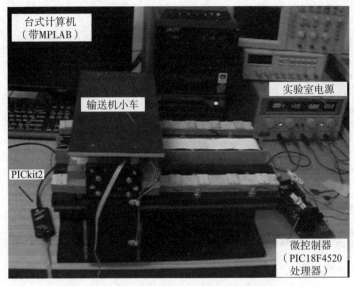

图 5.62　输送实验用的磁悬浮系统实验装置

5.5.2　程序设计与系统实现

这里采用了 PID 和滑模控制器等不同的控制方法对磁力输送机系统进行控制，在实际过程中，程序采用 MPLAB-IDE 编写并编译到 PIC18f4520 中。注意，控制器中使用的参数可以根据实际工作环境的不确定性而改变。MPLAB-IDE 的编码和使用细节见 5.1 节。

对使用 PID 控制器的磁力输送机系统编程：

```c
#include <p18f4520.h>
#include <adc.h>
#include <pwm.h>
#include <stdlib.h>
#include <delays.h>

int GapDistance1=0,GapDistance2=0,PWMout1=0,PWMout2=0;
int RefHeight1=470,RefHeight2=470;          //Sensor count value when at
reference air gap.
int Error1=0,Error2=0;
int ErrorSum1=0,ErrorSum2=0;
int Sum1=0,Sum2=0;
int Previous1=0,Previous2=0;
int ErrorPrevious1=0,ErrorPrevious2=0;
int PID_Out1=0,PID_Out2=0;
float Kp = 0.03;                  //Error gain
float Ki = 0.01;                  // Gain for PID controller's integral action
float Kd = 0.02;                  //Gain for PID controller's differential action
float Ts = 0.005;                 // Sampling time
//The optimum gain values are in red.

void SenseDistance1 (void);
```

```
void SenseDistance2 (void);
void Do_PID1 (void);
void Do_PID2 (void);
void main( void )
{
        TRISA = 0x00;                    //Port A as Output (to control the direction of
current)
        TRISD = 0x00;                    //Port D as Output
        TRISC = 0x00;                    //Port C as Output
        PORTC=0xFF;                      //Turn off PortC output
        ADCON0bits.ADON = 0x01;          //Enable A/D module
        //PWM period =[(period ) + 1] × 4 × TOSC × TMR2 prescaler
        OpenPWM1(0xFF);
        OpenPWM2(0xFF);
```

```
while(1)                    //Loop forever
{
// Controlling flow of current to produce repulsive magnetic force when coil is too the
// guide way.
// Current is being controlled according to Air gap error  When there is a negative Error
// there will be a change in current flow.

if ((Error1 <= 0) & (Error2 <= 0))
{
PORTA=0x05;              //0101
}
if ((Error1 > 0) & (Error2 > 0))
{
PORTA=0x0A;              //1010
}
if ((Error1 <= 0) & (Error2 > 0))
{
PORTA=0x09;              //1001
}
if ((Error1 > 0) & (Error2 <= 0))
{
PORTA=0x06;              //0110
}

SenseDistance1 ();          //Loop to convert Sensor 1 analog output to digital value
SenseDistance2 ();          //Loop to convert Sensor 2 analog output to digital value
Do_PID1();                  //Loop to do PID calculation for sensor 1 air gap error to
                            //produce appropriate  amount of current to system
Do_PID2();                  //Loop to do PID calculation for sensor 2 air gap error to
                            //produce appropriate  amount of current to system.
SetDCPWM1(PID_Out1);        //Output PWM from CPP1 to produce Analog output to coil
1. SetDCPWM2(PID_Out2);     // Output PWM from CPP2 to produce Analog output to coil
2.
}
}

void SenseDistance1 ()          //Loop to capture air gap for coil 1.
{
OpenADC( ADC_FOSC_4 &ADC_RIGHT_JUST &ADC_4_TAD,ADC_CH11
&ADC_INT_OFF & ADC_VREFPLUS_VDD & ADC_VREFMINUS_VSS, 0 );
Delay10TCYx( 5 );               // Delay for 50 instruction cycle
ConvertADC();                   // Start analog to digital conversion for
sensor1 input.
while( BusyADC() );             // Wait for completion
```

```
GapDistance1 = ReadADC();          // Read result
}
void SenseDistance2 ()             //Loop to capture air gap for coil 2.
{
```

```
OpenADC( ADC_FOSC_4 &ADC_RIGHT_JUST &ADC_4_TAD,ADC_CH12
&ADC_INT_OFF & ADC_VREFPLUS_VDD & ADC_VREFMINUS_VSS, 0 );
Delay10TCYx( 5 );                  // Delay for 50 instruction cycle
ConvertADC();                      // Start analog to digital conversion for sensor2 input
while( BusyADC() );                // Wait for completion
GapDistance2 = ReadADC();          // Read result
}

void Do_PID1 ()                    //PID to control current into coil 1.
{
Error1 = RefHeight1 - GapDistance1;    //Calculating error of air gap 1.
ErrorSum1 = ErrorSum1 + Error1;        //Sum up error for integral action
PID_Out1 = (Kp*Error1) + (Ki*ErrorSum1)*Ts + (Kd*(Error1-ErrorPrevious1))/Ts;
        //PID Equation
if(PID_Out1 >= 1023 || PID_Out1 <= -1023)//Anti-windup condition
{
ErrorSum1 = (PID_Out1 - (Kp*Error1) - ((Kd*(Error1-ErrorPrevious1))/Ts))/(Ki*Ts);
}
        if(PID_Out1 < 0)           //Setting lower saturation limit for output.
        {
        PID_Out1=PID_Out1*(-1);
        }
        if(PID_Out1 > 1023)        //Setting upper saturation limit for output.
        {
        PID_Out1 = 1023;
        }
ErrorPrevious1 = Error1;           //Storing air gap error of coil 1.
}
void Do_PID2 ()                    //PID to control current into coil 2.
{
Error2 = RefHeight2 - GapDistance2;    //Calculating error of air gap 2.
ErrorSum2 = ErrorSum2 + Error2;        //Sum up error for integral action
PID_Out2 = (Kp*Error2) + (Ki*ErrorSum2)*Ts + (Kd*(Error2-ErrorPrevious2))/Ts;
        //PID Equation
if(PID_Out2 >= 1023 || PID_Out2 <= -1023)//Anti-windup condition
{
ErrorSum2 = (PID_Out2 - (Kp*Error2) - ((Kd*(Error2-ErrorPrevious2))/Ts))/(Ki*Ts);
}
        if(PID_Out2 < 0)           //Setting lower saturation limit for output.
        {
        PID_Out2 = PID_Out2*(-1);
        }
        if(PID_Out2 > 1023)        //Setting upper saturation limit for output.
        {
        PID_Out2 = 1023;
        }
ErrorPrevious2 = Error2;           //Storing air gap error of coil 2.
}
```

对使用滑模控制器的磁力输送机系统编程：

```c
#include <p18f4520.h>
#include <adc.h>
#include <pwm.h>
#include <stdlib.h>
#include <delays.h>

int GapDistance1=0,GapDistance2=0,PWMout1=0,PWMout2=0;
int RefHeight1=460,RefHeight2=460;            //Sensor count value when at
reference air gap.
int Error1=0,Error2=0;
int SlideMode1_out=0,SlideMode2_out=0;
int Sign1=0,Sign2=0;
int DError1=0,DError2=0;
int Function1=0,Function2=0;
float Kd = 4.0;                   //Constant to compensate for disturbance
float K = 5.5;                    //Gain to amplify error of air gap
float K1 = 5.23;                  //Gain to amplify function for sliding mode
controller.
float K2 = 4.72;                  //Gain to amplify sign for sliding mode controller.
float Ts = 0.5;                   //Sampling time
//The optimum gain values are in red.


void SenseDistance1 (void);
void SenseDistance2 (void);
void SlideMode1 (void);
void SlideMode2 (void);

void main( void )
{
      TRISA = 0x00;               //Port A as Output (to control the direction
of current)
      TRISD = 0x00;               //Port D as Output
      TRISC = 0x00;               //Port C as Output
      PORTC=0xFF;                 //Turn off PortC output
      ADCON0bits.ADON = 0x01;//Enable A/D  module

//PWM period =[(period ) + 1] x 4 x TOSC x TMR2 prescaler
      OpenPWM1(0xFF);
      OpenPWM2(0xFF);

while(1)                 //Loop forever
{
SenseDistance1 ();       //Loop to convert Sensor 1 analog output to digital value
SenseDistance2 ();       //Loop to convert Sensor 2 analog output to digital value
SlideMode1();            //Loop to do Sliding Mode calculation for sensor 1 air gap
                         //error to produce appropriate  amount of current to system.
SlideMode2();            //Loop to do Sliding Mode calculation for sensor 2 air gap
```

```c
// Controlling flow of current to produce repulsive magnetic force when coil is too the
// guide way.
// Current is being controlled according to Air gap error. When there is a negative Error,
// there will be a change in current flow.

if ((Error1 > 0) & (Error2 > 0))
{
PORTA=0x0A;        //1010
```

```
}
if ((Error1 < 0) & (Error2 < 0))
{
PORTA=0x05;        //0101
}
if ((Error1 < 0) & (Error2 > 0))
{
PORTA=0x09;        //1001
}
if ((Error1 > 0) & (Error2 < 0))
{
PORTA=0x06;        //0110
}

SetDCPWM1(SlideMode1_out);        //Output PWM from CPP1 to produce Analog
output to coil 1. SetDCPWM2(SlideMode2_out);        //Output PWM from CPP2 to
                                        produce Analog output to coil
    }
}

void SenseDistance1 ()                //Loop to capture air gap for coil 1.
{
OpenADC( ADC_FOSC_4 &ADC_RIGHT_JUST &ADC_4_TAD,ADC_CH11
&ADC_INT_OFF & ADC_VREFPLUS_VDD & ADC_VREFMINUS_VSS, 0 );
Delay10TCYx( 5 );                // Delay for 50 instruction cycle
ConvertADC();                    // Start analog to digital conversion for
sensor1 input.
while( BusyADC() );              // Wait for completion
GapDistance1 = ReadADC();        // Read result
//Setting upper and lower saturation limit for sensor 1 ADC value to eliminate inaccurate
// reading due to sudden spike of output voltage from sensor
    if(GapDistance1 > 540)
    {
GapDistance1=540;
    }
    if(GapDistance1 < 460)
    {
GapDistance1=460;
    }
}

void SenseDistance2 ()                //Loop to capture air gap for coil 2.
```

```
{
OpenADC( ADC_FOSC_4 &ADC_RIGHT_JUST &ADC_4_TAD,ADC_CH11
&ADC_INT_OFF & ADC_VREFPLUS_VDD & ADC_VREFMINUS_VSS, 0 );
Delay10TCYx( 5 );                // Delay for 50 instruction cycle
ConvertADC();                    // Start analog to digital conversion for
sensor2 input.
while( BusyADC() );              // Wait for completion
GapDistance1 = ReadADC();        // Read result
//Setting upper and lower saturation limit for sensor 2 ADC value to eliminate inaccurate
reading due to sudden spike of output voltage from sensor.

    if(GapDistance2 > 520)
    {
GapDistance2=520;
    }
    if(GapDistance2 < 460)
```

```
              {
              GapDistance2=460;
              }
       }

       void SlideMode1()                //Sliding Mode controller to control current into coil 1
       {    .
       Error1 = (RefHeight1 - GapDistance1);        //Calculating error of air gap 1.
       DError1 = Error1/Ts;                         //Differentiate Gap Error
       Function1 = DError1+(K*Error1);              //Switching function for sliding mode controller.

              if(Function1 > 0)
              {
              Sign1 = 1;
              }
              if(Function1 == 0)
              {
              Sign1 = 0;
              }
              else if(Function1 < 0)
              {
              Sign1 = -1;
              }
       SlideMode1_out = (K1*Function1) - (K2*Sign1) - Kd;      //Total Sliding Mode equation
       //Setting upper and lower saturation limit for Sliding mode control output.
              if(SlideMode1_out < 0)
              {
              SlideMode1_out = -1*SlideMode1_out;
              }
              if(SlideMode1_out > 1023)
              {
              SlideMode1_out = 1023;
```

```
              }
       }

       void SlideMode2()                //Sliding Mode controller to control current into coil 2.

       {

       Error2 = (RefHeight2    - GapDistance2);      //Calculating error of air gap 2 .

       DError2 = Error2/Ts;                          //Differentiate Gap Error

       Function2 = DError2 + (K*Error2);             //Switching function for sliding mode

       controller.

              if(Function2 > 0)

              {

              Sign2 = 1;

              }

              if(Function2 = = 0)

              {

              Sign2 = 0;

              }

              else  if(Function2 < 0)
```

```
          {
          Sign2 =  -1;
          }
SlideMode2_out = (K1*Function2)    - (K2*Sign2) - Kd;
//Setting upper and lower saturation limit for Sliding mode control output .
          if(SlideMode2_out < 0)
          {
          SlideMode2_out =   -1*SlideMode2_out;
          }
          if(SlideMode2_out  > 1023)
          {
          SlideMode2_out = 1023;
          }
}
```

通过 MATLAB Simulink 软件对这些控制器进行数值仿真。在整个仿真过程中，使用了一种可变类型求解器——ODE45。为了模拟实际运动，将最大间隙距离设置为 0.008m，参考间隙距离定位为 0.006m。由于硬件的限制，确定相应的采样时间在 2ms 左右。控制算法在 MPLAB 环境下用 C 语言编写，C 语言程序通过 PICkit2 调试器下载到 PIC18F4520 中。用模数转换器对传感器进行气隙信号的测量，然后用实验室示波器捕获气隙信号，并与仿真结果进行比较。

如使用 PID 控制器的实验测试所示（使用的控制器参数为 k_p=8，k_i=2，k_d=3），在达到稳态状态之前，控制器在参考间隙距离处维持一段时间。据观察，在向前推进的过程中，输送机在被电磁铁吸附之前会发生振荡。为了避免这个问题，当气隙变小时，电磁铁需要消磁，这有助于防止轨道被电磁体所吸附。

为此，采用滑模控制器等鲁棒控制方法来补偿模型中的误差和不确定性。下面展示如何实现滑模控制器。为实现控制目标，将跟踪误差及其导数定义为 $e_z = z_d - z$，$\dot{e}_z = \dot{z}_d - \dot{z}$。滑动面设计如下：

$$S = \dot{e}_z + \lambda e_z \tag{5.36}$$

其中，λ 是一个正数。对滑动面对时间求导，$\ddot{z} = G_f u / m + L_u$，则：

$$\dot{S} = \ddot{z}_d - \frac{G_f}{m}u - L_u + \lambda\dot{e}_z \tag{5.37}$$

滑模控制律设计为

$$u_{\mathrm{smc}} = \frac{m}{G_f}\left(k_1 S + k_2\,\mathrm{sgn}(s) + \lambda\dot{e}_z + \ddot{z}_d\right) \tag{5.38}$$

式中，m 和 G_f 均为正系统参数，k_1 和 k_2 为正控制参数。

理想的电流命令 I^* 计算如下：

$$I^* = \sqrt{u_{\text{smc}}} \quad u_{\text{smc}} \geqslant 0 \qquad (5.39a)$$

$$I^* = \sqrt{-u_{\text{smc}}} \quad u_{\text{smc}} < 0 \qquad (5.39b)$$

综合整体控制系统，电流模块产生的控制电压设计为

$$V = \dot{I}^* L_{\text{coils}} + I^* R_{\text{coils}} \qquad (5.40)$$

最终得出实际控制周期为

$$d_{\text{smc}} = V / V_{\text{dc}} \qquad (5.41)$$

定义 Lyapunov 函数为 $V_L = S^2 / 2$。V_L 对时间的导数表示为

$$
\begin{aligned}
\dot{V}_L &= S\dot{S} \\
&= s\left(\ddot{z}_d - \frac{G_f}{m}u - L_u + \lambda \dot{e}_z\right) \\
&= -k_1 S^2 - k_2 S \operatorname{sgn}(s) - SL_u \\
&= -k_1 S^2 - |s|(k_2 - |L_u|) \\
&\leqslant -k_1 S^2
\end{aligned}
\qquad (5.42)
$$

其中 $k_2 > |L_u|$ 和 k_1 为正常数，用于实现所需的悬浮间隙并确保 $\dot{V}_L \leqslant 0$。因为 $\dot{V}_L \leqslant 0$ 意味着 $V_L(t) < V_L(0)$，所以 S 是有界的。这就意味着 $\dot{V}_L$ 是有界的。因此 $\dot{V}_L$ 必须是连续的。最后，运用 Barbalat 引理可以得出 $S \to 0$，从而 $t \to \infty$ 时 $e_z \to 0$。

由于 Sigmoid 函数 sgn(.) 给出了一个振动控制信号，因此可以通过在边界层内平滑控制律的不连续性来替换该函数为 sat(.)，从而消除振动。这个替换将低通滤波器结构分配给边界层内滑动面的动力学，如下所示：

$$u_{\text{smc}} = \frac{m}{G_f}\left(k_1 S + k_2 \operatorname{sat}(S) + \lambda \dot{e}_z + \ddot{z}_d\right) \qquad (5.43)$$

其中，当边界层厚度 ϕ 大于零时：

$$\operatorname{sat}(s/\phi) = \begin{cases} \operatorname{sgn}(s) & |S/\phi| > 1 \\ S/\phi & \text{其他} \end{cases} \qquad (5.44)$$

图 5.63 为滑模控制器的最终控制系统设计。控制器使用式（5.43）中的控制律计算施加到 EMS 的电流量。电源电流是通过 PWM 控制的，满足约束条件的参数选择为 $\lambda = 9$，$k_1 = 18$，$k_2 = 1100$，$\phi = 1.5$。传感器的模拟输出电压通过 PIC18F4520 中的 A/D 转换器转换为数字值。在 EMS 产生控制动作之前，将参考间隙与实际值进行比较。当跟踪误差为负（正）时，表示气隙过小，控制输入增加（减少）以增加电流，系统的"能量"将在到达滑动面时缓慢减少（接近零气隙误差）。

图 5.64 为其中一个电磁线圈采用滑模控制器获得的示波器图像。图 5.65 显示控制器试图保持参考间隙距离一段时间。然而，在实际的反应中仍然有一些轻微的振动，但在 0.4s 后，模拟结果与实际结果的稳态值基本一致。

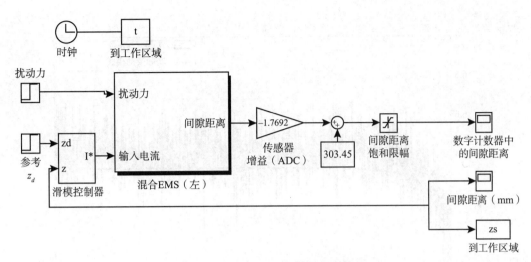

图 5.63   混合 EMS 滑模控制器框图

5.5.3   测试

表 5.8 显示了混合 EMS 中各种控制器的比较，在将 Δm 和 ΔG 的预定义不确定性水平定为 30% 时进行比较，各控制器的模拟结果如图 5.66 所示。与 H-∞ 控制器相比，滑模控制器给出了从气隙的最大或无穷大范数测量中观察到的最小误差。而滑模控制器和 H-∞ 控制器都能与导轨保持一定的距离，避免了 PID 控制器下的电磁铁被吸引到导轨上。由于 EMS 模型中存在参数不确定性，因此滑模控制器在稳态误差方面似乎优于 PID 和 H-∞ 控制器。

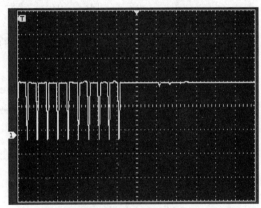

图 5.64   滑模控制系统的示波器信号输出（0.001m/div 和 0.02s/div）

表 5.8   各种控制器响应的总结与滑模控制器的比较（存在或不存在不确定性）

参数	H-∞		PID		滑膜	
	无	有	无	有	无	有
最大气隙	7×10^{-3}	7×10^{-3}	7×10^{-3}	7×10^{-3}	6×10^{-3}	6×10^{-3}
最小气隙	6×10^{-3}	6×10^{-3}	0	0	6×10^{-3}	6×10^{-3}
无穷大范数	7×10^{-3}	7×10^{-3}	7×10^{-3}	7×10^{-3}	6×10^{-3}	6×10^{-3}
误差平方和	5×10^{-5}	5×10^{-5}	28×10^{-2}	28×10^{-2}	1×10^{-4}	8×10^{-5}
稳态误差	1×10^{-3}	1×10^{-3}	6×10^{-3}	6×10^{-3}	5×10^{-5}	3×10^{-4}

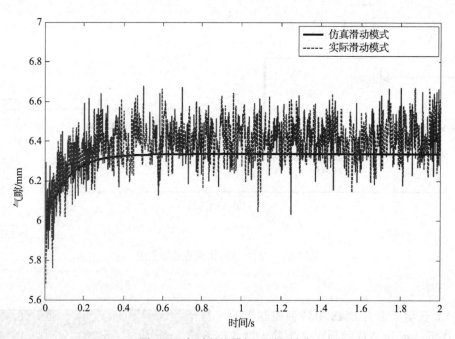

图 5.65 气隙的滑模闭环时间响应

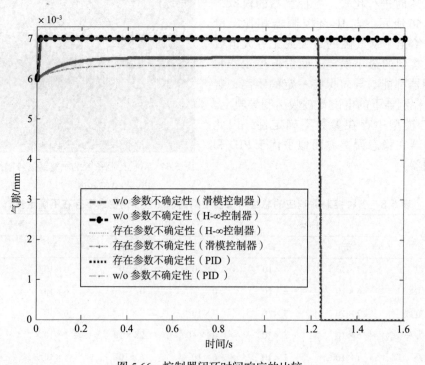

图 5.66 控制器闭环时间响应的比较

从表 5.8 中可以看出，误差平方和和无穷大范数表明 H-∞ 控制器在抑制干扰方面比其他控制器有更好的性能。然而，在稳态性能方面，滑模控制器优于 H-∞ 控制器。实验结果表明，该鲁棒控制器是有效的用于设计非线性控制系统的变化模型。在测试中，我们可以看到与 PID 控制器相比，H-∞ 控制器和滑模控制器在抑制扰动方面的性能都要好得多。最后，实验结果表明，与传统的前馈控制器（如 PID 和 H-∞ 控制器）相比，所提出的滑模控制方案提高了系统的响应速度。

该原型 MCU EMS 和 LSM 输送用途的设计和实现可应用于生化和半导体制造工厂，用于推进的 LSM 通过电子器件、传感器和 PIC18F4520 MCU 使用非接触式数字换相。混合电磁悬浮系统采用两块永磁体和两块电磁铁进行垂直悬浮，以降低功耗。然后设计滑模反馈控制器控制运动时的气隙，与其他控制器相比，本文提出的滑模控制方案能够在扰动和 30% 的参数不确定性条件下实现传输功能。进一步的研究将着眼于提高混合 EMS 故障时控制器的性能，并将其应用于更大规模的实际制造环境中。

参考文献

［1］Chin，C. Application of an intelligent table top vacuum robot cleaner in mechatronics system design education. Journal of Robotics and Mechatronics, 2011, 23（5）: 645–657.

［2］Chin，CS and Yue，KM. Vertical stream curricula integration of problem-based learning（PBL）using autonomous vacuum robot in mechatronics course. European Journal of Engineering Education, 2011, 36（5）: 485–504.

［3］Chin，CS，Atmodihardjo，W，Woo，WL，and Mesbahi，E. Remote temperature monitoring device using a multiple patients-coordinator set design approach. ROBOMECH Journal, 2015, 2: 4.

［4］Mahoney，C and Odom，J. Monitoring intraoperative normothermia: A metaanalysis of outcomes with costs. AANA Journal, 1999, 67（2）: 155–164.

［5］Yamakoshi，KI. In the spotlight: Bioinstrumentation. IEEE Reviews in Biomedical Engineering, 2011, 4: 6–8.

［6］Jiann，SS，Chun，YD，Yeong，RW，and Wei，ZS. A novel fuzzy pain demand index derived from patient-controlled analgesia for postoperative pain. IEEE Transactions on Biomedical Engineering, 2007, 54（12）: 2123–2132.

［7］Graichen，F，Arnold，R，Rohlmann，A，and Bergmann G. Implantable 9-channel telemetry system for in vivo load measurements with orthopedic implants. IEEE Transactions on Biomedical Engineering, 2007, 54（2）: 253–261.

［8］Yang，D，Converse，MC，Mahvi，DM，and Webster，JG. Measurement and analysis of tissue temperature during microwave liver ablation. IEEE Transactions on Biomedical Engineering, 2007, 54（1）: 150–155.

［9］Liu，DL and Ebbini，ES. Real-time 2-D temperature imaging using ultrasound. IEEE Transactions on Biomedical Engineering, 2010, 57（1）; 12–16.

［10］Seffrin，RJ. Thermal imaging for detecting potential SARS infection，National Conference on Thermal Imagers for Fever Screening–Selection，Usage and Testing 2003；1–8，Sheraton Towers，Singapore，see https://www. irinfo.org/06-01-2003-seffrin/.

［11］Bae，J，Song，K，Lee，HW，Cho，HW，and Yoo，HJ. A low-energy crystal-less double-FSK sensor node transceiver for wireless body-area network. IEEE Journal of Solid-State Circuits，2012，47（11）：2678–2692.

［12］Scanail，I，Cliodhna，N，Ahearne，B，and Lyons，GM. Long-term telemonitoring of mobility trends of elderly people using SMS messaging. IEEE Transactions on Information Technology in Biomedicine，2006，10（2）：412–413.

［13］Malhi，K，Mukhopadhyay，SC，Schnepper，J，Haefke，M，and Ewald，H. A zigbee-based wearable physiological parameters monitoring system. IEEE Journal Sensors，2012，12（3）：423–430.

［14］Shahriyar，R，Bari，MF，Kundu，G，Ahamed，SI，and Akbar，MM. Intelligent mobile health monitoring system，International Journal of Control and Automation，2009，2（3）：13–27.

［15］Ivy，AC. Comment：What is normal body temperature? Gastroenterology，1945，5：326–329.

［16］Jeffrey，RS. Recovery from severe hyperthermia（45℃）and rhabdomyolysis induced by methamphetamine body-stuffing. Journal of Emergency Medicine，2007，8（3）：93–95.

［17］Bridges，E and Thomas，K. Noninvasive measurement of body temperature in critically ill patients. Critical Care Nurse，2009，29（3）：94–97.

［18］Langham，GE，Maheshwari，A，Contrera，K，You，J，Mascha，E，and Sessler，DI. Noninvasive temperature monitoring in postanesthesia care units. Anesthesiology，2009，111（1）：90–96.

［19］Xiao，J and Sadegh，A. City-Climber：A New Generation Wall-climbing Robots. 2008，The City College，City University of New York USA.

［20］Harsha Prahlad，RP. Electroadhesive robots-wall climbing robots enabled by a novel，robust，and electrically controllable adhesion technology. IEEE International Conference on Robotics and Automation，19–23 May 2008，Pasadena，CA，USA. DOI：https://doi.org/10.1109/ROBOT.2008.4543670.

［21］Clark，J. Intermolecular bonding-Van der Waals forces，2000. Retrieved January 28th，2012，http://www.chemguide.co.uk/atoms/bonding/vdw.html.

［22］Chin，C，and Wheeler，C. Sliding-mode control of an electromagnetic actuated conveyance system using contactless sensing. IEEE Transactions on Industrial Electronics，2013，60（11）：5315–5324.

［23］Cassat，A and Jufer，M. MAGLEV projects technology aspects and choices. IEEE Transactions on Applied Superconductivity，2001，12（1）：915–925.

［24］Kusagawa，S，Baba，J，Shutoh，K，and Masada，E. Multipurpose design optimization of EMS-type magnetically levitated vehicle based on genetic algorithm. IEEE Transactions on Applied Superconductivity，2004，14（2）：1922–1925.

［25］Yoshida，K，Takami，H，and Fujii，A. Smooth section crossing of controlledrepulsive PMLSMvehicle by DTC method based on new concept of fictitious section. IEEE Transactions on Industrial Electronics，2004，51（4）：821–826.

［26］Han，SH，Yun，S，Kim，HK，Kwak，YH，Park，HK，and Lee，SH. Analyzing schedule delay of mega project：Lessons learned from Korea Train Express. IEEE Transactions on Engineering Management，2009，56（2）：243–256.

［27］Wang，J，Wang，S，and Zheng，J. Recent development of high-temperature superconducting Maglev system in China. IEEE Transactions on Applied Superconductivity，2009，19，3（2）：2142–2147.

［28］Banucu，R，Albert，J，Reinauer，V，et al. Automated optimization in the design process of a magnetically levitated table for machine tool applications. IEEE Transactions on Magnetics，2010，46（8）：2787–2790.

［29］Appunn，R，Schmulling，B，and Hameyer，K. Electromagnetic guiding of vertical transportation vehicles：Experimental evaluation. IEEE Transactions on Industrial Electronics，2010，57（1）：335–343.

［30］Warberger，B，Kaelin，R，Nussbaumer，T，and Kolar，JW. Bearingless motor for high-purity pharmaceutical mixing. IEEE Transactions on Industrial Electronics，2012，59（5）：2236–2247.

［31］Yang，SM. Electromagnetic actuator implementation and control for resonance vibration reduction in miniature magnetically levitated rotating machines. IEEE Transactions on Industrial Electronics，2011，58（2）：611–617.

［32］Chin，CS，Wheeler，C，Quah，SL，and Low，TY. Design，modeling and experimental testing of magnetic levitation system for conveyance applications. Proceedings of the 2nd IEEE International Conference on Computing，Control and Industrial Engineering，Wuhan，China，August 2011，174–179.

［33］Wai，RJ and Lee，JD. Adaptive fuzzy-neural-network control for Maglev transportation system. IEEE Transactions on Neural Networks，2008，19（1）：54–70.

［34］Lee，JD and Duan，RY. Cascade modeling and intelligent control design for an electromagnetic guiding system. IEEE/ASME Transactions on Mechatronics，2011，16（3）：470–479.

第 6 章
ARDUINO 嵌入式系统设计

6.1 ROV 系统设计

在 20 世纪 80 年代，大量海洋开发任务超出了人类本身的能力范围，因此远程控制的水下航行器（ROV）的开发变得愈加重要。当时 ROV 已被广泛应用于深海勘探和建设，但其主要零部件的价格非常昂贵，并且还需动用熟练的技术人员和专门设计的船只来发射和回收航行器。高成本促使人们开始研究、设计低成本、多功能的 ROV。本章将介绍一种应用于浅水区的低成本 ROV 设计，它可以通过智能手机提供视觉显示。尽管使用 Wi-Fi 操作会大大减少 ROV 的作用范围，但与声学系统相比，使用 Wi-Fi 的成本更低。大多数智能手机都内置了 Wi-Fi 模块，可以方便地将命令发送到移动设备上，达到远程控制和检查的目的。

6.1.1 系统设计与架构

图 6.1 所示为一个完整的 ROV 原型机。该 ROV 是一个长 44cm、宽 20cm、高 20cm 的集成结构，重约 2.3kg。它的主要部件包括主船体、两个水平螺旋桨、两个垂直螺旋桨和主船体内部的电子设备，还有一个网络摄像机被安置在防水外壳中，用于导航和检查。

如图 6.2 所示，最终设计采用 CAD 图纸完成。该设计是使用 Design Spark Mechanical 绘制的。该 CAD 软件允许用户随意修改设计模型，从而加快了原型设计过程。这个 ROV 的设计与市场上现有的

图 6.1　ROV 原型机

设计不同，典型的 ROV 框架是由杆和弯头组成的立方体结构，这个 ROV 被设计成了类似双体船式潜艇的样子。ROV 的船体包括一个 Tupperware 盒子和一个由聚氯乙烯（PVC）管和摄像机组成的水平框架部分。它具有防水性能，不会有水渗漏到部件中影响 ROV 的浮力或损坏电子设备。它采用的是最便宜的漂浮方式。由于在回收这个 ROV 时不涉及系绳，因此它具有轻微的正浮力，以便于回收。推进器、电子设备和一些压载物的重量可抵消浮力。

垂直推进器使用两台 12V 直流无刷电动机。电动机与 Traxxas 4.0mm Villain EX 螺旋桨结合在一起作为推进器。推进器被固定在一个自制的塑料支架上，然后垂直固定在 PVC 管上。这些推进器帮助 ROV 完成升沉（或垂直）运动，两个螺旋桨提供向下的推力。当垂直推进器关闭时，ROV 将借助浮力以可控方式上升。如图 6.2 所示，垂直推进器安装在 ROV 的船头和船尾附近，以使 ROV 在进行升沉运动时具有稳定性。

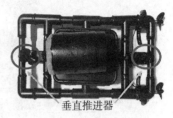

垂直推进器

图 6.2　原型机平面图

该设计还包括另外两个类似的推进器，这两个推进器水平放置在航行器尾部的两侧，以帮助 ROV 完成前进和偏航，如图 6.3 所示。它们是用金属夹安装在 PVC 管上的。为了操纵 ROV 进行偏航，只有一个水平推进器被激活。所有四个推进器都连接到 ARDUINO Yun。这个 ROV 是专为浅水应用而设计的，具有一些自由度。其运动方式包括前进、升沉和偏航。有几种方法可以向 ROV 提供命令信号。缆线用于提供可靠、快速的数据传输。蓝牙是一种无线通信标准，用于蓝牙设备间的通信，蓝牙模块存在于大多数现代设备（手机、GPS 设备）中。然而，与线缆相比，它不能提供类似的传输速度。此外，它还有一个缺点是只能实现短距离传输，并且其工作频率低于 2.4MHz。因此最终决定采用 Wi-Fi 技术，它可以通过微处理器内置的 Wi-Fi 支持访问，命令信号可以从手机传输到 ROV。该技术唯一的缺点是水下通信范围有限，因为水会吸收大部分射频波。

ROV 可以设置为中性浮力或正浮力。具有中性浮力的 ROV 可以保持在一定深度，功耗更低。如果 ROV 具有正浮力，则需要推进器来让 ROV 潜入水下。因此，需要更多的动力来让 ROV 保持在特定的操作深度。具有正浮力的 ROV 更容易回收。由于使用的是 Wi-Fi 通信，该 ROV 没有电缆。为 ROV 设计的推进系统至少具有两个推进器，推进器的位置对于实现最大的机动性和可控性至关重要。安装推进器是用来产生推力和力矩以移动 ROV 的。

与有刷电动机相比，无刷电动机可提供更高的热效率。水射流推进器由一个小直径泵、一个入口管道和一个出口管道组成，其中出口管道提供推力。微泵系统具有多种类型，如叶轮泵、隔膜泵和蠕动泵配置。蠕动泵提供双向流动以迫使水流通过壳体内的管道。电动机注射器系统由注射器和柱塞组成并由直线步进电动机控制，该系统用于改变航行器的浮力。螺旋桨通常由小型电动机驱动，具有良好的机动性。该 ROV 采用的是无刷直流电动机。

摄像机是实现 ROV 视觉功能的重要组成部分。它需要紧凑、可靠、低成本，这样才能满足要求。USB Logitech Webcam C170 以流媒体技术提供彩色视频。摄像机捕捉到的图像会被转换成 JPEG 文件存储在 ARDUINO 上的 SD 卡中。这些图像可以很容易地被计算机上的 SD 卡读卡器读取。ROV 微处理器与 ROV 的控制器进行通信，并将命令信号发送给推进器和摄像机。

ARDUINO Yun 如图 6.4 所示，它有一个运行 Linux 系统的名为 ATmega32U4 的微控制器以及 OpenWrt 无线堆栈。ARDUINO Yun 很容易用 C 语言编程。ARDUINO Yun 通过 OpenWrt-Yun Linux 发行版提供 USB 主机功能。USB 摄像机连接到 Yun，并通过便携式计算机上的 Ubuntu 终端运行 Shell 脚本来控制摄像机。ARDUINO Yun 有 7 个 PWM 输出引脚，其中 3 个引脚与推进器相连。

图 6.3　原型机的后视图

图 6.4　ARDUINO Yun

ARDUINO 电路板、推进器和摄像机需要一个电源供能。这个 ROV 使用 8 节 AA 充电电池提供 12V 电源。电池被放置在 ROV 上。由于选择了 Wi-Fi 通信连接，因此需要一台路由器。路由器是一种网络设备，可以连接两台或多台计算机。计算机、iPhone 和 ARDUINO Yun 会连接到路由器的网络。密封容器为 ROV 提供了可靠的水密结构，以容纳电子设备。

PVC 因具有成本低、重量轻等特点，被选为 ROV 框架的一部分，它们易于切割成不同长度，密封时具有内部浮力。ROV 的制造过程可分为两部分，先是制造 ROV 的主船体，然后制造摄像机外壳。

外壳框架如图 6.5 所示。测量完 PVC 管的长度后，用切管器将其切割。孔的中心被标记在遮蔽胶带上，以确保钻孔位置的准确性。如图 6.6 所示，使用钻孔锯钻孔。PVC 管用 90°弯头和 T 字接头安装。水平 PVC 框架与 Tupperware 的组装如图 6.7 所示。

图 6.5　PVC 配件的外观轮廓

图 6.6　钻孔锯在 Tupperware 上钻孔

图 6.7　水平 PVC 框架与 Tupperware 的组装

如图 6.8 所示，在使用热胶枪对 PVC 管和 Tupperware 上胶前，先检查机架是否对称，并保证所有 PVC 管之间的接头是胶合和密封的，以确保水密完整性。在这一阶段，为了设计电路而停止了制造过程。然后通过 ARDUINO Yun 和 Yun Buddy 应用程序对电动机进行干式测试。

　　如图 6.9 所示为推进器组件。如图 6.10 所示，电动机的电线将穿过 PVC 框架和 Tupperware 的孔。用热胶枪对 Tupperware 进行防水处理，以防止短路。

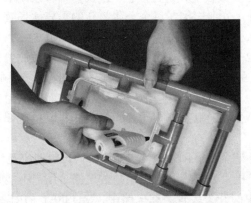

图 6.8　用热胶枪将 PVC 胶合到 Tupperware 的孔上　　　　图 6.9　推进器组件

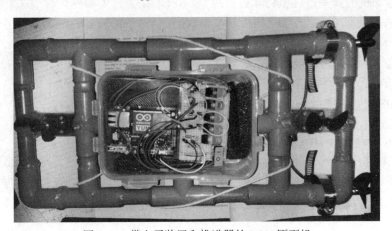

图 6.10　带电子装置和推进器的 ROV 原型机

　　一些电动机的支架是用塑料制成的。在检查两个电动机支架的对齐后，使用热胶枪密封孔的所有剩余间隙，然后将垂直推进器安装在支架上。图 6.10 所示为 ROV 推进器和电子装置安装完成后的效果。

　　摄像机被安装在一个玻璃罐中。因为没有平坦的表面，所以去掉了罐子的底部。将亚克力块切成圆形，用热熔胶固定在玻璃罐上，如图 6.11 所示。接下来，在罐子的盖上钻一个洞，以便 USB 线通过。

　　如图 6.11 所示，使用两根短 PVC 管作为摄像机外壳的支架。热胶枪被用来把支架固定在 Tupperware 的顶部和玻璃罐的底部。图 6.11 所示为安装摄像机外壳后的原型机。至此，这个 ROV 的整个制造过程已经完成。如图 6.12 和图 6.13 所示，为了美观，在 ROV 上涂了一层黑色涂料。

完整的电路连接图如图 6.14 所示。电路布局包括推进器连接和电动机连接。如图 6.15 所示，黑线连接到 ARDUINO Yun 的地线。如图 6.16 所示，电池的负极接地，电池的正极连接到正端。

如图 6.17 所示，电线被挂在面包板的正负极柱上，这样面包板的两边都可以使用。

如图 6.18 所示，引脚 2、引脚 3、引脚 4 分别连接在每个金属氧化物半导体场效应晶体管（MOSFET）的栅脚上。如图 6.19 所示，在第 3 个和第 4 个（从左起）MOSFET 上连接了一根黄色跳线，使引脚 2 可以同时控制 2 个推进器。4 个 $10k\Omega$ 的下拉电阻被放置在 4 个 MOSFET 的信号和接地引脚之间。电动机的正极连接到面包板的正极柱上。3 个 $10k\Omega$ 电阻串联连接，白线导线连接模拟引脚（A0），以测量电压。二极管被放置在面包板的正极和 MOSFET 的漏极引脚上。电压调节器的输入引脚连接到电容器和电池的正极。电压调节器的地线与面包板的地线相连接。

根据电路连接示意图（见图 6.14），设计了由 ARDUINO Yun、4 个 12V 直流无刷电动机、12V 电池、电压调节器、MOSFET、二极管、电容和电阻组成的电路。用户不能直接从 ARDUINO 板驱动电动机，因此需要一个中间开关装置。在电路中，MOSFET（IRL34PBF）被用作控制电动机的开关。这里将 n 通道的 MOSFET 作为开关器件。对于这个特定的模型，器件的引脚输出是 G（栅极）、D（漏极）和 S（源）。4 个 MOSFET 被引脚 2、引脚 3 和引脚 4 驱动。2 个 MOSFET 被同时连接到引脚 2。电线被插入这 3 个引脚，连接到单独的栅极终端的 MOSFET。PWM 将提供一个高信号到晶体管。当 MOSFET 接收到高于阈值电压的栅极电压时，电动机将接通。当开关断开时，电动机停止转动。ARDUINO Yun 不含机载电压调节器。在电路中，12V 电池的正极通过电压调节器连接。电池的负极连接到 ARDUINO 的地线。散热器用来防止电压调节器引起的过热现象。

图 6.11 安装摄像机外壳后的原型机

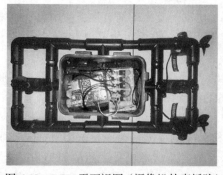

图 6.12 ROV 平面视图（摄像机外壳拆除）

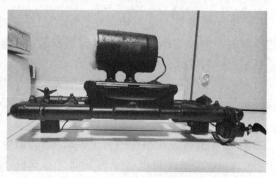

图 6.13 ROV 设备侧视图

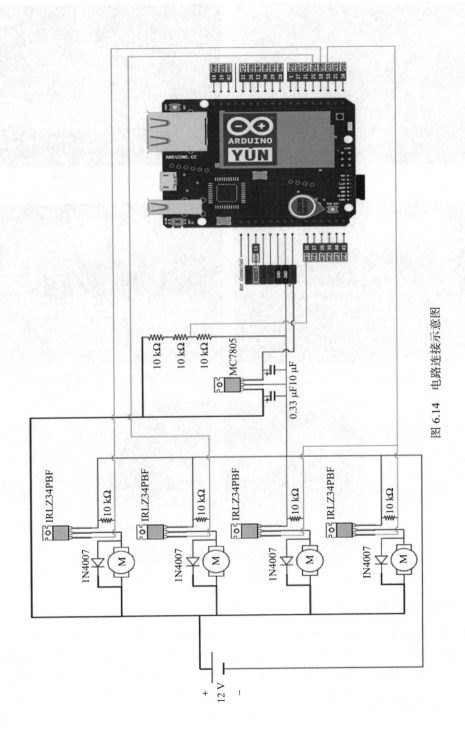

图 6.14　电路连接示意图

图 6.15　线缆连接 1

图 6.16　线缆连接 2

图 6.17　线缆连接 3

图 6.18　线缆连接 4

图 6.19　线缆连接 5

6.1.2　程序设计与系统实现

ARDUINO 的软件 IDE 允许用户利用简单的编程语言为 ARDUINO 板编写程序代码。用 ARDUINO 编程语言写的代码通过 AVRGCC 编译器翻译成 C++ 版本。ARDUINO IDE 允许用户编写草图与电路板上的引脚交互。ARDUINO Yun 提供了一个名为 Bridge 的库，允许 Linux 处理器与微控制器相互通信。它让 ARDUINO 可以运行的 Shell 脚本并从 AR9331 处理器收集数据。Yun 还支持 Wi-Fi，可以实现电路板和便携式计算机之间的无线连接。

　　VMware Player 是一个虚拟机，它允许两个操作系统同时工作。Ubuntu Linux 如图 6.20 和图 6.21 所示，详细信息见第 2 章。

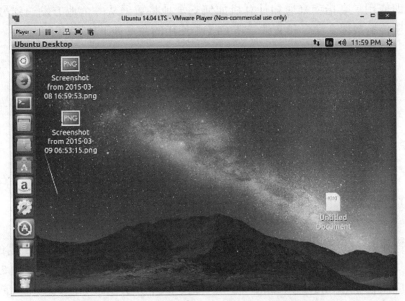

图 6.20　VMware Player 上的 Ubuntu 操作系统

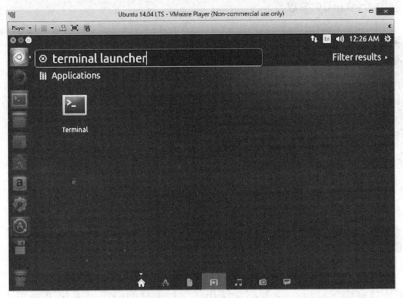

图 6.21　在 Ubuntu Linux 系统中打开终端应用程序

　　Yun 在一个以 OpenWrt-Yun 命名的 Linux 系统下运行。用户连接到 OpenWrt-Yun 系统后，需要通过 SSH 命令行与 ARDUINO Yun Linux 通信。进入命令行（Command Line Interval，CLI），终端应用程序使用 CLI 在 Ubuntu Linux 中启动，如图 6.22 所示。终端创建

Yun Board Linux 处理器和 Ubuntu Linux 之间的连接以实现用户通过 CLI 收发命令，以及对 USB 摄像机的操作。CLI 用于安装 Yun 所需的软件。SSH 是 Secure Shell 的缩写，它是一种 网络协议，即使用一套指南来通知计算机如何安全地将数据从一个地方发送到另一个地方。 SSH 可以用于传输数据、命令和文件。在 CLI 中使用的命令如下所示。

图 6.22　通过 SSH 连接到 Yun

软件包管理器（OPKG 更新命令）被更新，以激活最新的软件包来安装所需的网络摄像 机应用程序，如图 6.23 所示。对于实时视频图像，需要使用 UVC 驱动程序（见 2.5.3 节）的 网络摄像机应用程序和 mjpeg-streamer 程序。如图 6.24 所示，命令行 cd/mnt/sda1 将图像保 存到 SD 卡中。通过输入如图 6.24 所示的下一个命令行对网络摄像机进行测试。注意，在处 理图像之前包含了 -skip-20 参数。

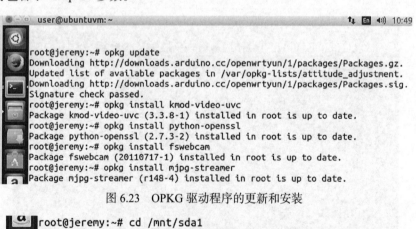

图 6.23　OPKG 驱动程序的更新和安装

```
root@jeremy:~# cd /mnt/sda1
root@jeremy:/mnt/sda1# fswebcam firstpicture.png --skip 20
```

图 6.24　SD 卡存储图像和测试摄像机的命令行

从 SD 卡中读取图像。图 6.25 显示了使用命令行捕获的图像。图 6.26 显示了启用视频流 的命令行。-r 参数设置视频的分辨率为 648×480，-p 参数设置视频流端口。通过输入 http:// xxxxx.local:8080/stream.html，直播来自网络摄像机的视频流。计算机上的图像似乎是黑色的 或扭曲的。这个问题通过 -skip n option 来解决，该选项命令 fswebcam 在捕捉下一个图像之 前跳过网络摄像机的前 n 个图像。

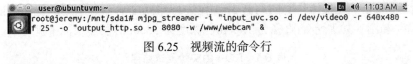

图 6.25　视频流的命令行

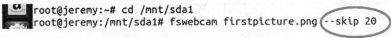

图 6.26　CLI 上的 skip 参数

Yun Buddy 是来自苹果商店的一个 iPhone 应用程序（见图 6.27）。接口向 ARDUINO Yun 发送命令信号。ARDUINO Yun 将通过 PWM 输出将电压发送到指定的 MOSFET 来激活电动机。Yun Buddy 为写 Sketch 降低了难度。它需要通过 ARDUINO 的软件 IDE 上传 Bridge 的例子到 Yun。

由于 Bridge 的例子已经上传到 Yun，因此 AR9331 的 Wi-Fi 接口允许与 ATmega32U4 通信。只要它们在 ARDUINO 程序中定义为输出 pinMode()，任何数字引脚都可以用于控制 MOSFET。数字引脚 0 和 1 被用来连接到 Linux 芯片。iPhone、便携式计算机和 ARDUINO Yun 将连接到同一个无线局域网。Yun Buddy 应用程序被用来向 ARDUINO Yun 发送控制信号。ATmega32U4 接收信号并发送一个高 PWM 输出来远程激活推进器。通过触发 Yun Buddy 界面上各个数字引脚的开 / 关按钮即可建立控制，Yun Buddy 应用程序的控制界面如图 6.28 所示。例如，当引脚 2 调高时，两个垂直推进器都将启动。

图 6.27　Yun Buddy 应用程序

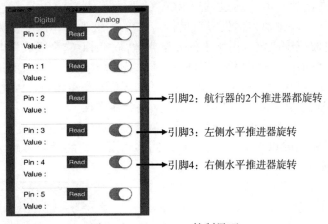

图 6.28　Yun Buddy 控制界面

6.1.3　测试

如表 6.1 所示，该 ROV 在水中的前进速度为 22.5cm/s，偏航率为 0.285rad/s。ROV 的最大操作深度为 22cm，最长操作时间约为 3h。在进行测试之前，对电路进行了验证。水下实验是在图 6.29 和图 6.30 所示的直径为 150cm、深度为 35cm 的圆形水池中进行的。

表 6.1　ROV 的实验测试结果

实验测试	结果	实验测试	结果
前进速度	22.5cm/s	最大操作深度	22cm
偏航率	0.285rad/s	最长操作时间	3h

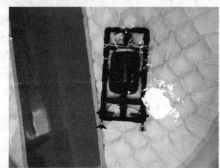

图 6.29　ROV 水下测试 1　　　　图 6.30　ROV 水下测试 2

　　在电子设备和硬件安装完成后，对 ROV 的浮力进行了测试。由于在 Tupperware 和摄像机外壳中滞留了过多的空气，因此 ROV 受到的浮力太大。由于垂直推进器不足以克服浮力，因此在 ROV 的底部增加了一个额外的压载重量。为了保持 ROV 在水面上的机动能力，在 Tupperware 上增加了螺丝等重量来调整压载物。这样增加了 ROV 的稳定性。

　　当 ROV 潜至 30cm 深度时，失去了对 ROV 的控制。测试得出 ROV 的最大操作深度为 22cm。当垂直推进器运行时，通过调整 ROV 的浮力，使 Tupperware（安装了 ARDUINO Yun）更接近水面，可以将动力损失降至最低。ROV 的最大工作深度由路由器和控制板之间最有效的无线电波范围决定。由于水的介电常数高，因此它会吸收发射的大部分无线电信号。尽管水的衰减很大，ROV 仍然能够以不同的轨迹移动。视频流有助于 ROV 的导航。ROV 能够在水中长时间保持。然而，由于使用的是无刷直流电动机，因此 ROV 无法执行反向运动。用户控制通过 iPhone 上的 Yun Buddy 应用程序实现。

　　图 6.31 显示了 ROV 移动时的一些截图。为求得 ROV 的前进速度，这里为 ROV 定义了一个起点。通过距离除以 ROV 在这两点之间移动所花费的时间来确定前进速度。该测试是通过视频片段进行的。ROV 的前进速度约为 22.5cm/s。如图 6.32 所示，ROV 完成 180° 旋转大约需要 11s，因此，偏航率约为 0.285rad/s。ROV 在前进、升沉、偏航和视频图像采集等方面的可操作性均表现良好。Wi-Fi 通信的使用限制了 ROV 的作业深度。ROV 的测试程序代码如下所示。

图 6.31　ROV 向前移动

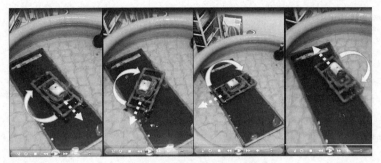

图 6.32　ROV 在偏航方向移动

ROV 测试程序代码：

```
Bridge

#include <Bridge.h>
#include <YunServer.h>
#include <YunClient.h>

// Listen on default port 5555, the webserver on the Yún
// will forward there all the HTTP requests for us.
YunServer server;

void setup() {
  // Bridge startup
  pinMode(13, OUTPUT);
  digitalWrite(13, LOW);
  Bridge.begin();
  digitalWrite(13, HIGH);

  // Listen for incoming connection only from localhost
  // (no one from the external network could connect)
  server.listenOnLocalhost();
  server.begin();
}

void loop() {
  // Get clients coming from server
  YunClient client = server.accept();

  // There is a new client?

  if (client) {
    // Process request
    process(client);

    // Close connection and free resources.
    client.stop();
  }

  delay(50); // Poll every 50ms
}
```

```
void process(YunClient client) {
  // read the command
  String command = client.readStringUntil('/');

  // is "digital" command?
  if (command == "digital") {
    digitalCommand(client);
  }

  // is "analog" command?
  if (command == "analog") {
    analogCommand(client);
  }

  // is "mode" command?
  if (command == "mode") {
    modeCommand(client);
  }
}

void digitalCommand(YunClient client) {
  int pin, value;

  // Read pin number
  pin = client.parseInt();

  // If the next character is a '/' it means we have an URL
  // with a value like: "/digital/13/1"
  if (client.read() == '/') {
    value = client.parseInt();
    digitalWrite(pin, value);
  }
  else {
    value = digitalRead(pin);
  }

  // Send feedback to client
  client.print(F("Pin D"));
  client.print(pin);
  client.print(F(" set to "));
  client.println(value);

  // Update datastore key with the current pin value
  String key = "D";
  key += pin;
  Bridge.put(key, String(value));
}

void analogCommand(YunClient client) {
  int pin, value;

  // Read pin number
  pin = client.parseInt();

  // If the next character is a '/' it means we have an URL
  // with a value like: "/analog/5/120"
  if (client.read() == '/') {
    // Read value and execute command
    value = client.parseInt();
    analogWrite(pin, value);

    // Send feedback to client
    client.print(F("Pin D"));
    client.print(pin);
    client.print(F(" set to analog "));
    client.println(value);

    // Update datastore key with the current pin value
```

```
      String key = "D";
      key += pin;
      Bridge.put(key, String(value));
    }
    else {
      // Read analog pin
      value = analogRead(pin);

      // Send feedback to client
      client.print(F("Pin A"));
      client.print(pin);
      client.print(F(" reads analog "));
      client.println(value);

      // Update datastore key with the current pin value
      String key = "A";
      key += pin;
      Bridge.put(key, String(value));
    }
}

void modeCommand(YunClient client) {
  int pin;

  // Read pin number
  pin = client.parseInt();

// Read pin number
pin = client.parseInt();

// If the next character is not a '/' we have a malformed URL
if (client.read() != '/') {
  client.println(F("error"));
  return;
}

String mode = client.readStringUntil('\r');
  if (mode == "input") {
    pinMode(pin, INPUT);
    // Send feedback to client
    client.print(F("Pin D"));
    client.print(pin);
    client.print(F(" configured as INPUT!"));
    return;
  }

  if (mode == "output") {
    pinMode(pin, OUTPUT);
    // Send feedback to client
    client.print(F("Pin D"));
    client.print(pin);
    client.print(F(" configured as OUTPUT!"));
    return;
  }

  client.print(F("error: invalid mode "));
  client.print(mode);
}
```

6.2 用于监控的水下履带机器人智能控制

正如前面所提到的，智能手机的普及得益于其拥有加速度计/陀螺仪、环境光传感器、摄像机、近距离传感器、GPS、心率传感器、Wi-Fi、蓝牙和触摸屏等设备。工程师可以使用智能手机监控数据，查看一段时间内的历史数据，接收基于测量结果的通知，甚至远程控制原型运行测试。远程设备和智能手机之间的连接是通过有线或无线技术建立的。有很多操作系统可以与软件结合来编程和控制远程设备。这些由智能手机控制的远程设备具有工业和商业用途。

为了让智能手机能够执行远程控制，可以设计并安装一个应用程序到手机中。它消除了对远程控制单元的需要。此外，随着智能手机行业的兴起，研究显示全球 56% 的成年人在使用智能手机。这种普及程度将促进这项技术在消费者之间的传播。该应用程序可以通过 Android 或苹果应用程序商店等入口找到，并且很容易访问。因此，使用智能手机作为远程控制机器人的平台是一项非常有吸引力的技术。

6.2.1 系统设计与架构

我们的目标是设计并构建一种可以基于嵌入式系统和智能手机之间的交互远程控制的水下履带机器人。通过这个水下履带机器人，可以记录和调查船体、舱室和密闭空间的状况。嵌入式系统中使用的平台是 ARDUINO Uno（见图 6.33），智能手机端使用的是 Android 应用程序。这两个平台都很容易在市场上找到，而且价格低廉。

利用现有智能手机应用程序实现对水下机器人的控制的方法是通过蓝牙协议建立嵌入式系统与智能手机设备之间的连接，并通过直接驱动

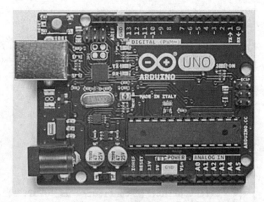

图 6.33 ARDUINO Uno

模式（Direct Drive Mode，DDM）控制水下机器人。DDM 是一种通过智能手机上的触屏按钮发送方向指令来控制水下机器人的方式，如图 6.34 所示。例如，如果用户想要倒车，只需触碰智能手机屏幕上的倒车按钮。水下机器人接收命令并分析，然后完成相应的运动。它让用户能够改变水下机器人的方向，并使其避开障碍物。这里要使用的是由 MIT App Inventor 开发的 Android 应用程序。应用程序通过蓝牙协议建立智能手机与安装在水下履带机器人上的 ARDUINO Uno 板之间的连接。蓝牙是一种数字无线电通信协议，可以随连随用。与相同频率运行的 Wi-Fi 协议相比，它更适合于长期的无线基础设施，因为每个节点都被分配了一个固定的 IP 地址。现在大多数智能手机设备都集成了蓝牙模块，很容易发起通信。设备通过无线个人局域网络连接在一起。与使用 Wi-Fi 相比，使用蓝牙通信的主要原因是低功耗。智能手机上的实时摄像机可以用于监控。

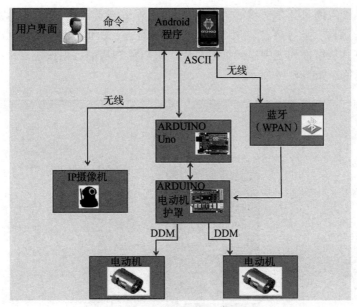

图 6.34　系统整体框图

　　如图 6.35 所示，MIT App Inventor 允许用户使用 Web 服务器为 Android 手机开发 Android 应用程序。这个 App Inventor 服务器还可以保存你的工作，并帮助跟踪工作进度。通过在 App Inventor Designer 页面中选择应用程序所需的组件来构建应用程序。然后，通过 App Inventor Blocks Editor，可以参照所选组件汇编程序块，并指定组件的行为和对人机界面的响应方式。这个 App Inventor Blocks Editor 允许用户通过组装组件来汇编程序。应用程序的测试可以通过使用 Android 模拟器为 Android 手机生成一个独立的应用程序来完成。

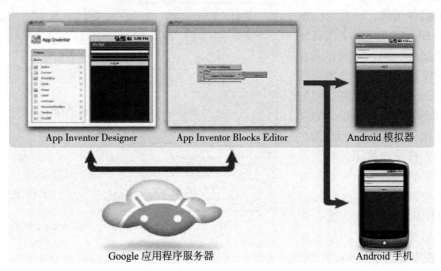

图 6.35　MIT App Inventor 界面

　　水下履带机器人通过蓝牙协议、方向键和一个 Web 查看器进行通信，以建立与 IP 摄像机之间的连接。因此，蓝牙客户端有 5 个方向键（前进、后退、向左、向右和停止）。选择 Web 查看器并将其从组件列表中拖到查看器中。可以从右边的调色板中定义组件的属性，如文本、设计和颜色，如图 6.36 所示。

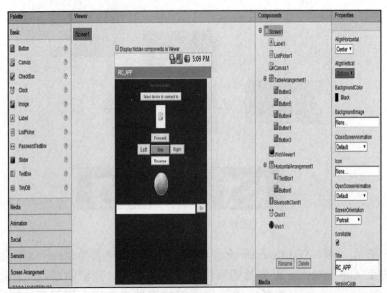

图 6.36　MIT App Inventor Designer GUI

　　Block Editor Interface 由 C++ 语言定义。用于一般行为的模块被拖到 Block Viewer 中。然后是特定组件模块，这些组件模块被拖到 Block Viewer 中以将各个部分连接在一起。首先，通过选择蓝牙模块的通用模块加入模块（if 和 else）来建立连接，设置如图 6.37 所示的结果模块。如果蓝牙连接成功，文本颜色设置为绿色。如果蓝牙连接不成功，则文本颜色设置为红色，表示未连接。接下来，我们通过选择按钮 1 的通用模块来设置方向按钮的行为，然后加入蓝牙客户端模块

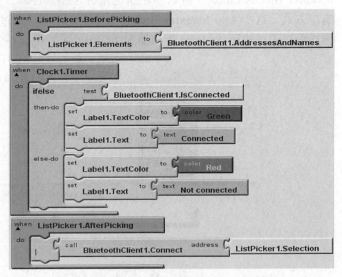

图 6.37　MIT App Inventor Block Editor 界面 1

（call）发送字节数字到 ARDUINO，如图 6.38 所示。这些数字是直接和 ARDUINO 设置的代码联系的，并使用 ASCII 码进行转换。按钮 2、3、4、5 使用相同的模块但不同的字节数进

行设置，如图 6.38 所示。最后，通过选择按钮 6 的通用模块并加入模块 if 和 else，然后用网络查看器模块（call）来设置 Web 视图。文本模块如图 6.38 所示。

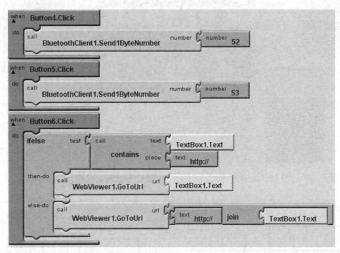

图 6.38　MIT App Inventor Block Editor 界面 2

ARDUINO 软件 IDE 是一个允许用户用简单编程语言为 ARDUINO 板编写 Sketch（草图）的程序。用 ARDUINO 程序设计语言写的代码被翻译成 C++ 程序设计语言给 AVR-GCC 编译器（开源软件的基本部分，使最终翻译可由微控制器读取）。如图 6.39 所示，Pololu Zumo 底盘套件被作为水下履带机器人的平台。该套件配有 2 条硅胶履带、2 个从动链轮以及亚克力安装板。履带轮的集成让它可以自由行动。主体有 4 节 AA 电池和 2 个电动机插座。用于驱动水下履带机器人的电动机是微型金属齿轮电动机，其自由运行速度为 625rpm，6V 时失速电流为 1600mA，500g 时最高速度为 100cm/s。

图 6.39　水下履带航行器初始测试

水下履带机器人需要在干船坞和密闭水域对船体进行监控。整个电气系统被密封在一个水密盒内，用硅树脂密封以防水。由于水密盒的浮力，需要在水下履带机器人上增加重量来抵消浮力。电路由蓝牙模块、ARDUINO 电动机护罩、2 个直流电动机、1 个 9V 电池组成。在 Fritzing 软件中，ARDUINO Uno 板未显示，因为 ARDUINO 电动机护罩安装在其上。9V 电池为 ARDUINO Uno 板、蓝牙模块以及电动机供电。如图 6.40 所示，将 2 个电动机连接到电动机护罩的螺杆端上。蓝牙模块的 RX 引脚被连接到了 ARDUINO 的 TX 引脚，蓝牙模块的 TX 引脚被连接到 ARDUINO 的 RX 引脚，蓝牙模块的接地引脚连接到 ARDUINO 的接地引脚，并且 VCC 引脚是连接到 ARDUINO 的 5V 引脚，如图 6.41 所示。最后，连接蓝牙模块的 RTS 和 CTS 引脚，完成电路的设计。

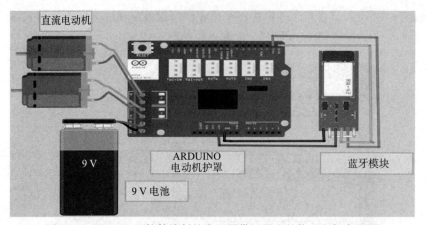

图 6.40 用 Fritzing 软件绘制的水下履带机器人的物理电气布局图

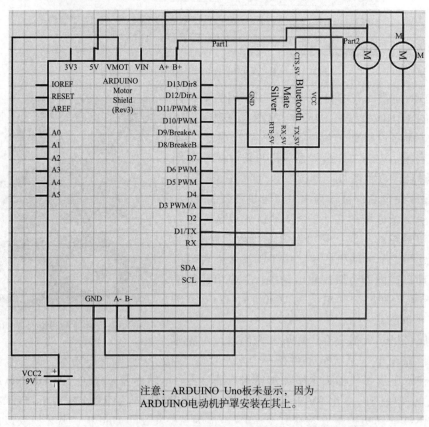

图 6.41 用 Fritzing 软件绘制的水下履带机器人的电路原理图

6.2.2 程序设计与系统实现

首先，参考图 6.42 所示的 ARDUINO 电动机护罩定义电动机引脚，如图 6.43 所示。在进行 C++ 编程时，我们需要在一开始就定义变量的类型。

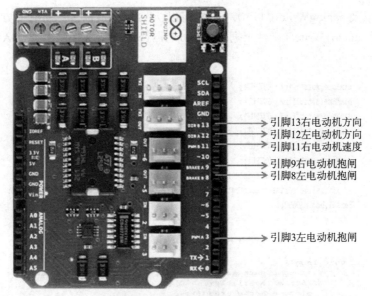

图 6.42　ARDUINO 电动机护罩

```
dc_motor_2§
int motor1Pin1 = 13; // Pin 13 on Motor shield left motor direction
int motor1Pin2 = 8; // Pin 8 on Motor shield left motor break
int enable1Pin = 11; // Pin 11 on Motor shield controls left motor speed
int motor2Pin1 = 12; // Pin 12 on Motor shield right motor direction
int motor2Pin2 = 9; // Pin 9 on Motor shield  controls right motor break
int enable2Pin = 3; // Pin 3 on Motor shield controls right motor speed
int state;
int flag=0;          //makes sure that the serial only prints once the state
int stateStop=0;
void setup() {
```

图 6.43　ARDUINO Sketch 1

　　然后，每个 ARDUINO 电路板需要 2 个 void 类型函数：setup() 和 loop()。一个 void 类型函数不返回任何值。当 ARDUINO 通电时，setup() 开始运行，并连续执行 loop() 函数。setup() 函数是在开始时引脚模式初始化的地方，而 loop() 函数是代码重复的地方。在 setup() 函数中，通过调用带有 2 个变量的 pinMode() 来设置引脚。第一个变量是引脚编号，第二个变量指示 INPUT 或 OUTPUT 的引脚，如图 6.44 所示。对于电动机引脚，变量是 OUTPUT，传感器使用的变量是 INPUT。由 MDFLY 电子公司设计的 HC-06 晶体管逻辑（TTL）收发模块，其波特率范围为 1200bps~115 200bps。因此，使用如图 6.44 所示的函数 Serial.begin() 将蓝牙串行通信波特率设置为 9600bps。

　　如图 6.45 所示，接下来在 loop() 函数中调用引脚号码并将其设置为 HIGH 或 LOW 状态，使用函数 digitalWrite() 定义方向运动，类似于 PWM。单个电动机的速度由函数 analogWrite() 定义，方法是调用引脚号码并将 analogWrite() 设置为 0~255。analogWrite（255）是 100% 的占空比，analogWrite（127）是 50% 的占空比（一半的时间）。例如，将电动机引脚 1 和引脚 2 设置为高以及 analogWrite（175），ROV 将以 75% 的速度前进。所有的方向运动都是用 digitalWrite() 和 analogWrite() 函数根据 MIT App Inventor Block 编辑器通过 ASCII 表定义的状态号设置的。

```
pinMode(motor1Pin1, OUTPUT);
pinMode(motor1Pin2, OUTPUT);
pinMode(motor2Pin1, OUTPUT);
pinMode(motor2Pin2, OUTPUT);
pinMode(enable1Pin, OUTPUT);
pinMode(enable2Pin, OUTPUT);
// sets enable1Pin and enable2Pin high so that motors are turned on:
// initialize serial communication at 9600 bits per second for bluetooth model HC-06:
Serial.begin(9600);
}
```

图 6.44　ARDUINO Sketch2

```
void loop() {
    //if some date is sent, reads it and saves in state
    if(Serial.available() > 0){
      state = Serial.read();
      flag=0;
    }
    // if the state is '1' the ROV will go forward
    if (state == '1') {
        digitalWrite(motor1Pin1, HIGH);
        digitalWrite(motor2Pin1, HIGH);
        analogWrite(enable1Pin, 175);
        analogWrite(enable2Pin, 175);


        if(flag == 0){
          Serial.println("Go Forward!");
          flag=1;
        }
```

图 6.45　ARDUINO Sketch3

最后，将 Sketch 编译成机器码并通过 USB 端口上传到 ARDUINO。上传 Sketch 时，为了防止对 ARDUINO Uno 板产生干扰，将蓝牙连接移除。完整的 ARDUINO Sketch 如下所示。

```
ARDUINO  Sketch
int motor1Pin1 = 13; // Pin 13 on Motor shield left motor direction

int motor1Pin2 = 8; // Pin 8 on Motor shield left motor break

int enable1Pin = 11; // Pin 11 on Motor shield controls left motor speed

int motor2Pin1 = 12; // Pin 12 on Motor shield right motor direction

int motor2Pin2 = 9; // Pin 9 on Motor shield  controls right motor break

int enable2Pin = 3; // Pin 3 on Motor shield controls right motor speed

int state;

int flag=0;        //makes sure that the serial only prints once the state

int stateStop=0;

void setup() {
    // sets the pins as outputs:
```

```
    pinMode(motor1Pin1, OUTPUT);
    pinMode(motor1Pin2, OUTPUT);
    pinMode(motor2Pin1, OUTPUT);
    pinMode(motor2Pin2, OUTPUT);
    pinMode(enable1Pin, OUTPUT);
    pinMode(enable2Pin, OUTPUT);
    // sets enable1Pin and enable2Pin high so that motors are turned on:
    // initialize serial communication at 9600 bits per second for bluetooth model HC-06:
    Serial.begin(9600); }
void loop() {
    //if some date is sent, reads it and saves in state
    if(Serial.available() > 0){
      state = Serial.read();
      flag=0;
    }
    // if the state is '1' the ROV will go forward
    if (state == '1') {
        digitalWrite(motor1Pin1, HIGH);
        digitalWrite(motor2Pin1, HIGH);
```

```
    analogWrite(enable1Pin, 175);   //Spins the motor on Channel A at 70% speed forward direction
    analogWrite(enable2Pin, 175);   //Spins the motor on Channel B at 70% speed forward direction
    if(flag == 0){
      Serial.println("Go Forward!");
      flag=1;
    }
  }
    // if the state is '2' the ROV will turn left
else if (state == '2') {
    digitalWrite(motor1Pin1, HIGH);
    digitalWrite(motor1Pin2, LOW);
    digitalWrite(motor2Pin1, LOW);
    digitalWrite(motor2Pin2, LOW);
    analogWrite(enable1Pin, 250);   //Spins the motor on Channel A at full speed forward direction
    analogWrite(enable2Pin, 50);    //Spins the motor on Channel B at 20% speed reverse direction
    if(flag == 0){
      Serial.println("Turn LEFT");
      flag=1;
```

```
      }
    delay(1500);
    state=3;
    stateStop=1;   }
// if the state is '3' the ROV will Stop
else if (state == '3' || stateStop == 1) {
    digitalWrite(motor1Pin1, LOW);
    digitalWrite(motor1Pin2, LOW);
    digitalWrite(motor2Pin1, LOW);
    digitalWrite(motor2Pin2, LOW);
```

```
    analogWrite(enable1Pin, 0);
    analogWrite(enable2Pin, 0);
    if(flag == 0){
      Serial.println("STOP!");
      flag=1;
      }
    stateStop=0;
}
// if the state is '4' the ROV will turn right
else if (state == '4') {
    digitalWrite(motor1Pin1, LOW);
    digitalWrite(motor1Pin2, LOW);
    digitalWrite(motor2Pin1, HIGH);
    digitalWrite(motor2Pin2, LOW);
    analogWrite(enable1Pin, 50);   //Spins the motor on Channel A at 20% speed reverse direction
    analogWrite(enable2Pin, 250);  //Spins the motor on Channel B at full speed forward direction
    if(flag == 0){
      Serial.println("Turn RIGHT");
      flag=1;
      }
    delay(1500);
    state=3;
    stateStop=1;
}
// if the state is '5' the ROV will Reverse
else if (state == '5') {
```

```
digitalWrite(motor1Pin1, LOW);
digitalWrite(motor2Pin1, LOW);
analogWrite(enable1Pin, 175);
  analogWrite(enable2Pin, 175);   //Spins the motor on Channel B at 70% speed reverse direction
  if(flag == 0){
   Serial.println("Reverse!");
    flag=1;
   }
  }
//For debugging purpose
//Serial.println(state);
}
```

　　ARDUINO Sketch 是一个开源软件（可以在其中建立一个工程），支持设计师、工程师、研究人员和业余爱好者实现从物理原型设计到实际产品的开发。这里有一个电子部件库，为 ARDUINO 学习人员提供技术资源。ARDUINO[1] 的电路板可采用电子设计自动化（Electronic Design Automation，EDA）软件来设计。EDA 是一类用于设计系统、集成电路（IC）和印刷电路板（PCB）的软件工具。Fritzing 软件被认为是一个 EDA，因为它可以创建电路原理图和基于原型板布局的 PCB。ARDUINO Uno 板是一个开源的通用微控制器编程和原型设计平台，可以很容易地编程来控制事物和响应传感器输入。ARDUINO Uno 板是基于 ATmega328 的一种廉价的小型计算机。它有 14 个可用于 PWM 输出的数字输入 / 输出引脚、6 个模拟输入、1 个 16MHz 的陶瓷谐振器、1 个 USB 接口、1 个电源插孔和 1 个带有复位按钮的 ICSP 数据头。它可以由 USB 线、AC/DC 适配器或电池供电。

　　ARDUINO 电动机护罩是一种双全桥驱动器，用于驱动电感负载，如基于 L298 的螺线管、继电器、直流电动机和步进电动机。它允许用户用 ARDUINO 板驱动 2 个直流电动机并允许它们独立控制每个电动机的速度和方向。它有 2 个独立的通道 A 和 B，使用 4 个 ARDUINO 引脚驱动电动机。电动机护罩上共有 8 个引脚，可以使用每个通道分别驱动 2 个直流电动机。ARDUINO 电动机护罩直接安装在 ARDUINO Uno 板的顶部，用各自的引脚来控制多个电动机。

6.2.3　测试

　　通过将摄像机和履带轮集成到系统中，水下履带机器人就可以在水下部署和监控，如图 6.46 所示。机器人由智能手机远距离控制，以降低操作人员暴露在危险环境中的风险。

　　如表 6.2 所示，实验结果表明，水下履带机器人在陆地上的最大监测距离为 27m，在水中的最大监测距离为 20m。由于使用蓝牙协议在智能手机和水下履带机器人之间建立连接，因此最大水深限制在 25cm。由于附加了重量来抵消浮力，水下履带机器人的速度降到 50cm/s。许多当前和未来的嵌入式系统都可以定制和调整，以便由智能手机进行监控。这使得用户可以轻松地与工业和家用嵌入式设备进行交互。市场上有很多嵌入式系统都实现了类似的功能。结果表明，该水下履带机器人可用于探测船体、舱室、危险区域和不易进入的密闭空间。

这款水下履带机器人集成了高性能智能手机和 ARDUINO，并利用蓝牙技术实现高效、安全、可靠的连接。随着 GPS 和 Wi-Fi 等技术的进一步改进，可以建立远程监控系统。可以添加多个摄像机和传感器到水下履带机器人上，以实现更好的监控。该应用还可以通过添加功能来显示更多的数据，比如周围的温度和连接强度。通过集成压力平衡关闭设备、耐压电子系统[2]、声学调制解调器和应答器，可以实现深水监测[3]。

图 6.46　水下履带机器人在水中测试

表 6.2　水下履带机器人实验结果

实验测试	结果	实验测试	结果
陆上监测距离	最大 27m	速度	0~50cm/s
水下监测距离	最大 20m	操作时间	4h
下潜深度	最大 25cm		

6.3　仿树懒爬杆机器人

除了研究水下机器人，我们也可以设计陆基机器人。电缆检查是一项在高危环境下进行的任务。由于涉及强电场和强磁场，因此采用爬壁机器人来完成任务。机器人将利用抓握和驱动系统爬上电线杆。在过去的几年里，已经有几款爬杆机器人的设计方案被开发出来。其运动机制围绕着抓握、攀爬和行走系统展开，但很少有像仿树懒爬杆机器人、多用途四足爬绳机器人和 Hand-Bot 这样的例子。最初提出的设计由于一些限制经过了许多修改。然而，机器人的目标是沿着悬挂结构（如电线杆）移动。为了降低成本，整体结构的复杂性应该被设计得比较小。设计简化为使用一对夹持臂，而不是同时使用轮子和夹持臂。新提出的爬升机构包括一对带有橡胶垫的夹持臂，以使抓握更牢固。行走机构包括用来攀爬的转动手臂。

这款机器人的开发使用了一种仿生技术，它模仿了树懒的四肢动作。该设计的夹爪模仿了树懒的四肢结构，背部使用铰链，可以伸直并向前移动。该机器人的设计包括 4 条腿和 4 个夹爪，每个夹爪都由一个电动机控制。机器人的运动依赖于腿和电动机的同步。夹爪用于稳定地抓住电线杆，使机器人可以自由移动。机器人在攀爬过程中用手臂抓取物体并保持身体稳定，电动机驱动手臂来调整机身的姿态以使其能抓住电线杆。

6.3.1 系统设计与架构

机器人整个身体的机械模型由三杆机构组成（见图 6.47 和图 6.48），执行沿着电线杆稳定移动的动作。连杆将围绕每个关节旋转，以实现攀爬运动。我们需要控制关节的旋转。因此，需要在关节之间放置一个动力源。在连杆之间可以放置一个电动机，以让机器人能够以适当的速度平稳地移动。此外，选择合适的动力传输机构是至关重要的，因为将会有大转矩作用在这些点，特别是当机器人携带一定的负载时。

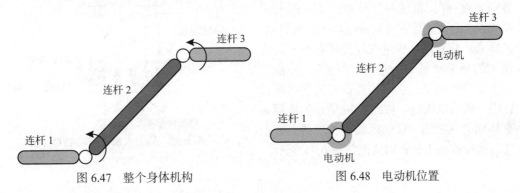

图 6.47　整个身体机构　　　　　图 6.48　电动机位置

夹爪的设计需要保证机器人的夹持机构不会失效。如图 6.49~ 图 6.52 所示，它由两根弯曲连杆和一根直连杆组成，以实现通过电动机的转动开启和关闭夹爪。

本节介绍一种能够在电线杆之间自由移动的自主攀爬电缆装置的设计、制造和测试，并提出一种控制这种运动的算法。要求如下。

- 夹持机构类型：包括一对夹持臂，在夹爪的内侧配有橡胶垫。该夹爪的机械臂固定在能自由旋转的关节上，这样当关节旋转时，关节周围的电动机也将产生运动，使夹爪能够抓住电线杆。此外，电动机反向旋转将使夹爪松开。

- 旋转和行走机构：旋转模块的目的是使机器人在电线杆上或悬挂杆上行走。该模块由两个电动机组成，每个电动机驱动一个夹持臂。这两个夹持臂会轮流旋转。当它旋转时，相应的夹爪会松开。双臂关节的旋转应该达到 180°。

图 6.49　旋转连杆　　图 6.50　旋转连杆和电动机

图 6.51　整个夹爪

图 6.52　控制单元概览

整个系统由两套镜像机制的夹持和攀爬系统组成。它们背靠背放置，以便在杆上升降。在两套夹持系统之间使用两个线性执行器。当执行器缩回时，会导致机械臂缩回并抓住杆。一旦机器人抓住杆，安装在每只机械臂上的直流电动机将驱动齿轮。轮子会在一边沿顺时针方向转动，在另一边沿逆时针方向转动。在夹持和攀爬系统的顶部安装了两条伸展臂，使机器人能够沿着杆移动。

夹持系统如图 6.53 所示。它包括一台伺服电机，该伺服电机被控制以 90°旋转关节。一旦关节固定在 90°，滑轮将保持在杆上。通过皮带轮和齿轮系统连接到滑轮的电动机开始驱动，让机器人沿杆移动。少量红外传感器被安装在机器人的顶部区域作为它的"眼睛"，并激活下一个指定的运动。一个传感器安装在机械臂上，用于检测电线杆。如图 6.54 所示为机器人垂直移动的侧视图，底部区域有传感器。综上所述，爬杆机器人的运动情况如图 6.55 所示。

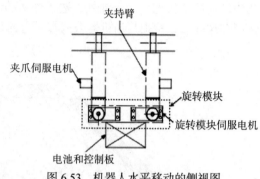

图 6.53　机器人水平移动的侧视图

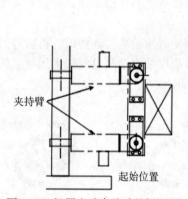

图 6.54　机器人垂直移动的侧视图

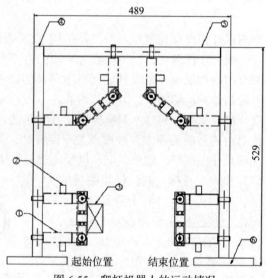

图 6.55　爬杆机器人的运动情况

夹爪的俯视图及实物图片如图 6.56 和图 6.57 所示，电动机旋转驱动主齿轮和副齿轮到达闭合位置，使机器人能够抓住杆。通过旋转电动机和齿轮，施加的力将增加到一个可接受的水平。为了确保夹爪的牢固性，在夹爪的内侧附有一层橡胶垫。杆和橡胶垫之间的摩擦力可以防止机器人在攀爬时打滑。

整个机构由三个连杆组成，它们围绕两个关节旋转，如图 6.58 所示。在每个关节处放置一个电动机来控制旋转和爬升运动。它可以提供适当的速度，使运动平稳。选择正确的电动机转矩是至关重要的，因为关节需承受必要的有效负载。整个系统由一对夹持臂和一个旋转模块组成。每个关节都由一个电动机驱动，这个电动机会驱动关节旋转，使机器人做出 180°的转动去抓住下一个点。如图 6.59 和图 6.60 所示，在直连杆中心的旋转，使两根弯曲连杆能很好地合上夹爪。仿树懒爬杆机器人的最终设计如图 6.61 所示。

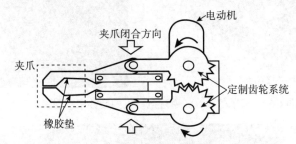

图 6.56　夹爪的俯视图，显示电动机的旋转和其在关闭 / 打开位置的运动

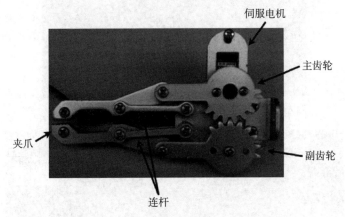

图 6.57　夹爪图片

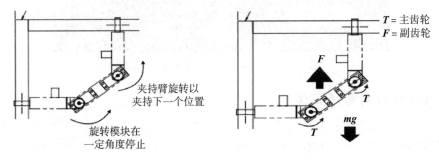

图 6.58　双臂旋转爬升

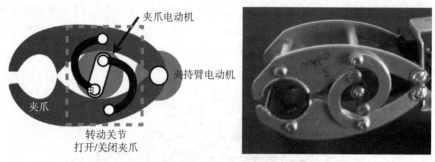

图 6.59　夹爪的设计和通过电动机的旋转来实现闭合位置

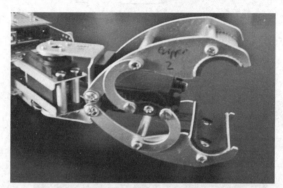

图 6.60　夹爪的设计和通过电动机的旋转来实现打开

图 6.61　仿树懒爬杆机器人的最终设计

6.3.2　程序设计与系统实现

　　红外传感器安装在机器人的顶部，充当"眼睛"，并激活下一个指定动作，这些红外传感器可以探测障碍物。一个传感器安装在机械臂上，用于感知杆的末端。在底部区域有传感器，机器人可以"知道"何时停止。这一节使用了图 6.62 中的 ARDUINO Uno Rev 3。利用图 6.63 中的伺服控制板来控制伺服电机的角度。在下载到 ARDUINO Uno 之前，在 Sketch 中书写程序。

　　整个障碍的总距离为 1550mm，需要 30s。如图 6.64 所示为系统算法的流程图。

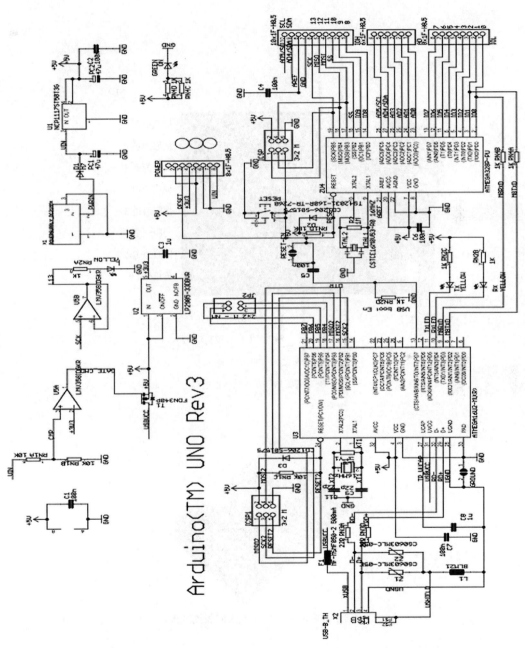

图 6.62　ARDUINO Uno Rev3 的电路原理图

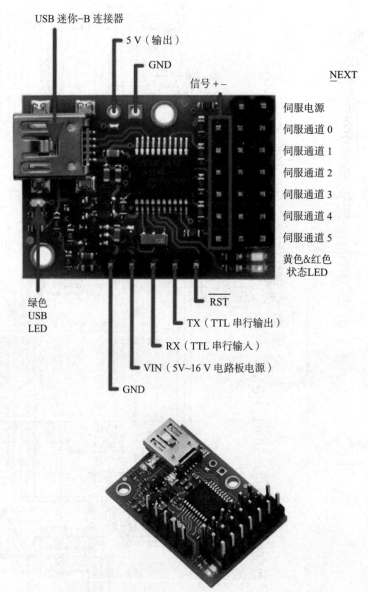

USB 迷你–B 连接器

5 V（输出）

GND

信号 + −

NEXT

伺服电源

伺服通道 0

伺服通道 1

伺服通道 2

伺服通道 3

伺服通道 4

伺服通道 5

黄色&红色
状态LED

$\overline{\text{RST}}$

TX（TTL 串行输出）

RX（TTL 串行输入）

VIN（5V~16 V 电路板电源）

GND

绿色
USB
LED

图 6.63　仿树懒爬杆机器人的伺服控制板

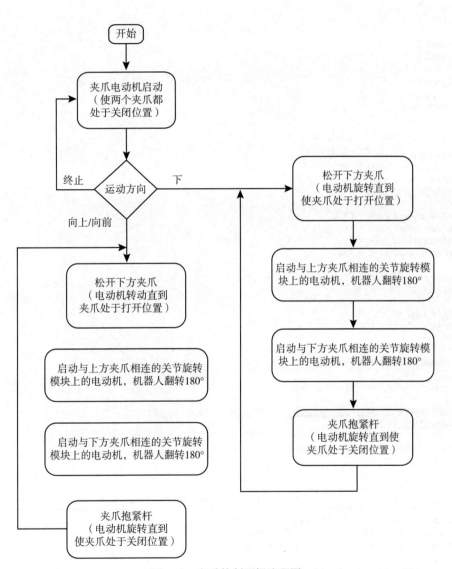

图 6.64　爬升控制逻辑流程图

仿树懒爬杆机器人的程序代码如下所示。

```
#include <NewSoftSerial.h>

#define txPin 7
#define rxPin 8

#define arm1  1
#define arm2  2
#define gripper1 3
#define gripper2 5

int  buttonPin = A0;
int LEDPin =  12;

/*
unsigned int gripper1_open = 4700;
unsigned int gripper1_close = 7000;
unsigned int gripper2_open = 4700;
unsigned int gripper2_close = 7000;
*/
unsigned int gripper1_close = 4700;
unsigned int gripper1_open = 7000;
unsigned int gripper2_open = 4700;
unsigned int gripper2_close = 7000;

unsigned int arm1_90 = 2800;
unsigned int arm1_270 = 9700;

unsigned int arm2_90 = 2800;
unsigned int arm2_270 = 9500;


NewSoftSerial mySerial(rxPin, txPin);

void setup()// run once, when the sketch starts
{
 pinMode(buttonPin, INPUT);
 pinMode(LEDPin, OUTPUT);

 digitalWrite(LEDPin, HIGH);   // set the LED off
 mySerial.begin(57600);
 delay(1000);
}
```

```
//Send a Set Target command to the Maestro.
//Target is in units of quarter microseconds, so the normal range is 4000 to 8000.
void Maestro_cmd(unsigned char servo, unsigned int target)
{
   mySerial.print(0xAA,BYTE); //start byte
   mySerial.print(0x0C,BYTE); //device id
   mySerial.print(0x04,BYTE); //command number
   mySerial.print(servo,BYTE); //servo number
   mySerial.print(target & 0x7F, BYTE);
   mySerial.print((target >> 7) & 0x7F,BYTE);
}

void Open_Gripper(unsigned char gripperID)
{
```

```
    unsigned int pos;


    if (gripperID == gripper1)
    {
      pos = gripper1_open;
    }else if( gripperID== gripper2)
    {
      pos = gripper2_open;
    }
    mySerial.print(0xAA,BYTE); //start byte
    mySerial.print(0x0C,BYTE); //device id
    mySerial.print(0x04,BYTE); //command number
    mySerial.print(gripperID,BYTE); //servo number
    mySerial.print(pos & 0x7F, BYTE);
    mySerial.print((pos >> 7) & 0x7F,BYTE);
}
```

```
void Close_Gripper(unsigned char gripperID)
{
    unsigned int pos;

    if (gripperID == gripper1)
    {
      pos = gripper1_close;
    }else if( gripperID== gripper2)
    {
      pos = gripper2_close;
    }
    mySerial.print(0xAA,BYTE); //start byte
    mySerial.print(0x0C,BYTE); //device id
    mySerial.print(0x04,BYTE); //command number
    mySerial.print(gripperID,BYTE); //servo number
    mySerial.print(pos & 0x7F, BYTE);
    mySerial.print((pos >> 7) & 0x7F,BYTE);
}

void mSetSpeed(unsigned char servoID, unsigned int speedValue)
{
  mySerial.print(0xAA,BYTE); //start byte
  mySerial.print(0x0C,BYTE); //device id
  mySerial.print(0x07,BYTE); //command number
  mySerial.print(servoID,BYTE); //servo number
  mySerial.print(speedValue & 0x7F, BYTE);
  mySerial.print((speedValue  >> 7) & 0x7F,BYTE);
}


void mSetAccel(unsigned char servoID, unsigned int accValue)
{
  mySerial.print(0xAA,BYTE); //start byte
  mySerial.print(0x0C,BYTE); //device id
  mySerial.print(0x09,BYTE); //command number
  mySerial.print(servoID,BYTE); //servo number
  mySerial.print(accValue & 0x7F, BYTE);
  mySerial.print((accValue >> 7) & 0x7F,BYTE);
}
```

```
void moveArm(unsigned char armID, unsigned int armPos)
{

    mySerial.print(0xAA,BYTE); //start byte
    mySerial.print(0x0C,BYTE); //device id
    mySerial.print(0x04,BYTE); //command number
    mySerial.print(armID,BYTE); //servo number
    mySerial.print(armPos & 0x7F, BYTE);
    mySerial.print((armPos >> 7) & 0x7F,BYTE);
}

void blinkLED()
{
    for(int i=0; i<5; i++)
    {
        digitalWrite(LEDPin, LOW);   // set the LED on
        delay(100);
        digitalWrite(LEDPin, HIGH);   // set the LED off
        delay(100);
    }
}
void loop(){
/*
    while(analogRead(buttonPin) > 250) continue;
    delay(1000);

    while(1)
    {
        digitalWrite(LEDPin, LOW);   // set the LED on
        delay(1000);
        digitalWrite(LEDPin, HIGH);   // set the LED off
        delay(1000);
    }*/
/*
    while(1)
    {
    delay(1000);
    Open_Gripper(gripper2);
    delay(1000);
    Close_Gripper(gripper2);

    delay(1000);
    }

    Open_Gripper(gripper2);
    delay(1000);
    Close_Gripper(gripper2);
    */
```

```
// delay(1000);
//  moveArm(arm1, arm1_270);
/*
    delay(4500);
    moveArm(arm2, arm2_90);
    delay(4500);
    moveArm(arm2, arm2_270);
    */
    /*
    Close_Gripper(gripper1);
```

```
delay(1000);
Close_Gripper(gripper2);
delay(1000);
*/
delay(2000); //delay after power on
Open_Gripper(gripper1);
delay(500);
Open_Gripper(gripper2);
delay(1000);
moveArm(arm1, arm1_90);
delay(1000);
moveArm(arm2, arm2_270);
delay(5000);

while(analogRead(buttonPin) > 250) continue;  //wait for start button

blinkLED();

digitalWrite(LEDPin, LOW);   // set the LED on
delay(1000);

Close_Gripper(gripper1);
delay(500);
Close_Gripper(gripper2);
delay(1000);

while(analogRead(buttonPin) > 250) continue;  //wait for start button

blinkLED();

  //start loop #1
   Open_Gripper(gripper2);
delay(2000);
moveArm(arm1, arm1_270);
delay(1000);
moveArm(arm2, arm2_90);
delay(5000);
```

```
Close_Gripper(gripper2);
delay(5000);


  //start loop #2
Open_Gripper(gripper1);
delay(2000);
mSetAccel(arm2 ,3);
delay(100);
moveArm(arm2, arm2_270);
delay(1000);
mSetAccel(arm2 ,3);
delay(100);
moveArm(arm1, arm1_90);
delay(5000);
Close_Gripper(gripper1);

//start loop #3

Open_Gripper(gripper2);
```

```
            delay(2000);
            moveArm(arm1, arm1_270);
            delay(1000);
            moveArm(arm2, arm2_90);
            delay(5000);
            Close_Gripper(gripper2);
            delay(5000);

            //start loop #4
            Open_Gripper(gripper1);
            delay(2000);
            mSetAccel(arm2 ,3);
            delay(100);
            moveArm(arm2, arm2_270);
            delay(1000);
            mSetAccel(arm2 ,3);
            delay(100);
            moveArm(arm1, arm1_90);
            delay(5000);
            Close_Gripper(gripper1);

            //start loop #5

            Open_Gripper(gripper2);
            delay(2000);
            moveArm(arm1, arm1_270);
            delay(1000);
            moveArm(arm2, arm2_90);
            delay(5000);
            Close_Gripper(gripper2);
            delay(5000);

            while(1);
    }
```

为了完成攀爬任务，系统设计中包括 4 台电动机的控制，如图 6.65 所示。为了协调这些组件的功能，设计了一个电子电路。执行代码是用 C 语言编写的，可以实现一系列的任务。利用 MCU 和机器人编程，可以很容易地修改控制逻辑。控制逻辑首先向机器人发送启动信号来启动。下一步是将机器人定位

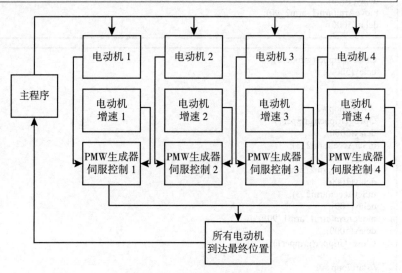

图 6.65　伺服控制逻辑流程

到杆上。一旦机器人到达杆上，计时器将计数进行下一个运动，释放下方夹爪并且将机身旋转

180°。另一个信号是当它到达顶部位置时，关闭夹爪。重复整个过程，直到到达如图 6.65 所示的流程的终点。

6.3.3　测试

图 6.66　机器人的夹持动作

该机器人在实际电线杆上进行了测试，验证了算法和夹持力的有效性。这些机械臂在爬杆时产生了足够的力来旋转机器人的身体。最初设计的夹爪不能提供牢固的抓力，因此它无法承受机器人的重量并完成运动。然后我们对夹爪进行了修改。为了使机器人在不确定的环境中平稳运行，需要使用更多的传感器。完成的原型如图 6.66 所示。

参考文献

[1] Wilcher, D. (2012). Learn Electronics with Arduino. Springer, New York.

[2] Virr, L.E. (1987). 'Role of electricity in subsea intervention', Physical Science, Measurement and Instrumentation, Management and Education–Reviews, IEE Proceedings A, 134 (6), pp. 547–576.

[3] Jiarong, Z., Gang, Q., and Can, W. (2012). Computational Intelligence and Design (ISCID), 2012 Fifth International Symposium on Computational Intelligence and Design, Hangzhou, China, 28–29 October 2012.

第 7 章
树莓派嵌入式系统设计

7.1 污损检测系统

关于污损检测系统的详细内容可参见文献［1］。在海洋工业中，污损生物在海洋结构上定殖已成为一种常见现象。常见的污损生物包括藤壶和藻类，它们顽强地附着在海洋结构体上，如船体、近海构筑物柱和海洋垃圾。特别是当船舶静止的时候，污损活动会立即发生。这些生物形成一层粗糙的表层，导致沿船体表面形成湍流层并产生黏滞效应，而这将会影响造船工程师为设计理想船型所付出的巨大努力。在航行过程中，船体与海水间产生的摩擦阻力占航行总阻力的 90%，因此通过减少这个摩擦阻力，船主可以节省额外的燃料消耗。对于船体有污损的船舶，如果想要获得同样的航速，就需要消耗额外的燃料，或者投入等量的燃料就只能获得较低的航速并且还可能导致不良情况发生。在船体表面与海水接触较多的深水中，速度较慢的船只更容易吸引污损生物，因为快速移动的船只会产生一种水动力，从而减小物体在船体表面附着的能力［2］。

船运作为一种更便宜的运输方式，贸易量约占全球贸易总量的 80%［3］。对海上贸易的这种需求与船主采用更便宜的运输方式以获得更高利润有关。因此，监测船体的污损状况对于防止航程延误至关重要。文献［4］中的研究人员利用自动识别系统对 44 艘普通货船的燃油效率进行了分析。一半的船队载重 7700t，另一半载重 12 700t。结果表明，7.8~9.7 节航速是最佳航速范围。

在航行中，船舶可能会遭遇未知的不利天气。另外，可以根据监测到的货物是否适合装载以及船体污损状况，制定方案以提高船舶的燃油效率。因此，应重视合理的入港计划，以防止污损生物随时间累积。一些船主可能会忽视这种维护的重要性，这就会导致高燃料消耗和更长时间的航行，在大多数情况下，当污损积累超负载时，就会造成运营成本上升。

文献［5］中的研究人员建立的污损等级，为污损覆盖面积的目视估计提供了量化方法。该方法是通过捕获游艇表面到龙骨的 5 幅随机图像，直观地判断污损的百分比。表 7.1 显示了研究人员提出的污损等级。

表 7.1　污损等级

等级	污损描述	目视估计污损覆盖率	等级	污损描述	目视估计污损覆盖率
0	没有明显污损	0%	1	细微污损	0%~1%

（续）

等级	污损描述	目视估计污损覆盖率	等级	污损描述	目视估计污损覆盖率
2	轻度污损	1%~5%	4	重度污损	16%~40%
3	较重污损	6%~15%	5	严重污损	41%~100%

人们曾在日本的一艘驱逐舰上进行了一项实验，根据不同的离港时间和不同的船速来确定污损情况。结果表明，驱逐舰在较低航速下航行时，航行时间越长，累积污损吨位越多。船体上的污损一直是人们非常关注的问题，因此制定了许多预防措施来防止这种情况发生。防污的方法之一是使用防污（Anti-Fouling，AF）系统。研究人员[6]在一艘 33 节铝制双体船上使用了环保型除污涂料，成功地将燃油消耗降低了 12%。然而，AF 系统的使用是受法规管理的，这种应用在船体上是有限的。

在船舶停靠前，不能对船体状况进行监测。有学者使用图像处理方法[7]，可以通过计算捕获的图像上藤壶的像素数来观察全年藤壶的生长速率。结果表明，一年中气温越高，藤壶的生长比例越高。也有学者利用计算机视觉（Computer Vision，CV）设计了一种智能监测系统[8]，通过获取色度值来识别位于船体上的污损类型。通过对从互联网上提取的 40 幅污损图像进行实验，结果表明该方法的准确率为 79.97%。最常见的大型污损生物是橡子藤壶。它们大多是雌雄同体的无脊椎动物，能够迅速繁殖（通常发生在过度拥挤的情况下），覆盖在海洋表面结构体上。藤壶的附着力非常强，需要进行昂贵的船体表面处理才能去除。

本节重点介绍利用机器学习识别船体污损生物和污损严重程度的方法。它允许船只自动识别污损程度和覆盖位置，而不需要雇用潜水员。

7.1.1 系统设计与架构

系统架构的设计经过了多次迭代，目的是设计一个便携、廉价和用户友好的系统，从根本上消除了雇用潜水员观察污损情况的潜在风险。拟提出的系统包括一个便携式安装装置，该装置被设计安装在海上支援船的舷墙上，有可变延长杆可以从舷墙到设计吃水线观察污损状况。本系统采用的观察方法是树莓派微控制器（见 https://www.raspberrypi.org）及其摄像模块。延长杆的末端安装了一个密封在防水壳里的树莓派摄像机，它将使用 CV 来识别污损的位置。系统功能如下：

- 只需要一个人就可以安装和操作这个系统。
- 根据感兴趣的位置捕获图像。
- 突出污损面积，计算污损百分比，显示污损等级。
- 支持用户观察污损情况并记录数据的 GUI。

该系统使用树莓派作为一种低成本的方法来检测和鉴定污损生物。Python 和 OpenCV 模块安装在基于 Linux 的单片机上。查看以下网站可以获取一些信息：http://docs.opencv.org/2.4/doc/user_guide/ug_traincascade.html。

船主需要的污损信息可以通过无线 SSH 连接得到，方法是将便携式计算机等无线设备连接到与树莓派相同的网络中。所使用的软件和硬件分别列于表 7.2 和表 7.3 中。

表 7.2　软件组成

软件	目的	软件	目的
Solidworks 2013	系统设计	EasyPHP 3.0	服务器，数据库
Raspbian OS	操作系统	Notepad ++	程序设计工具
TightVNC Viewer	远程控制	Python 2.7	程序设计工具
Adobe Photoshop CS 5	影像调整	WinSCP	文件传输

表 7.3　硬件组成

硬件	数量	目的	硬件	数量	目的
绞车	1	提升、举升	摄像机模块	1	捕获装置
吸盘	2	支撑装置	无线 USB 软件	1	提供 SSH
铝杆	5	延伸	8G SD 卡	1	存储
原型设计	1	主体结构	手提式充电器	1	电源
树莓派 2	1	微处理器			

　　原型被设计成可以放置在船舶舷墙沿线的任何地方。由于船体的不同部分被设计成有不同的曲率，那么原型组件的长度就必须是可变的。图 7.1 介绍了污损系统的设计思路。最终的设计有两种不同的系统实现方向。设计方向 1 的原型用于安装在船体的中间部分或在船体曲率最小的位置上。相反，原型设计方向 2 被设计成适合安装在船体曲率较大的截面上。本节为原型测试选择的设计是方向 1。

　　设计方向 1 被用于安装在船体的船中部分或在船体曲率最小的位置上。使用夹紧架构将设计原型安装在船舶舷墙上。附加在夹紧机构上的枢轴连接了 5 根 1m 长的铝制连杆，摄像机连接在最后一根连杆的底部。在底部的摄像机外壳可以调整摄像机以适应船体的正确位置。细节 A（Detail A）所示为安装在船舷夹具顶部的曲柄，该夹具被夹在舷墙上。细节 A 的近距离视图如图 7.2 所示。

　　该系统的顶部有一个曲柄，用于提升连杆和摄像机。曲柄选用的是承载能力为 100kg 的 Maxpull GM-1-SI 手动曲柄，且负载被提升途中可以自动抱闸。Maxpull GM-1-SI 曲柄的把手在没有施加外力时不会回摆。图 7.3 所示为系统中使用的曲柄。

　　细节 B（Detail B）所示为一个固定在连杆上的夹具，连杆将被连接到与曲柄相连的钢丝绳钩上。这种夹具叫作杆夹，用于抬升和降低装配组件。细节 C（Detail C）是由两个激光 DPT-96 吸盘组成的吸盘组件，该吸盘能够固定在金属板上。在系统的组装和拆卸过程中，固定在连杆上的支架用于限制船向前推进时连杆的移动。图 7.4 显示了设计中的细节 C。

　　吸盘的目的是维持一个两端固定梁，允许在不损坏船体的情况下进行原型机测试。真空吸盘将自身牢牢固定。它限制了移动，提高了系统的可移植性。但是吸盘也不一定适用于所有类型的船体。

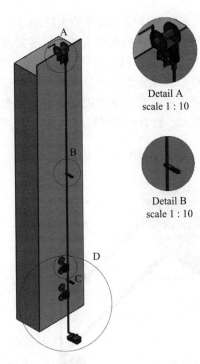
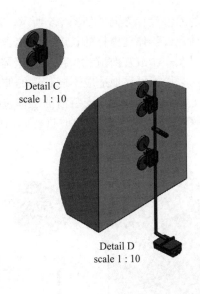

Detail A
scale 1 : 10

Detail B
scale 1 : 10

Detail C
scale 1 : 10

Detail D
scale 1 : 10

Unless otherwise specified: Dimensions are in millimeters surface finch: tolerances: Linear Angular:	Finsh			Debur and break sharp edges	Do not scale drawing		Revision
					Portable camera system		
	Name	Signature	Date				
Drawn	JEREMY WONG				Title:		
CHK'D	Dr C.S. CHIN						
APPV'D							
MFG							
Q.A.			Material:		DWG NO.		A3
					Assembly _orientation_1_3Xviews		
			Weight:		Scale:1:100	Sheet 1 of 1	

图 7.1　提出的原型设计方向 1

图 7.2　细节 A 的近距离视图

图 7.3　承载能力为 100kg 的 Maxpull GM-1-SI 手动曲柄

图 7.4　细节 C 的近距离视图

　　提出的原型设计方向 2 如图 7.5 所示，适合安装在船体形状曲率较大的部分。细节 C 所示的支撑臂允许延伸支撑杆的长度。它包含一系列根据船体的曲率来适应扩展需求的孔，一个螺丝，以及一个放在对应孔中用于固定需求连杆长度的螺母。两种设计相比，设计方向 1 比设计方向 2 更能可靠地适应不同长度的伸缩连杆。该系统设计为单人操作。在航行中，必须在船体上预先安装吸盘。安装前的工作包括准确对准吸盘，其中吸盘手柄必须垂直于吃水线。该安装应在船舶停泊在港口时进行。在舷墙板上，舷墙夹的安装必须与吸盘位置共线。

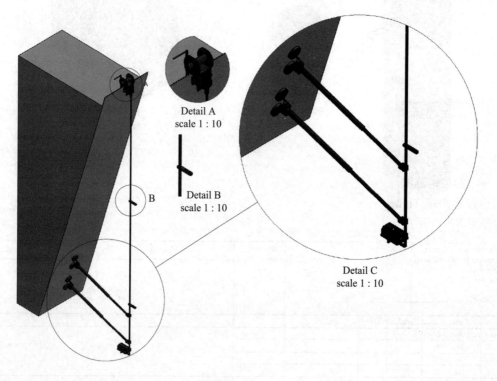

图 7.5　提出的原型设计方向 2

装配过程需将摄像机和铝杆一部分一部分地下放。拆卸时则需要吊起摄像机组件并拆卸其余部件。这两个步骤将由承重 100kg 的 Maxpull GM-1-SI 手动曲柄辅助完成，曲柄配有长 12m、直径 5mm 的钢丝。图 7.6 和图 7.7 所示为整个装配过程。剩下 4 个长杆重复这个过程。当最后一个带有连接支架的连杆与舷墙夹对齐时，操作者应该把整个连杆降低到与舷墙夹连接的点的位置并用 M8 的螺钉和螺母紧固。连杆的角度应该远离船体至少 15°。最后一步是继续下放连杆，直至吸盘组件连接，以确保整个组装牢固。

图 7.6　连杆组件与舷墙夹的连接　　　　　图 7.7　系统对齐方式

建议购买树莓派 B 型新手套装（Raspberry Pi Model B Starter Kit），因为它预装了 NOOBS。使用远程客户端 TightVNC Viewer（见 http://www.penguintutor.com/linux/tightvnc）连接工作终端需要 Wi-Fi 适配器。从 Adafruit 等购买的物品可以使用 GPS 连接到树莓派。船上没有直接用于测试的电源。因此，使用一个 5000mAh 的电源来为树莓派供电。但是，为了编程和测试的目的，将使用直供电源。表 7.4 列出了本节使用的一些有用的网站。

表 7.4　有用的网站列表

网址	目的
https://www.raspberrypi.org	关于树莓派的信息
http://www.pyimagesearch.com/	关于使用 OpenCV Python 的信息
http://www.robopapa.com/	关于使用 OpenCV Python 的信息
http://www.9lessons.info/2012/09/multiple-file-drag-and-drop-upload.html	关于 PHP 拖放用户上传的信息
https://pythonprogramming.net/haar-cascade-object-detection-python-opencv-tutorial/	关于哈尔级联的信息
http://code.tutsplus.com/	关于设置数据库服务器的信息

7.1.1.1　首次引导程序

要开始使用树莓派（见图 7.8），需要先安装一个操作系统。从树莓派网站下载 NOOBS，如下所示。

步骤 1　从网站 https://www.raspberrypi.org/help/noobs-setup/ 下载 NOOBS 安装包。

步骤 2　从 SD 协会网站上下载工具格式化 SD 卡。

步骤 3　将下载的 NOOBS 包解压到 SD 卡中。

步骤 4　将键盘和鼠标插入树莓派 USB 接口，用 HDMI 线连接显示器。将 SD 卡插入树莓派中，如图 7.9 所示。

图 7.8　树莓派

图 7.9　树莓派 MicroSD 插槽

步骤 5　树莓派将启动一系列不同的操作系统来安装。为树莓派选择树莓派（Raspbian）操作系统。如果提示输入用户名和密码，则默认分别填写 pi 和 raspberry。

步骤 6　安装完成后，显示器如图 7.10 所示。配置界面可以稍后在终端中通过以下命令使用：

```
sudo raspi-config
```

步骤 7　选择第 3 个选项 Enable Boot to Desktop/Scratch，然后按 Enter 键。它将引导到如图 7.11 所示窗口。选择第 2 个选项，以用户 pi 的身份在图形桌面中登录，然后按 Enter 键。树莓派将启动到一个没有 GUI 选项的终端，并且在启动过程中不会显示桌面。

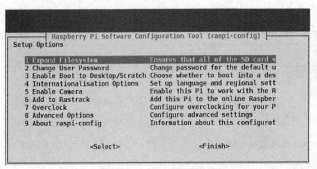

图 7.10　树莓派配置菜单

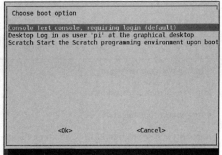

图 7.11　树莓派启动选项

步骤 8　选择结束使用键盘，系统将重新启动，如图 7.12 所示。

步骤 9　要升级至最新的固件，请输入：

```
sudo rpi-update
```

7.1.1.2　安装树莓派摄像机

为了使摄像机正常工作，我们必须将摄像机模块安装在电路板上。

步骤 1　初始设置如图 7.13 所示。摄像机模块的银色端口应该朝上。

步骤 2　将排线移动到银色端口面对 HDMI 端口的位置，然后把支架拉回到原来的位置。排线槽位应如图 7.14 和图 7.15 所示。

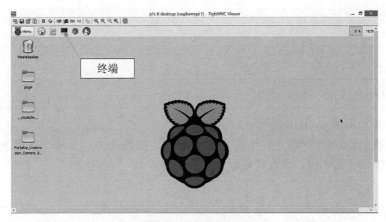

图 7.12　树莓派桌面

图 7.13　初始设置组件

图 7.14　树莓派摄像机模块设置

图 7.15　带摄像机模块的树莓派

对于软件安装，请执行以下步骤。

步骤 1　启动树莓派。

步骤 2　打开终端并运行

```
sudo raspi-config
```

如果 camera 选项没有列出，请运行

```
sudo apt-get update
sudo apt-get upgrade
```

执行配置命令：

```
sudo raspi-config
```

现在应该可以看到 camera 选项了。

步骤 3 找到 camera 选项并启用它（见图 7.16），然后选择 <Finish> 并重新启动树莓派。若要捕捉 JPEG 格式的图像，请在终端输入以下内容：

```
raspistill -o image.jpg
```

注意，image 是图像的名称。

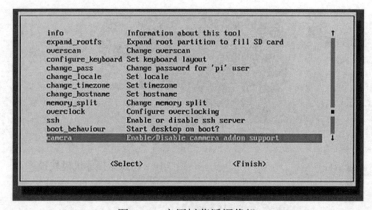

图 7.16 启用树莓派摄像机

7.1.1.3 设置 Wi-Fi 对树莓派进行远程控制

虚拟网络计算（VNC）是一个图形化的桌面共享系统，允许从任何计算机远程控制桌面。在这个设置中，可以访问树莓派操作系统进行必要的更改。如果缺少 VNC，将使用以下步骤进行安装。请注意，最新的树莓派带有 VNC。

步骤 1 打开终端，安装 TightVNC 包：

```
sudo apt-get install tightvncserver
```

步骤 2 运行 TightVNC 服务器，它将提示输入密码和一个可选的仅视图密码 tightvncserver。

步骤 3 设置类型：

```
vncserver :1
```

步骤 4 安装 VNC 客户端：

```
sudo apt-get install xtightvncviewer
```

步骤 5　找出树莓派的 IP 地址：

```
ifconfig
```

记录下 inet addr，它将被用作本地 IP 地址。

步骤 6　在连接树莓派的便携式计算机上，从以下网站下载 VNC 软件：http://www.tightvnc.com/download.php。

步骤 7　安装软件。

步骤 8　一旦安装完成，打开 TightVNC 客户端，输入 IP 地址到 Remote Host，并在 IP 地址后添加端口 " :1"。输入初始设置中选择的密码，然后单击 connect。完成后，树莓派桌面应该出现。

7.1.1.4　树莓派上的远程文件传输

FileZilla 通过树莓派使用 SSH 文件传输协议传输文件。

步骤 1　从链接 https://filezilla-project.org/ 下载 FileZilla。

步骤 2　加载如图 7.17 所示的程序。

步骤 3　单击 File → Site Manager，弹出 Site Manager 对话框，如图 7.18 所示。

步骤 4　输入主机和端口信息。建议修改协议为 SFTP-SSH File Transfer Protocol，登录类型应该是标准的。输入用户名和密码（用户名为 pi，密码为 Raspberry），然后单击连接。此时，可以看到工作桌面和树莓派目录中的文件。WinSCP 可以替代 FileZilla。可以从 https://winscp.net/ eng/download.php 下载 WinSCP。

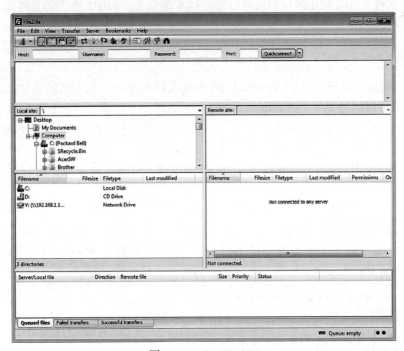

图 7.17　FileZilla GUI

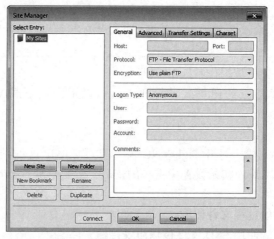

图 7.18 输入 FileZilla 的 SSH 信息

7.1.1.5 远程控制树莓派终端

PuTTy 远程登录客户端允许树莓派终端通过 SSH 连接进行远程控制。可以从 http://www.chiark.greenend.org.uk/~sgtatham/putty/download.html 下载。

如果 tightvncserver 的自动启动不能工作，可以使用这种方式。

7.1.1.6 建立数据库和 PHP 网页

Apache 是一个常用的安装在树莓派上的 Web 服务器应用程序。Apache 可以通过 HTTP 提供 HTML 文件，并且利用附加模块可以使用脚本语言（如 PHP）提供动态网页。

步骤 1 安装 Apache 2：

```
sudo apt-get install apache2-y
```

步骤 2 默认情况下，安装 Apache 将在 Web 文件夹（www）中创建一个测试 HTML 文件。默认网页可以通过 http://localhost/ 或 http:// 192.168.1.16（根据 Pi 的 IP 地址）访问。

步骤 3 通过浏览器访问步骤 2 中的任一网页。应该出现 Apache2 Debian 默认页面。

HTML 文件是用来改变网页设计的文件。位于树莓派目录下的 /var/www/html/index.html 中。默认情况下，HTML 目录和 index.html 都属于用户 root。更改所有者以获得权限，请输入：

```
sudo chown pi: index.html
```

为了允许 Apache 服务器处理 PHP 文件，安装 PHP5 和用于 Apache 的 PHP5 模块。输入以下命令进行安装：

```
sudo apt-get install php5 libapache2-mod-php5-y
sudo rm index.html
sudo nano index.php
```

创建一些 PHP 内容来显示：

```
<?php echo "hello world"; ?>
```

现在访问网页将在一个白色的页面中显示 hello world。现在已经安装了 PHP5 和 Apache2。使用 MySQL 建立数据库管理系统，对数据进行存储和维护。由于需要大量的图像数据库来训练分类图像，因此创建这个 Web 服务器是为了邀请参与者共享图像，以提高分类的准确性。相反，PhpMyAdmin 为用户提供了一个简单的管理界面。

- PhpMyAdmin: https://www.siteground.com/tutorials/phpmyadmin/phpmyadmin_ create_ database.htm
- Database: http://www.onlinebuff.com/article_step-by-step-to-upload-an-image-and-store-in-database-using-php_40.html
- Database: http://www.sitepoint.com/php-amp-mysql-1-installation/

7.1.1.7　在计算机上安装 MySQL、Easyphp 和 PhpMyAdmin

Easyphp 是一个 Web 服务器，能够让用户在网站上托管需要的内容。

步骤 1　下载 Easyphp 应用程序：http://www.easyphp.org/。

安装 Easyphp 后，Apache 服务器、MySQL 和 PhpMyAdmin 将完全配置好，并且可以工作了。

步骤 2　在个人计算机上的 C:\Program Files\EasyPHP 3.0 目录下，有一个包含 PHP 页面的子目录 www。MySQL/data 子文件夹用于存放 MySQL 数据库。

7.1.1.8　在树莓派上安装 MySQL

步骤 1　安装 MySQL 服务器包：

```
sudo apt-get install MySQL-server
```

步骤 2　提示输入密码。

输入系统管理员的密码，这个字段可以为空，这样就不需要密码了。

步骤 3　为了允许 MySQL 和 Python 之间的交互，我们必须安装 Python 绑定：

```
sudo apt-get install python-mysqldb
```

步骤 4　安装 PHPMyAdmin 包，使界面易于使用：

```
sudo apt-get install phpmyadmin
```

步骤 5　如果提示了要运行的服务器类型，选择 Apache2。

步骤 6　选择 <Yes> 为 phpmyadmin 配置数据库。设置一个 PHPMyAdmin 的密码。

步骤 7　安装 Apache，包括 PHPMyAdmin 安装，输入：

```
sudo nano /etc/apache2/apache2.conf
Include /etc/phpmyadmin/apache.conf
```

通过按 CTRL+X 和 Y 键保存并退出。

步骤 8 打开新的终端，输入以下命令重启 Apache2 服务：

```
sudo /etc/init.d/apache2 restart
```

步骤 9 在计算机上，从浏览器访问 PHPMyAdmin。输入用户名和密码，出现如图 7.19 所示页面。

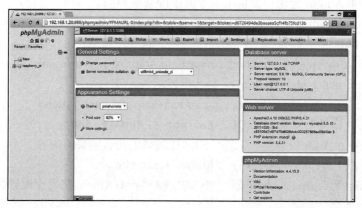

图 7.19　PHPMyAdmin 主页

为了允许外部用户参与，我们需要设置端口转发并禁用防火墙。在设置端口时，不同路由器的端口转发会有所不同，如表 7.5 所示。

对于 Singtel Aztech DSL605EU 路由器，需要遵循以下步骤。

步骤 1 在浏览器中输入路由器的内部 IP 地址，将出现类似于图 7.20 所示的页面。

表 7.5　端口示例

名称	端口
PHPMyAdmin	80
MYSQL	3306

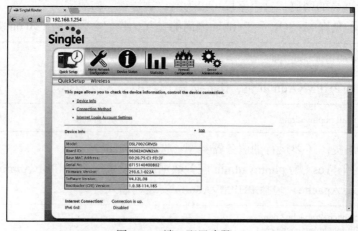

图 7.20　端口配置步骤 1

步骤 2 进入 Firewall Configuration → Port Forwarding。输入详细信息，如图 7.21 所示。

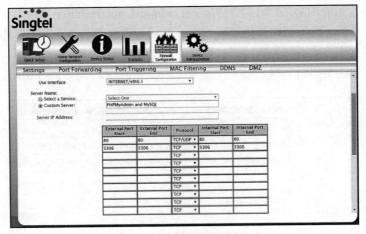

图 7.21　端口配置步骤 2

步骤 3　单击 Save/Apply，完成端口设置。

7.1.1.9　创建数据库

创建图像数据库（见图 7.22 和图 7.23）供用户提供污损图像。

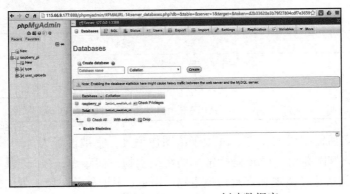

图 7.22　使用 PHPMyAdmin 创建数据库

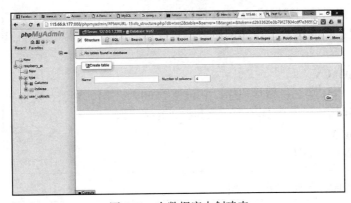

图 7.23　在数据库中创建表

步骤 1 进入 http://115.66.9.177:888/phpmyadmin（/phpmyadmin 前为个人 IP 地址）。

步骤 2 在屏幕上的控制面板中选择 New，并输入数据库名称。单击创建。

步骤 3 数据库将由不同类别的表和列组成。

步骤 4 字段类型如图 7.24 所示。

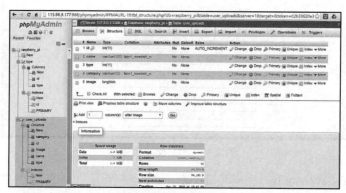

图 7.24　数据库布局

表 7.6 显示了该数据库中使用的字段类型。

表 7.6　数据库中使用的字段

字段	说明
Int	一个 4 字节的整数
Varchar	可变长度的字符串。括号表示允许的最大字符数
Longblob	用于使用 4 字节前缀表示值长度小于 4 GiB 的图像

步骤 5 命名所需字段的类型。Id 用于给图像编号，它被设置为自动增加更多的图像。Name 表示污损的具体类型。Type 是指常见的污损生物，如藤壶、绿／红藻类、贝类和被囊动物。Category 是指选择微观和宏观污损生物。Image 用于显示图像。可以使用 export 选项卡执行数据库备份。

7.1.1.10　上传图像到数据库的 PHP 模板

使用 PHP 模板作为用户上传的网站。当服务器启动时，可以在 http://115.66.9.177:888/ 上访问该链接。

7.1.1.11　OpenCV

OpenCV 是一个 CV 和机器学习库。它包括 2500 种不同的算法，能够执行很多任务，如人脸识别、图像拼接等。安装 OpenCV 总共需要几个小时。

1. 安装 OpenCV

步骤 1 安装开发工具：

```
$ sudo apt-get install build-essential git cmake
```

步骤 2 安装图像 I/O 包，允许我们加载图像文件格式，如 JPEG 和 PNG：

```
$ sudo apt-get install libjpeg-dev libtiff5-dev libjasper-dev libpng12-dev
```

步骤 3　安装视频 I/O 包：

```
$ sudo apt-get install libavcodec-dev libavformat-dev libswscale-dev libv4l-dev
$ sudo apt-get install libxvidcore-dev libx264-dev
```

步骤 4　安装 GTK 开发库以显示 GUI 界面的图像：

```
$ sudo apt-get install libgtk2.0-dev
```

步骤 5　安装其他相关项：

```
$ sudo apt-get install libatlas-base-dev gfortran
```

步骤 6　安装 Python 2.7 和 Python 3 的数据头文件来编译 OpenCV 和 Python 连接：

```
$ sudo apt-get install python2.7-dev python3-dev
```

2. 安装 OpenCV 3.0 源代码
步骤 1　安装 OpenCV 3.0：

```
$ cd ~
$ wget -O opencv.zip https://github.com/Itseez/opencv/archive/3.0.0.zip
$ unzip opencv.zip
$ wget -O opencv_contrib.zip https://github.com/Itseez/opencv_contrib/archive/3.0.0.zip
$ unzip opencv_contrib.zip
```

步骤 2　设置 Python：

```
$ wget https://bootstrap.pypa.io/get-pip.py
$ sudo python get-pip.py
```

步骤 3　创建 Python 虚拟环境：

```
$ mkvirtualenv cv
```

步骤 4　安装 NumPy 来快速计算巨大的 n 维矩阵：

```
$ pip install numpy
```

3. 编译并安装 OpenCV
步骤 1　构建文件：

```
$ workon cv
$ cd ~/opencv-3.0.0/
$ mkdir build
$ cd build
$ cmake -D CMAKE_BUILD_TYPE=RELEASE \
```

步骤 2 编译：

```
$ make -j4
```

-j4 表示编译 OpenCV 时使用的内核数。

步骤 3 安装：

```
$ sudo make install
$ sudo ldconfig
```

7.1.2 程序设计与系统实现

图 7.25 展示了 Python 程序的流程图。该程序的第一步是选择实时视频或特定视角的实时视频。特定视角实时视频会将三维图像转换为二维图像从而生成一个特定的视角。该程序考虑了有一定曲率的龙骨，会导致错误的检测。捕捉到的图像将采用 Haar 级联算法对藤壶进行分类。用户可以通过程序结果观测到被藤壶覆盖的图像密度和给定区域内藤壶的百分比。

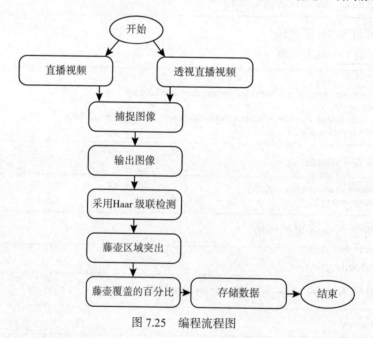

图 7.25　编程流程图

7.1.2.1　Haar 级联目标识别

创建基于 Haar 级联的图像或视频分类器需要下述步骤：

1. "背景" 图和 "负" 图像的收集

这些图像包含了感兴趣的对象。图像数量越多，准确率越高。人们在新加坡海岸线使用高质量的数码单反（DSLR）摄像机拍摄了约 500 幅无脊椎藤壶的照片，大部分是小藤壶（如 http://www.wildsingapore.com/wildfacts/Crustacea/othercrust/ciriipedia/euraphia.htm），并通过人工选择了 40 幅最佳图像作为分类器的训练样本。

2. "正"图像的收集

采集的正图像有不同的大小，最好大于训练窗口的尺寸。图像数量越多，准确率越高。Haar 级联使用机器学习算法，根据提供的大量输入图像对目标进行分类。它从输入的样品中学习，并根据其他图像进行归纳。这里使用了大约 4000 张来自互联网的"负"图像。负图像比正图像大，这有利于进行超精确的拍摄。通过将每个裁剪的藤壶图像叠加在每个负图像的顶部，创建了一个更多的正图像。

3. 将所有"正"图像拼接在一起创建正向量文件

正向量文件包含训练的正图像样本的信息。使用 OpenCV 命令行生成矢量文件用于训练。每一个被裁剪的藤壶都要重复这个叠加的过程。

4. 矢量文件合并

上述过程总共生成了 25 个矢量文件。合并上述矢量文件会生成一个用于最终级联训练的矢量文件。

5. 级联训练

训练 cascade.xml 文件并将之与从树莓派摄像机模块组输入的图像进行对比。训练的过程如图 7.26 所示。

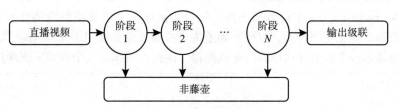

图 7.26 级联分类器结构

正图像和负图像需要描述文件来定位每幅图像的路径，以及对象的数量和它们的位置（例如，正图像的 bg.txt 文件、pos.txt 文件）。理想情况下，每幅图像的路径包含直角坐标，使用精确裁剪的感兴趣的图像。为了减少训练时间，训练必须在一个更快的操作系统上进行，而不是在树莓派本身。应用于 Windows 系统的 OpenCV 可从如下网址下载：http://opencv.org/downloads.html。

负图像是通过一个脚本从互联网上下载的，该脚本通过 image-net.org 的 URL 自动提取负图像。

```python
import urllib.request
import cv2
import numpy as np
import os

def store_raw_images():
    neg_images_link = '//image-net.org/api/text/imagenet.synset.geturls?wnid=n00523513'
    neg_image_urls = urllib.request.urlopen(neg_images_link).read().decode()
```

```
pic_num = 1

if not os.path.exists('neg'):
    os.makedirs('neg')

for i in neg_image_urls.split('\n'):
    try:
        print(i)
        urllib.request.urlretrieve(i, "neg/"+str(pic_num)+".jpg")
        img = cv2.imread("neg/"+str(pic_num)+".jpg",cv2.IMREAD_GRAYSCALE)
        # should be larger than samples / pos pic (so we can place our image on it)
        resized_image = cv2.resize(img, (100, 100))
        cv2.imwrite("neg/"+str(pic_num)+".jpg",resized_image)
        pic_num += 1

    except for Exception as e:
        print(str(e))
```

该脚本从 image-net.org 中提取负图像，转换为灰度，并将每幅图像调整为 100×100 像素。每幅负图像都要比正图像大，以便准确地进行叠加。总共使用了 4000 幅负图像。一些不可用的图像将显示一个没有任何内容的普通图像。因此，将编写一个脚本来删除这些图像。

```
def find_uglies():
    match = False
    for file_type in ['neg']:
        for img in os.listdir(file_type):
            for ugly in os.listdir('uglies'):
                try:
                    current_image_path = str(file_type)+'/'+str(img)
                    ugly = cv2.imread('uglies/'+str(ugly))
                    question = cv2.imread(current_image_path)
                    if ugly.shape == question.shape and not(np.bitwise_xor(ugly,question).any()):
                        print('That is one ugly pic! Deleting!')
                        print(current_image_path)
                        os.remove(current_image_path)
                except Exception as e:
                    print(str(e))
```

下一步是为负图像创建一个描述文件。这里使用了大约 4000 幅来自 image-net.org 的花卉和动物图像。

```
def create_pos_n_neg():
```

```
for file_type in ['neg']:

    for img in os.listdir(file_type):

        if file_type == 'pos':
            line = file_type+'/'+img+' 1 0 0 50 50 \n'
            with open('info.dat','a') as f:
                f.write(line)
        elif file_type == 'neg':
            line = file_type+'/'+img+'\n'
            with open('bg.txt','a') as f:
                f.write(line)
```

通过运行上面的脚本创建一个 bg.txt 文件，这些文件包含负图像的信息。下一步是创建正图像，通过在终端中输入 mkdir info 来创建 info 目录。opencv_createsamples 命令通过对正图像的属性（旋转和强度）进行叠加，以生成更多的正图像，从而生成正图像训练数据集。为创建这些正图像，使用如下命令：

```
opencv_createsamples -img test.jpg -bg bg.txt -info info/info.lst -pngoutput info -
maxxangle 0.5 -maxyangle 0.5 -maxzangle 0.5 -num 4000
```

这里使用高质量的 DSLR 摄像机沿新加坡海岸线拍摄了大约 500 幅藤壶的图像，并手工选择了 40 幅最好的图像来训练分类器，如图 7.27 所示。

这些图像需要在 opencv_samples() 中转换为 BMP 格式。使用开源软件（Bulk Image Converter）将图 7.28 中的所有样本转换为 BMP 格式，得到图 7.29。软件下载地址为 https://sourceforge.net/projects/bulkimageconver/。

使用名为 Haar Training Utility 的第三方实用程序软件对感兴趣的区域（ROI）进行裁剪，该软件能有效简化裁剪过程。该实用程序的下载地址为 http://www.tectute.com/2011/06/opencv-haartraining.html。使用 OpenCV 的 cvtColor 函数（见图 7.30）能够将这些图像转换为灰度图像。cvtColour 脚本被放置在 40 个藤壶图像和其他被删除彩色图像的同一个文件夹中。

图 7.31 显示了转换为灰度图的藤壶图像。

实用程序中提供了 Objectmarker.exe，图像可以被裁剪。图 7.32 显示了 objectmarker.exe 的图像。

步骤 1　用这个工具在 ROI 上画一个矩形框。

步骤 2　从一幅图像中可以选择多个 ROI，当对每个区域进行选择时按下键盘上的 Space 键，完成时按下 Enter 键。按下 Enter 键后会移动到下一幅图像，然后重复 40 幅藤壶的图像。在每幅图像上取 5~10 个样本。

步骤 3　当上述过程完成时，info.txt 将被创建在图 7.33 所示的 <Haartraining Stuff/STEPS/step 02/> 中。

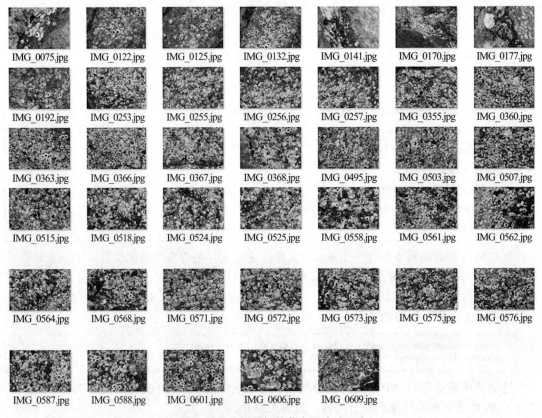

图 7.27　40 幅最好的藤壶照片（.jpg）

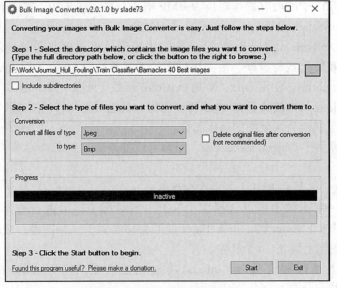

图 7.28　批量图像转换器

图 7.29 最好的藤壶照片

```
import cv2
import glob

i=1
for img in glob.glob("*.bmp"):
    cv_img = cv2.imread(img)

    if (type(cv_img) == type(None)):
        break

    gray_image = cv2.cvtColor(cv_img, cv2.COLOR_BGR2GRAY)
    cv2.imshow('detection', gray_image)
    cv2.imwrite('IMG_'+str(i)+'.bmp', gray_image)
    i=i+1

    if (0xFF & cv2.waitKey(10) == 27) or cv_img.size == 0:
        break

cv2.waitKey(0)
cv2.destroyAllWindows()
```

图 7.30 转换为灰度图的脚本

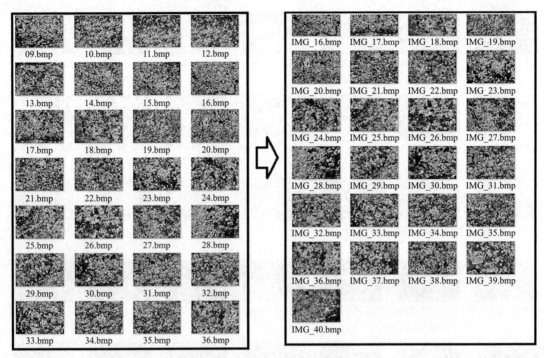

图 7.31 转换为灰度图的图像

更多的正图像可以通过在负图像上叠加藤壶的正图像来生成。由于使用了 25 个被裁剪的藤壶图像，因此这个过程重复了 25 次，产生了 10 000 个正图像。正图像的例子如图 7.34 所示。

图 7.32 使用 Objectmarker 裁剪的图像

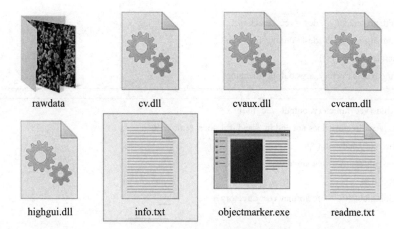

图 7.33　生成的图像信息文件

图 7.34　创建的正图像样本

接下来通过一个正矢量文件运行如下命令将这些正图像合并在一起。

```
opencv_createsamples -info info/info.lst -num 4000  -vec positives.vec
```

7.1.2.2　合并矢量文件并训练级联

创建 Haar 级联的最后一部分是训练级联。一般来说，训练阶段越多，结果越准确。训练更多的阶段需要更长的时间来确保有更好的准确性。大约 25 个矢量文件被计算成一个矢量文件。

```
import sys
import glob
import struct
import argparse
import traceback

def exception_response(e):
    exc_type, exc_value, exc_traceback = sys.exc_info()
    lines = traceback.format_exception(e xc_type, exc_value, exc_traceback)
    for line in lines:
        print(line)

def get_args():
    parser = argparse.ArgumentParser()
```

```python
    parser.add_argument('-v', dest='vec_directory')
    parser.add_argument('-o', dest='output_filename')
    args = parser.parse_args()
    return (args.vec_directory, args.output_filename)
```

```python
def merge_vec_files(vec_directory, output_vec_file):
# Check that the .vec directory does not end in '/' and if it does, remove it.
    if vec_directory.endswith('/'):
            vec_directory = vec_directory[:-1]
    # Get .vec files
    files = glob.glob('{0}/*.vec'.format(vec_directory))

    # Check to make sure there are .vec files in the directory
    if len(files) <= 0:
            print('Vec files to be merged could not be found from dir ectory:
{0}'.format(vec_directory))
            sys.exit(1)
    # Check to make sure there are more than one .vec files
    if len(files) == 1:
            print('Only 1 vec file was found in directory: {0}. Cannot merge a single
file.'.format(vec_directory))
            sys.exit(1)


    # Get the value for the first image size
    prev_image_size = 0
    try:
            with open(files[0], 'rb') as vecfile:
                    content = ''.join(str(line) for line in vecfile.readlines())
                    val = struct.unpack('<iihh', content[:12])
                    prev_image_size = val[1]
    except IOError as e:
            print('An IO error occurred while processing the file: {0}'.format(f))
            exception_response(e)


    # Get the total number of images
    total_num_images = 0
    for f in files:
            try:
                    with open(f, 'rb') as vecfile:
                            content = ''.join(str(line) for line in vecfile.readlines())
                            val = struct.unpack('<iihh', content[:12])
```

```
                    num_images = val[0]
                    image_size = val[1]
                    if image_size != prev_image_size:
                        err_msg = """The image sizes in the .vec files differ.
These values must be the same. \n The image size of file {0}: {1}\n
                            The image size of previous files: {0}""".format(f,
image_size, prev_image_size)
                        sys.exit(err_msg)

                    total_num_images += num_images
            except IOError as e:
                print('An IO error occurred while processing the file: {0}'.format(f))
                exception_response(e)


    # Iterate through the .vec files, writing their data (not the header) to the output file
    # '<iihh' means 'little endian, int, int, short, short'
    header = struct.pack('<iihh', total_num_images, image_size, 0, 0)
    try:
        with open(output_vec_file, 'wb') as outputfile:
            outputfile.write(header)

            for f in files:
                with open(f, 'rb') as vecfile:
                    content = ''.join(str(line) for line in vecfile.readlines())
                    data = content[12:]
                    outputfile.write(data)
    except Exception as e:
        exception_response(e)
if __name__ == '__main__':
    vec_directory, output_filename = get_args()
    if not vec_directory:
        sys.exit('mergvec requires a directory of vec files. Call mergevec.py with -v
/your_vec_directory')
    if not output_filename:
        sys.exit('mergevec requires an output filename. Call mergevec.py with -o
your_output_filename')


    merge_vec_files(vec_directory, output_filename)
```

将矢量文件合并为一个后，使用下面的命令对最终的级联文件进行 10 个阶段的训练。

```
opencv_traincascade -data data -vec positives.vec -bg bg.txt -numPos 3600 -numNeg 2000 -
numStages 10
```

7.1.2.3 人工神经网络辨识

利用 Haar 级联对不同类型污损的识别结果可以与人工神经网络（Artifical Neural Netword，ANN）相结合，以准确识别污损。下一目标是建立一个完整的污损类型分类。人工神经网络将输入与输出进行比较，并在目标匹配时生成输出。由于高质量污损生物物种的图像很难找到，因此需要一个庞大的图像数据库。图 7.35 显示了 Haar 级联与神经网络的结合。

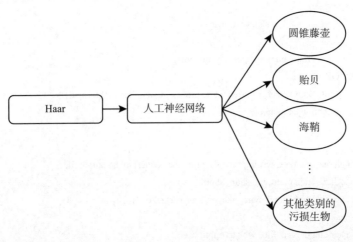

图 7.35　结合人工神经网络的 Haar 级联

由于目标识别需要显著的正图像和负图像来达到更高的准确率，因此我们创建了一个 Web 界面，让用户提供不同的污损图像。通过使用 PHP 5.0，Web 界面托管在 MySQL 支持的 Apache Web Server 上，以存储污损图像。数据库服务器在终端用户使用的 Web 浏览器中存储和组织内容。超文本预处理程序（PHP）驻留在 Web 服务器上，是一个嵌入在网页中的解译器。当用户请求访问某个页面时，它用于解译 PHP 文件。图 7.36 显示设置网页，让使用者提供污损生物的关系。用户可以从自己的库中选择并上传污损生物图像文件来建设数据库。图像文件将自动上传到数据库服务器，并且参与者可以浏览和下载存储在数据库中的所有污损图像。图 7.37 所示为用户通过拖放到提供的框中来上传图像的初始网页设计。图 7.37~ 图 7.41 所示为用户将图像上传到数据库的过程。

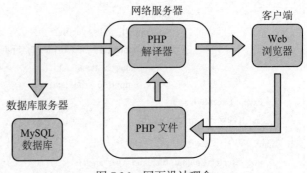

图 7.36　网页设计理念

步骤 1　访问网页。

步骤 2　选择图像并将其放入网页上提供的框中。上传图像的过程需要一些时间。当上传过程完成时，会出现一个勾号。每次最多允许上传 5 幅图像。用户将单击 Update Image Information。

步骤 3 污损的信息（名称、类型、类别）必须手动插入。当所有相关信息被提供后，用户单击页面底部的 Update All，这样图像就会存储在数据库中。

图 7.37 初始网页设计

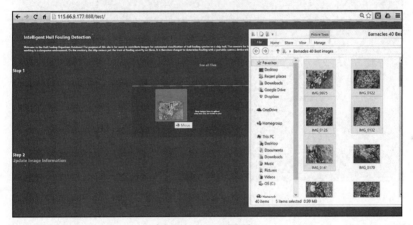

图 7.38 PHP 网页 1

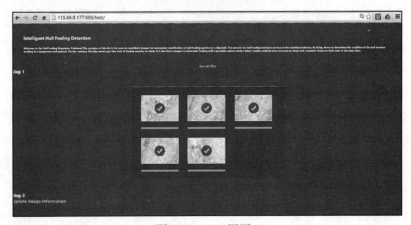

图 7.39 PHP 网页 2

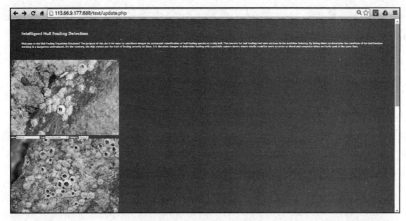

图 7.40　PHP 网页更新 1

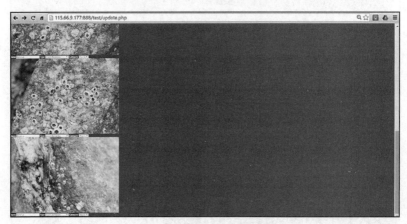

图 7.41　PHP 网页更新 2

7.1.3　测试

该系统是用镀有黑色阳极氧化涂层的铝制备的。3 个 O 形圈安装在摄像机的外壳上用于密封防水。

使用钩环代替杆夹，以便于进行吊装操作。图 7.42 所示为在渔船舷旁的实际安装测试。渔船的船舷宽度为 110mm，因此不能使用吸盘来支撑摄像机组件。

水下测试是通过将夹具安装在代替 8mm 的舷墙的水球门柱进行的，因为门柱厚度大约有 6mm。如图 7.43 所示，该实验是在一个深度为 1.8m 的游泳池中进行的，门柱的高度为 0.9m。

当将原型机放在水下时，在外壳盖和外壳（见图 7.44）之间可以观察到最小的气泡。在表面上涂上润滑脂，并在水池中对摄像机外壳进行了测试。Wi-Fi 连接是通过将 5m RG174 放

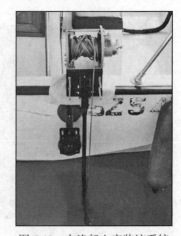

图 7.42　在渔船上安装该系统

置在机箱内部，另一端靠近地面路由器实现的。树莓派由机箱内部的便携式充电器供电。在图 7.45 中可以观察到实时视频的慢帧率。

图 7.43　实验装置

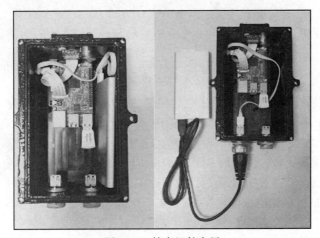

图 7.44　外壳组件布局

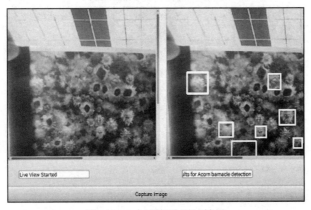

图 7.45　水下实验测试结果

　　利用藤壶的叠片图像对算法进行测试。该算法将图像转换为灰度图，然后与级联文件进行比较。图 7.46 显示了 GUI 在水下测试时污损率为 17% 的结果。从结果来看，由于图像中的许多藤壶没有被识别出来，因此对该算法的结果认可度不高。

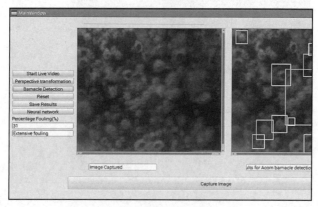

图 7.46　测试结果示例

　　提高准确性需要更多的训练阶段和更多被裁剪的藤壶。GUI 中的污损百分比由下式计算：

$$污损百分比 = \frac{污损区域面积}{图像总面积} \times 100\%$$

　　测试 10 个充满藤壶的图像，以找出包含藤壶的平均面积。图 7.46 显示了来自 GUI 的一组测试结果。平均污损面积约为 20.8%。结果中有 7 个的污损等级为 4（严重污损），1 个的污损等级为 2（轻微污损），其余的污损等级为 3（相当大的污损）。测试结果列于表 7.7。无法对其他算法进行直接比较，因为对 ROI 的训练不同，并且只有在训练更多图像的情况下才能提高 ROI。可以根据 GUI 的输出手动计数图像中的藤壶来确定系统的准确性。再进行另外 10 次测试，发现测试的平均准确度约为 50.51%，标准差为 10.44%。由于摄像机图像质量较差，因此观察到有错误的检测结果。

表 7.7　污损百分比测试结果

测试组	人工计数	Haar 计数	Haar 污损（%）	精度（%）
1	46	31	17	67.39
2	43	15	23	34.88
3	20	11	17	55.00
4	5	3	5	60.00
5	40	24	31	60.00
6	41	20	38	48.78
7	17	9	10	52.94
8	34	15	12	44.12
9	34	15	25	44.11
10	37	14	30	37.84

　　结果显示，当除去因为品牌徽标引起的错误检测后，成功率可以达到 89.5%。结果表明，如果训练了大量高质量的正图像样本和负图像样本，则使用类似 Haar 级联算法可以产生较高的准确性检测率。使用的算法在准确性上有显著差异的原因是使用的图像质量不足，并且每个藤壶都可能有显著差异。由于其他污损生物的图像质量不足，因此我们仅考虑了藤壶。用互联网上的图像训练过的藤壶图像产生的效果很差。因此，将需要使用 DSLR 摄像机来重新训练算法。该系统的设计要求在将组件下放到水下检查污损密度之前，指定检测角度并手动调整。舷墙与 ROI 之间的距离受连杆限制。系统中使用的吸盘仅限于船体的平坦表面，无法适应不同的表面。

　　综上所述，持续监测船体污损状况可以及时制定入港计划，以减少污损活动。该系统的应用将是具有成本效益的，因为不仅可以节省燃料成本，而且可以节省维护成本，因为检查船体表面污损所需的时间更少。AF 涂料系统的制造商可以使用这种技术来获得测试结果。从该系统获得的结果也将允许在制定新的 AF 涂层和改进船体形式的研究中获得更好的效率。随着污损数据库的建立，将为 Haar 级联算法提供更多图像，从而在较短的时间内提高检测精度。利用神经网络的进一步发展，将可以识别不同的生物体。

7.2　基于多跳微处理器的远程振动和图像监测原型系统

　　本节的详细内容详见文献［9］。近年来，人们对能源的需求不断增加，这推动了对从海底开采石油的安全可靠方法的研究。海底油田的位置具有分散性，这导致人们需要在浅水到深水的各种地形上建造海上石油平台。固定在任何一个地方的海上平台都会受到海浪、洋流、风和地震的影响，而固定在深海中的海上平台在极端寒冷的环境中也容易受到支撑腿周围堆积的冰的破裂而产生的振动。以上因素引起的振动常常不受控制，可能会导致设备故障、结构损坏、平台结构上的工作人员不适，甚至由于长时间的断裂增长而引起结构失效。

　　通常在建造海上结构时因为没有考虑到冰激振动的不良影响，最终导致结构坍塌[10]。因此，新的昂贵的结构被设计得过于坚固。虽然振动明显减少，但人体不适和设备故障仍然是一个问题。最近的一项关于冰激振动影响的研究已经提出了多种技术来减轻由冰与建筑物碰撞而引起的振动。其中一个例子是使用锥形支腿代替标准的垂直支腿[11-12]，当冰被抬离基座时，它将冰的破坏力从挤压变为弯曲。施加在腿上的合力虽然比原来的力低很多，但仍然是显著的和相对周期性的。研究还表明，在高冰速下，破冰力可能与结构的固有频率相同，导致振动被极端放大[11-12]。这种影响，再加上当前减少冰激振动技术的合力，可能会对结构和设备造成严重的损害。

　　尽管现有的振动和结冰监测系统的基础工作有限，但已经对系统的相关子组件进行了重点研究，即振动测量、结构完整性验证、CV 和通信基础设施。文献［13］采用了一种可行的振动测量技术。它由一个频谱分析仪和一套同步三轴加速度计组成，作为振动传感器用于加速度衍生运动和振动测量。振动传感器被离散地放置在结构单元上，如平板和光栅，并有序地排列形成一个网格，交叉点在振动机械周围均匀地分布。

文献［14］提出了一种用于水下结构贯通厚度裂缝识别的淹水构件检测方法。该研究中的一种临时方法用到了超声波技术[14]。该方法利用基于微控制器的发射机、信号升压器、压电换能器、放大器、实时数字信号处理系统和计算机来检测海底中空结构中的水浸。在文献［15］中，将自主水下航行器沿海底预铺设的电力电缆引导，利用深水 CV 进行了成功的尝试。基于视觉的引导使水下航行器能够以 25fps 的输入帧率和以 90% 以上的平均精度定位跟踪海底发现的电缆。另外，ROV[16-18] 模型可用于检测水下结构中的裂缝，但是构建、操作和维护非常昂贵。

多跳无线网络的使用在保持性能和支持可扩展性的同时，补充了整个系统的连通性[19-20]。多跳地形基于逐跳重传方案，该方案将从一个特定节点向服务器发出的单个长传输中断为多个节点到节点（链路）的局部包重传。

综上所述，本节旨在结合开源 ARDUINO 平台、加速度计和树莓派，提出一个用于水下海洋平台远程振动和图像监测的工作原型。

7.2.1 系统设计与架构

在对前文所述的同类研究工作进行分析的基础上，提出了满足以下要求的系统：
- 能够沿钻机支腿精确测量振动。
- 具备视频流能力（用于监测支腿上冰形成的情况）。
- 提供直观的用户界面，以查看振动强度、流视频，并控制硬件资源（传感器和摄像机）。
- 根据振动传感器和摄像机帧的输入自动生成警报。

该系统可分为传感器网络、接口和客户端三个子系统。传感器网络由单个节点组成，通常沿着海上平台的支腿安装在水下。如图 7.47 所示，传感器网络的每个节点主要包含一个振动传感器和一个摄像机模块（统称为外设），由机载节点控制器控制。该节点控制器用于协调外围设备之间的活动，并通过集成的主机和从机无线模块与其他节点通信。接口子系统主要作为无线传感器网络和终端客户（如个人计算机）之间的中介，描述了支持系统架构的硬件互连方案。该系统由节点、传感器网络、接口和客户端四个主要子系统组成。

每个节点都是一个低功耗微处理器系统，能够通过集成的无线模块将实时振动数据和视频从摄像机传输到相邻节点。该节点由节点控制器、摄像机、振动传感器和从 / 主无线模块四部分组成。节点控制器是节点的"CPU"，协调连接的振动传感器和摄像机的数据输入，将数据发送到下一个节点，并接收下一个节点的控制指令。因为树莓派的高性能的性价比，所以采用树莓派作为节点控制器。图 7.48 描绘了树莓派和其他外围设备之间的连接。

该摄像机专门用于监测支腿和关节上冰形成的情况以识别裂纹。选择树莓派 5MP 摄像机板是出于成本的考虑，它可以在全高清分辨率下提供足够清晰的图像，并且可以很容易地与树莓派进行交互。摄像机模块使用 CSI 接口连接到树莓派，如图 7.48 所示。由于树莓派上存在 Linux 操作系统，尽管时钟频率为 700MHz，但由于采用了有限的内存带宽和低功耗的单核 ARM 处理器，使用 GPIO 引脚进行高测量频率的应用有望实现。同样，三轴加速度计尽管价格昂贵，但由于存在噪声，因此需要在固定窗口大小上求平均值才能获得准确的结果。因此，ARDUINO Uno 用于控制传感器和平均数据，然后将值传回树莓派。ARDUINO

Uno 作为一个基于 AVR 的微控制器，尽管只有 16MHz 的微弱时钟频率，由于缺少操作系统开销（编写的代码在 CPU 上获得完整的访问时间），因此可以更快地访问底层硬件（传感器）。ARDUINO Uno 通过连接树莓派的 USB 端口供电。它使用内置到 USB 转换器的串行序列与后者通信。

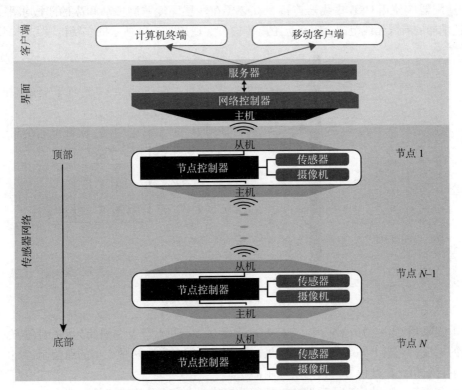

图 7.47　拟议系统的高级架构

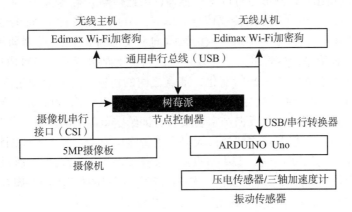

图 7.48　拟议系统的节点互连原理图

　　由于每个节点都是独立的实体，因此在相对较长的距离上分隔节点可能不经济，进行连接节点布线也不可行。因此，完成了基于 Wi-Fi 的无线通信基础架构。在此基础架构中，两个 Wi-Fi 适配器连接到节点控制器，以充当上层节点的客户端，并充当下层节点的主机。Edimax 150 Mbps Wi-Fi 适配器通过 USB 连接到树莓派，以实现上述目的。树莓派 B 型只有 2 个 USB 端口；适配器应使用 USB 集线器连接。有必要在浅层深度监测振动和冰的形成水平，并且 Wi-Fi 适配器的有限无线范围会阻止远距离传输，实现如图 7.49 所示的多跳传输方案。

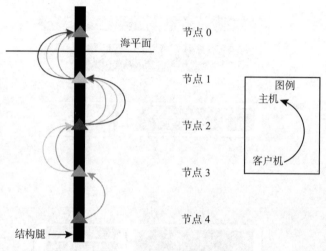

图 7.49　节点间多跳传输方案

　　本方案采用 Client-Host Wi-Fi 接口方式连接下节点和上节点。因此，每个节点充当下一个节点的主机，充当上一个节点的客户机。在节点之间会发生两种类型的通信。

● 下行通信，控制信号来自网络控制器。

● 向上通信，振动传感器数据和视频流数据从节点向上传到网络控制器。

　　由于与视频流相比，控制信号可以忽略不计，因此传输方案实际上是向上传输方案。这种传输采用流水线技术在节点之间传递信息。例如，节点 5 首先向上发送数据到节点 4，节点 4 在下一个时间帧将该数据和本地生成的数据向上发送到节点 3，以此类推，直到到达节点 0。通过采用这种策略，尽管最大"有效"范围与沿支路出现的节点数成正比，但由于影响信噪比（SNR）的有害噪声水平的变化，节点之间的传输速度不是恒定的信噪比。因此，通过选择相邻节点间的局部最优分离距离而非固定的分离距离，可以最大限度地降低信噪比。此外，该方案在节点上引起反向金字塔负载，即给定负载下的传输工作量与该节点下的节点数成正比。因此，上层节点之间的最大可实现带宽构成了在其下方流水线传输的节点数量的瓶颈。图 7.49 说明了此行为，其中节点 1 到节点 0 经历了最高的工作负载。

　　接口子系统是控制与记录系统的核心。该子系统的主要目的是提供客户端 PC 与无线传感器网络之间的硬件接口。接口子系统本质上是一个树莓派（以后称为辅助控制器），一端直接连接到单个 Wi-Fi 适配器（作为最顶层节点的主机），另一端通过网络集线器连接到服务器 PC。服务器 PC 扮演着两个重要的角色，即提供对传感器网络的高级控制和执行视频处理和日志记录。

- 高级控制：服务器通过将来自客户端的控制请求转换为相关协议格式，并通过辅助控制器将控制请求发送到特定节点，从而对无线传感器网络的各个节点的操作提供高级控制。单个节点的控制操作包括开启 / 关闭视频流、改变视频流分辨率、改变视频流帧数、开启 / 关闭振动监控。

- 视频处理和日志记录：服务器还用于接管密集型任务，例如生成警报。图像处理算法和振动级监测在服务器上实时执行，并记录结果，提供一个集中的数据存储系统来支持多个客户端。服务器主要是一台始终开机的计算机，连接到同一网络上的辅助控制器和多个客户端，如图 7.50 所示。

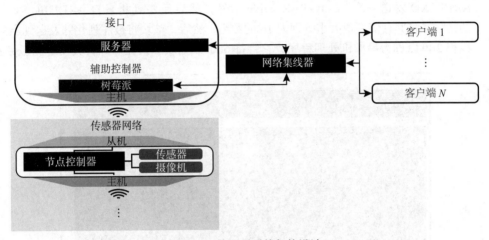

图 7.50　接口子系统架构设计

　　客户端子系统指的是作为监测和控制传感器网络终端的一组设备。连接到接口服务器同一网络的客户端如图 7.51 所示。用户界面包括：选择监测节点、显示详细振动图、视频流、所有节点的系统整体状态、进行高级控制。振动传感器直接连接到树莓派。对振动的反应有显著的延迟。解决这个问题的一种方法是使用 ARDUINO 作为振动传感器和树莓派之间的中介。实验采用 ARDUINO Uno 作为树莓派的发射器和振动传感器的振动信号接收器，可以观察到明显的改善。通过本实验，得出树莓派具有比 ARDUINO Uno 更好的性能。树莓派在获取振动传感器的数据时会有延迟。ARDUINO Uno 没有操作系统。除了从振动传感器读取数据外，它不会运行其他任务。因此，它比树莓派更有能力在更短的时间内提供数据。因此，我们决定使用 ARDUINO Uno 作为振动发射器。

- 加速度计框架：实现了让 SPI 比 I²C 接口更简单、更快。主机和从机由 3 条数据线连接，通常称为 MISO（主机输入，从机输出）、MOSI（主机输出，从机输出）和 M-CLK，于是决定使用 SPI 电路将加速度计连接到 ARDUINO。加速度计发送振动读数到 ARDUINO，以从程序中选择加速度方向或重力方向的 x、y、z 方向的运动。

- ARDUINO 框架：ARDUINO 使用 Visual Studio 编程。它被编程来处理接收振动读数的过程，并在一个程序中使用两个不同的线程将读数发送给树莓派。线程 1 可以称为加速度计处理程序，它以 115 200 的波特率反序列化加速度计的读取，然后将

x，y 和 z 中的读数存储到窗口大小为 32 的相应数组中。线程 2 可以称为通信处理程序。它主要与树莓派通信，并检查是否需要发送数据。一旦树莓派准备好接收通信，ARDUINO 中的处理器将在阵列 x、y、z 中收集到的振动数据平均为 avg(x)、avg(y)、avg(z)，这些数据在序列化后将发送给树莓派。

- 树莓派和摄像机框架：Python 编程语言用于在树莓派中编写程序。它经过编程，可以处理从 ARDUINO 接收振动读数的过程，而不是将其发送到服务器，然后从树莓派摄像机读取图像帧，然后再将其发送到服务器。单个程序将具有两个不同的线程来处理这些收发过程。一旦树莓派启动线程 1（可以称为 ARDUINO），处理器将向 ARDUINO 发送一个 Ready-To-Receive 信号，然后反序列化来自 ARDUINO x、y、z 的读数并将其存储到块大小分别为 16 的数组；然后，该块将被序列化并发送到服务器。线程 2 可以称为摄像机处理程序，它将每 600ms 捕获一次图像并将其发送到服务器。

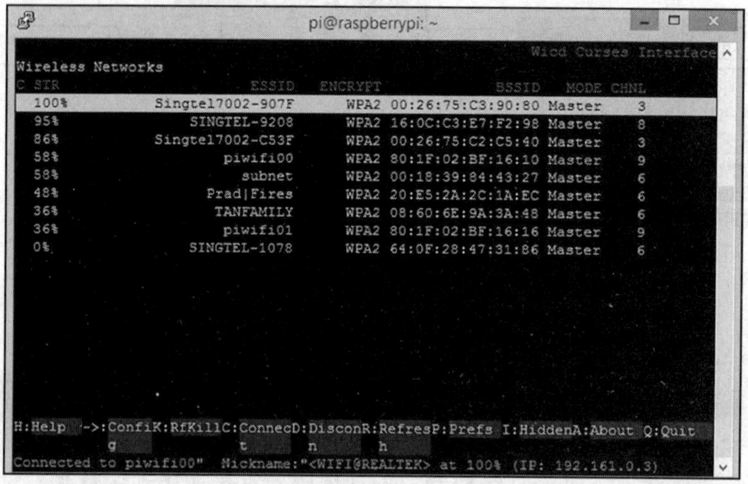

图 7.51　连接到接口服务器同一网络的客户端

设置 Wi-Fi 客户端和主机后，将建立从最后一个节点到节点 0（第一个节点）的无线连接。振动数据和可视图像通过此连接传输到服务器。它只会提供单向连接。因此，建立了两个节点之间的连接，以从服务器执行节点的维护和更新。系统中的每个节点都是一个客户端。运行 GUI 的计算机是服务器。每个节点都经过编程以将多跳振动数据和图像流传输到运行 GUI 的服务器。

7.2.2　程序设计与系统实现

以下步骤仅配置一个节点（节点 0），将 SD 卡中的图像复制到其他两个 SD 卡中。然后对主机和客户端安装文件进行必要的 IP 地址更改。由于树莓派中可用的 USB 端口数量有限，ARDUINO 通过 USB 集线器连接到树莓派。由于加速度计连接到 ARDUINO，因此振动读数程序使用 Visual Studio C++ 语言编写。通过 USB 线将 ARDUINO 与树莓派进行物理连接，将振动读数传送给树莓派。

步骤 1　基本设置。将树莓派操作系统 Raspbian 安装在 16GB 的 SD 卡上。最新版本的 Raspbian 被下载到一台 Windows 计算机上。下载 Win32 磁盘映像，并解压缩应用程序。SD 卡被格式化，Win32 磁盘映像器以管理员身份运行。图像被写入 SD 卡。将 SD 卡插入树莓派。树莓派和电视机之间用 HDMI 线连接，无线键盘和 USB 鼠标也加以连接以建立控制。树莓派在其 Raspbian 操作系统中启动，并且用户可以成功地操作树莓派。

步骤 2　配置树莓派。设置第一次配置所需的参数。有许多可用的 VNC 查看器，使用 REAL VNC Viewer 设置远程访问，因为 REAL VNC Viewer 是树莓派中最常用的。

接下来，通过连接 CSI，摄像机和树莓派建立了物理连接。Wi-Fi 客户端（第一个 Wi-Fi 适配器）和动态主机配置协议（DHCP）的设置将被显示。一个 Wi-Fi 适配器插在树莓派底部的 USB 插槽中。（两个 Wi-Fi 适配器都没有插入两个 USB 插槽，因为这会导致冲突。）

步骤 1　按步骤输入以下代码，设置 hostapd，提供无线主机接入点服务。

```
sudo apt-get install hostapd
wget http://www.daveconroy.com/wp3/wp-content/uploads/2013/07/hostapd.zip
unzip hostapd.zip
sudo mv /usr/sbin/hostapd /usr/sbin/hostapd.bak
sudo mv hostapd /usr/sbin/hostapd.edimax
sudo chmod +x /usr/sbin/hostapd.edimax
sudo ln -sf /usr/sbin/hostapd.edimax /usr/sbin/hostapd
```

步骤 2　配置 hostapd。为了设置 sudo 站点 /etc/hostapd/hostapd.conf，配置 Wi-Fi SSID 为 RPiNode1。

步骤 3　配置 hostapd。要编辑 hodtabd 文件，输入 sudo nano/etc/default/hostapd，将命令 DAEMON_CONF=/etc/hostapd/hostapd.conf 添加到文件并保存。

步骤 4　配置接口。为树莓派设置静态 IP，需要在接口文件中设置 sudo nano/etc/network/interfaces。为了消除 Wi-Fi 设置为静态 IP 时的漏洞，修改 ifplugd 文件中的编码，输入 sudo nano/etc/default/ifplugd。

步骤 5　安装 DHCP 服务。进入 sudo 安装包安装 udhcpd。进入设置页面设置 DHCP，进入 sudo nano/etc/udhcpd.conf。以下两行表示 Wi-Fi 热点将提供给客户端设备的 IP 范围：

要启用 DHCPD，输入 /etc/default/udhcpd，并使用 sudo 服务 udhcpd start 启动 DHCPD。

此处显示了 Wi-Fi 客户端（第二 Wi-Fi 适配器）的设置以及节点间振动读数和视觉流的无线传输。电源被关闭，现有的 Wi-Fi 适配器从底部 USB 端口被拔出。另一个 Wi-Fi 适配器插入顶部 USB 端口。树莓派通过以太网电缆连接到互联网。仅将一个 Wi-Fi 适配器插入树莓派的 TOP USB 插槽。（两个 Wi-Fi 适配器插入两个 USB 插槽会引起冲突。）

步骤 1　打开电源并通过 SSH 协议连接到各自的 RPI。进入 sudo 安装包来安装 Wicd-curses，它是一种用户友好的 GUI Wi-Fi 设置实用程序。通过 Wicd-curses，在树莓派上设置 Wi-Fi 变得简单明了。要使操作系统能够配置第二个 Wi-Fi USB 端口（树莓派的 TOP USB 插槽），请输入 sudo wicd-curses。从树莓派找到的无线网络列表中选择首选的 Wi-Fi 网络的 SSID，如图 7.51 所示。

步骤 2　选中 Wi-Fi 网络，如图 7.51 所示。所需的 IP（例如 192.168.2.135）、子网掩码（例如 255.255.255.0）和路由器的 IP（例如 192.168.2.1）被设置为静态 IP。确保树莓派的 IP

和网关 IP 具有相同的索引。如果路由器具有 192.168.2.ip，则树莓派应该具有相同的字符，但最后一个 ip 数字除外。树莓派通过 Wi-Fi 连接到路由器，并能够为其他设备提供 Wi-Fi。

7.2.3 测试

建立从最后一个节点到节点 0（第一个节点）的无线连接。振动数据和视觉图像被传输到服务器。它提供单向连接。需要节点之间的双向连接才能执行维护并从服务器更新节点。以下使用 sudo、netmask 和 gw 的命令用于在节点之间建立双向连接。系统中的每个节点都被视为客户端，即 GUI 在其中作为服务器的计算机。每个节点都经过编程以将多跳振动数据和图像流传输到服务器。在每个节点中都对服务器的 IP 地址进行了编程，以进行识别。每个节点将使用服务器中的两个端口，一个用于传输振动数据，另一个用于传输视觉流。因此，将这些端口号设置在客户端程序文件 main.py 的每个节点中。例如 image_client=ImageClient（'PI_0','192.161.0.5',10000）和 vibration_client=VibrationClient ('PI_0','192.161.0.5',10100)。上面的代码显示服务器的 IP 地址已设置为 192.161.0.5。如上所示，将服务器中用于接收图像的端口设置为 10 000 和 10 100，以接收振动数据。

GUI 与服务器 - 客户端程序一起被编程为单个服务器程序文件。它将显示视频流，并以图形形式显示 x，y 和 z 轴上的振动读数。在特定时间，在任何轴上监测到的最高振动都以的数字值显示，单位为 m/s^2。如果系统扩展到更多节点，则可以将以上设置自动扩展到将来连接的节点。PI 0（第一个树莓派）中的 SD 卡映像已复制了另外两个树莓派。通过 SSH 和说明访问树莓派。在主机和客户端文件的不同部分对 IP 地址进行如下更改：配置接口，设置 DHCP（主机）和 Wi-Fi 客户端。

如图 7.52 所示，构造一个 1000mm 高、400mm × 400mm 的方形结构的钻机模型，将节点固定在其腿上。如图 7.53 所示，将电池组、树莓派、USB 集线器，ARDUINO 和加速度计打包为一个节点。如图 7.52 所示，三个这样的节点固定在结构的各个接点处。

该结构由三个节点组成。对结构施加恒定振动。振动结果在 GUI 中显示。视频流也成功完成，如图 7.54 所示。用 Fluke 805 振动计对振动值进行了验证。在测试过程中，发现系统存在延时。当连接更多节点时，GUI 不提供实时更新。当节点 0 和节点 1 连接时，系统运行良好，但当节点 2 连接时，视频传输出现滞后。它受到了低带宽 Wi-Fi 适配器的限制。这个原型中使用的 Wi-Fi 适配器不能实时传输重要数据。这一问题的解决方法是用一个带宽更高的 Wi-Fi 适配器取代原 Wi-Fi 适配器。可以观察到，用于每个节点的廉价电池组消耗电力的速度太快，造成系统的时间

图 7.52　三个节点固定在拟议的海上结构模型上

延迟。因此，使用高质量的电池组。尽管 CV 是一种强大的技术，可以通过摄像机的输入帧来识别钻机腿上的冰形成等特征，但环境对算法的有效性起着至关重要的作用。

建议的架构支持多客户端（设备）应用。例如，针对 Windows 平台的独立应用程序可能不适用于基于 Android 或 iOS 的设备。然而，开发一个基于网站的应用程序被认为是为了规避这个问题。要开发基于 Web 的应用程序，需要掌握 XHTML 和 Java Script 的相关知识。建议使用的 GUI 可以运行在基于 Windows 和 Linux 的操作系统中。一个具有图像处理能力的振动监测系统将被用于检测振动异常和表面问题。正如所提出的系统架构所示，它得出的结论是，即使是基于低成本微处理器的系统，在精确测量振动方面也相当有效。然而，如果它被适当地封闭在耐压的外壳中，则可以用于测量振动和图像处理。

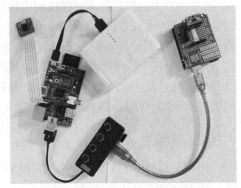

图 7.53　一个节点内的设备和组件

由于 Wi-Fi 工作在高频范围，因此信号无法穿透水介质。然而，这些模块将被那些用于实时应用的低频模块取代。与实验室环境相比，普通摄像机在水下恶劣环境下的图像质量将呈指数级下降。在水下实际实施之前，需要进行适当的外壳设计。

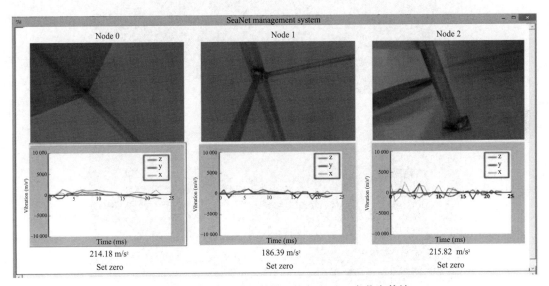

图 7.54　GUI 上的振动数据和视频通过三个节点传输

7.3　人脸识别系统

一个基于视觉的监测系统可以用树莓派开发。智能系统可以增强现代世界的安全和监测。局部二值模式（LBP）和 Haar 级联分类器是两种最常用的人脸检测技术。LBP 将图像表示为灰度共生矩阵的局部表示。实现 LBP 的主要好处是能够捕获图像[21]上的精细细节。Haar 级联分类器（见 7.1 节）是一种机器学习方法，其中级联函数使用正、负图像进行训练。

正图像是指物体的像，负图像是指没有物体[22]的像。

　　CV 中的人脸识别是通过将视频中检测到的人脸特征与人脸数据库进行比较来识别一个人。两种最有效的检测方法是 Eigenfaces 和 Fisherfaces。Eigenfaces 方法采用主成分分析（PCA）来表示灰度二维图像，并以协方差矩阵的形式表示相关变量。通过计算特征值和特征向量，在 PCA 子空间中对训练样本进行投影，实现对人脸图像的识别。Fisherfaces 使用线性判别分析（LDA），通过最大化类内和类间的比例来决定特征的组合。在低维[23]中分别对相同类和不同类进行聚类。Fisherfaces 方法在插值和外推光照情况和更好地处理面部表情方面是最好的。

7.3.1　系统设计与架构

　　原型的设计如图 7.55 所示。它由机械外壳和电子部件组成。树莓派的设置与上一节类似。因此，在本节中将省略它。要启动树莓派，必须先安装几个软件包。所使用的硬件和软件列表分别如表 7.8 和表 7.9 所示。树莓派组装完成后如图 7.56 所示。图 7.57 中给出了一个数据库层次结构的例子。

图 7.55　制作的模型

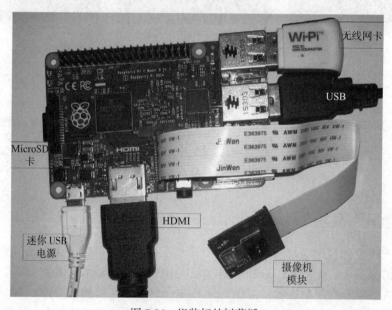

图 7.56　组装好的树莓派

图 7.57　一个数据库层次结构的例子

表 7.8　硬件列表

硬件	数量	硬件	数量
树莓派	1	微型 USB 电缆	1
摄像机模块	1	存储卡	1
无线网卡	1		

表 7.9　软件列表

软件	用途	软件	用途
Raspbian OS	Linux 操作系统	Qt Designer	GVI 设计
Python 2.7	程序设计语言	Solidworks 2011	三维建模
TightVNC（客户端和服务器）	SSH 远程访问		

7.3.2　程序设计与系统实现

Python 是一种广泛使用的高级、通用和动态编程语言。它的设计理念强调代码的可读性，它的语法允许程序员用更少的代码行来表达概念，这在 C++ 或 Java 这样的语言中也是可行的。

该语言提供了小规模和大规模的特定程序。Python 支持多种编程范式，包括面向对象、命令式和函数式编程或过程式编程风格。它具有动态类型系统、自动内存管理和广泛而全面的标准库。之所以选择 Python 作为树莓派的编程 IDE，是因为它有许多特性、库，还支持互联网社区。还有一些用于图像处理的 Python 库必须单独下载。现在有了图形化安装程序，可以轻松地安装 Python 包，而不是使用命令提示符这种烦琐的传统方式。Synaptic 安装程序中的 Python 包如下所示：

- NumPy 扩展了 Python 的编程能力，可以在多维度中快速计算数组。这是必不可少的，因为图像处理是基于对单个像素的操作。在图中，图像被转换为像素数组，每个像素都有一组表示颜色的红、蓝、绿和 Alpha 值。
- SciPy 堆栈到 NumPy 作为一个扩展，包括许多模块，如图像处理模块。
- Matplotlib 是一个用于绘制和显示直方图和图像的库。直方图可以帮助说明图像的特定属性，比如找到图像中"红色"的级别。
- Scikit 也是 Python 的一个扩展，它构建在 NumPy 和 Matplotlib 上，用于图像处理功能，如颜色检测和颜色聚类。
- OpenCV 可以添加到 Python 中以利用图像处理功能。它也可以用于实时图像处理和补充 SciPy。
- IPython 作为一个帮助工具添加到 Python IDE 中。它提供了简单的帮助、参考和脚本运行。
- Python imaging-tk 必须使用命令提示符单独安装，因为它在图形安装程序中被遗漏了。通过在 LXTerminal 中输入下面的命令，将能够安装这个文件：

```
sudo apt-get install python-imaging-tk
```

下面是用树莓派摄像机模块捕获静态照片的命令行工具：

```
raspistill -o cam.jpg
```

当摄像机上下颠倒时，图像可以旋转 180° 来正确显示，纠正这个问题的方法是通过传递 -vf 和 -hf 标志来应用垂直和水平翻转：

```
raspistill -vf -hf -o cam2.jpg
```

Blob 是图像中一组具有共同属性（例如灰度值）的连通像素。在灰度图像中，暗连通区域是斑点，斑点检测的目的是识别和标记这些区域。

```python
# Standard imports
import cv2
import numpy as np;

# Read image
im = cv2.imread("blob.jpg", cv2.IMREAD_GRAYSCALE)

# Set up the detector with default parameters.
detector = cv2.SimpleBlobDetector()

# Detect blobs.
keypoints = detector.detect(im)

# Draw detected blobs as red circles.
```

```
# cv2.DRAW_MATCHES_FLAGS_DRAW_RICH_KEYPOINTS ensures the size of the
circle corresponds to the size of blob
im_with_keypoints = cv2.drawKeypoints(im, keypoints, np.array([]), (0,0,255),
cv2.DRAW_MATCHES_FLAGS_DRAW_RICH_KEYPOINTS)

# Show keypoints
cv2.imshow("Keypoints", im_with_keypoints)
cv2.waitKey(0)
```

SimpleBlobDetector 是基于下面描述的一个简单算法。该算法由参数控制（如下粗体所示），执行以下步骤。详细信息可以在以下网站找到：https://docs.opencv.org/3.3.1/d0/d7a/classcv_1_1SimpleBlobDetector.html。

- 阈值化：通过对源图像进行阈值化（阈值从 minThreshold 开始），将源图像转换为多个二值图像。这些阈值通过 thresholdStep 递增，直到 maxThreshold。所以，第一个阈值是 **minThreshold**，第二个是 **minThreshold+thresholdStep**，第三个是 **minThreshold+2 x thresholdStep**，以此类推。
- 分组：在每个二值图像中，连接的白色像素被分组为二值斑点。
- 合并：计算二值图像中二值斑点的中心，并合并距离小于 **minDistBetweenBlobs** 的斑点。
- 中心和半径计算：计算并返回新合并的斑点的中心和半径。

对于基于时空滤波器的运动检测，通过图像序列中运动者所跨越的整个三维时空数据量来表征运动。其优点是计算复杂度低，实现过程简单。这里的背景消除算法如下。

```
# Calculate the temporal difference error
def TDError(self, k, t):
    if t == 10:
        delta = self.reward + self.discount * 0 - self.getQ(k, t, self.state, self.action)
    else:
        delta = self.reward + self.discount * self.getQ(k, t+1, self.nextState,
            self.nextAction) - self.getQ(k, t, self.state, self.action)
    return delta
```

它是一种基于高斯混合的背景 / 前景分割算法。它使用一种方法通过 K- 高斯分布（$K=$ 3~5）的混合来建模每个背景像素。混合的权重表示这些颜色在场景中停留的时间比例。可能的背景色是那些保持更长时间和更静态的颜色。在编码时，我们需要使用函数创建一个背景对象。cv2.**createBackgroundSubtractorMOG()**。它有一些可选的参数，如历史数据的长度、高斯混合的数量、阈值。然后，在视频循环中，使用 background subtractor.apply() 方法获得前景掩码（OpenCV: Background Subtraction）。

```
import numpy as np
import cv2

cap = cv2.VideoCapture('vtest.avi')
fgbg = cv2.createBackgroundSubtractorMOG()
while(1):
et, frame = cap.read()
  fgmask = fgbg.apply(frame)

  cv2.imshow('frame',fgmask)
```

```
    k = cv2.waitKey(30) & 0xff
    if k == 27:
        break
cap.release()
cv2.destroyAllWindows()
```

基于高斯混合的背景 / 前景分割算法的一个关键特征是为每个像素找到合适数量的高斯分布。由于光照的变化，它对不同场景提供了更好的适应性。我们必须创建一个背景减法器对象。在这里，你可以选择是否使用阴影。如果 detectShadows=True（默认情况下），那么它会检测并标记阴影，但是它降低了计算速度。

```
import numpy as np
import cv2

cap = cv2.VideoCapture('vtest.avi')

fgbg = cv2.createBackgroundSubtractorMOG2()

while(1):
    ret, frame = cap.read()

    fgmask = fgbg.apply(frame)

    cv2.imshow('frame',fgmask)
    k = cv2.waitKey(30) & 0xff
    if k == 27:
        break

cap.release()
cv2.destroyAllWindows()
```

该算法结合了统计背景图像估计和逐像素贝叶斯分割。它使用框架进行背景建模，使用概率前景分割算法，利用贝叶斯推理识别可能的前景对象。一些形态学滤波操作，如关闭和打开被用来去除不必要的噪声。采用形态学开操作去除噪声的效果较好。

```
import numpy as np
import cv2
cap = cv2.VideoCapture('vtest.avi')
kernel = cv2.getStructuringElement(cv2.MORPH_ELLIPSE,(3,3))
fgbg = cv2.createBackgroundSubtractorGMG()
while(1):
    ret, frame = cap.read()
    fgmask = fgbg.apply(frame)
    fgmask = cv2.morphologyEx(fgmask, cv2.MORPH_OPEN, kernel)

    cv2.imshow('frame',fgmask)
    k = cv2.waitKey(30) & 0xff
    if k == 27:
        break
    cap.release()
cv2.destroyAllWindows()
```

如表 7.10 所示，我们对不同的人体运动检测方法进行了比较和研究（https://docs.opencv.org/master/db/d5c/tutorial_py_bg_subtraction.html）。选择 MOG2 背景减法作为运动与背景的

分割方法。下面将解释 Python 环境。模型大多是静态的，连续帧的照明基本上是稳定的。

表 7.10　人体运动检测比较表

比较项	精度	计算时间	注解
BLOB 识别	中等	中高等	适用于不同尺寸和像素等级的图像，但计算速度快，精度取决于斑点的位置和尺寸
时空滤波器背景减法	中高等	中低等	适用于低分辨率场景，但有噪声问题
MOG	中等	中等	简单的实现和良好的性能，但不太好与动态背景融合。它可以捕获多模型场景
MOG2	中高等	中等	实现简单，性能优良，对不同的光照有较好的适应性
GMG	中等	中高等	引入了一个有问题的前景分割来寻找运动，适应光照的变化，但受噪声和更高的计算要求限制

```
# import the necessary packages
# The Package " imutils " is a combination of functions, which make image processing task lighter.
import argparse
import datetime
import imutils
import time
import cv2

# construct the argument parser and parse the arguments
# The "—video " is  used for define a prerecorded video to find the motion.
# The --min-area is  defined to state the minimum size for a region of the image to be considered
ap = argparse.ArgumentParser()
ap.add_argument("-v", "--video", help="path to the video file")
ap.add_argument("-a", "--min-area", type=int, default=500, help="minimum area size")
args = vars(ap.parse_args())

# if the video argument is None, then we are reading from webcam
if args.get("video", None) is None:
        camera = cv2.VideoCapture(0)
        time.sleep(0.25)

# otherwise, we are reading from a video file
else:
        camera = cv2.VideoCapture(args["video"])

# initialize the first frame in the video stream
firstFrame = None
# loop over the frames of the video
while True:
# grab the current frame and initialize the occupied/unoccupied
# text
(grabbed, frame) = camera.read()
text = "Unoccupied"
        # if the frame could not be grabbed, then we have reached the end
        # of the video
        if not grabbed:
                break
        # resize the frame, convert it to grayscale, and blur it
        frame = imutils.resize(frame, width=500)
```

```
gray = cv2.cvtColor(frame, cv2.COLOR_BGR2GRAY)
gray = cv2.GaussianBlur(gray, (21, 21), 0)
# if the first frame is None, initialize it
if firstFrame is None:
        firstFrame = gray
        continue
```

调用 camera.read() 返回一个二元组。获取元组的第一个值，指示帧是否成功地从缓冲区中读取。元组的第二个值是框架本身。另外，frame =imutils.resize (frame, width=500) 会将图像的宽度调整为 500 像素。gray=cv2.cvtColor(frame, cv2.COLOR_BGR2GRAY) 是将图像转换为灰度图，并对图像进行高斯模糊平滑，对运动检测算法没有影响。高斯平滑用于在 11×11 区域平均像素强度。它有助于消除可能影响检测算法的高频噪声。

```
# compute the absolute difference between the current frame and
        # first frame
        frameDelta = cv2.absdiff(firstFrame, gray)
        thresh = cv2.threshold(frameDelta, 25, 255, cv2.THRESH_BINARY)[1]

        # dilate the thresholded image to fill in holes, then find contours
        # on thresholded image
        thresh = cv2.dilate(thresh, None, iterations=2)
        (cnts, _) = cv2.findContours(thresh.copy(), cv2.RETR_EXTERNAL,
                cv2.CHAIN_APPROX_SIMPLE)

        # loop over the contours
        for c in cnts:
                # if the contour is too small, ignore it
                if cv2.contourArea(c) < args["min_area"]:
                        continue

                # compute the bounding box for the contour, draw it on the frame,
                # and update the text
                (x, y, w, h) = cv2.boundingRect(c)
                cv2.rectangle(frame, (x, y), (x + w, y + h), (0, 255, 0), 2)
                text = "Occupied"
```

计算两帧之间的差异需要进行一个简单的减法，取其对应像素强度差异的绝对值：

$$\text{delta} = |\,\text{background\_model} - \text{current\_frame}\,|$$

并不是说图像的背景（请参阅 https://docs.opencv.org/master/db/d5c/tutorial_py_bg_subtraction.html）明显是黑色的。但是，包含运动的区域的颜色要浅得多。这意味着较大的帧增量表示图像中正在发生运动。我们将对 frameDelta 设置阈值，以揭示图像像素强度值发生重大变化的区域。如果增量小于 25，那么我们将舍弃像素并将其设置为黑色（即背景）。如果增量大于 25，则将其设置为白色（即前景）。下面展示了阈值增量图像的示例。图像的背景是黑色，而前景（以及发生运动的位置）是白色。给定该阈值图像，可以很容易地应用轮廓检测来找到这些白色区域的轮廓。如果轮廓区域比我们提供的 --min-area 大，则将绘制一个围绕前景和运动区域的边界框。

```
# draw the text and timestamp on the frame
        cv2.putText(frame, "Room Status: (de Oliveira et al.)".format(text), (10, 20),
                cv2.FONT_HERSHEY_SIMPLEX, 0.5, (0, 0, 255), 2)
```

```
        cv2.putText(frame, datetime.datetime.now().strftime("%A %d %B %Y %I:%M:%S%p"),
            (10, frame.shape[0] - 10), cv2.FONT_HERSHEY_SIMPLEX, 0.35, (0, 0, 255),
1)

        # show the frame and record if the user presses a key
        cv2.imshow("Security Feed", frame)
        cv2.imshow("Thresh", thresh)
        cv2.imshow("Frame Delta", frameDelta)
        key = cv2.waitKey(1) & 0xFF

        # if the `q` key is pressed, break from the lop
        if key == ord("q"):
                break

# cleanup the camera and close any open windows
camera.release()
cv2.destroyAllWindows()
```

　　其余的代码简单地组合了前面的所有命令。在左上角的图像上绘制房间状态，然后在左下角绘制时间戳（就像真实的安全录像）。使用一个称为 LBP 的纹理描述符。不同于通过基于纹理的灰度共生矩阵的全局表示可以计算纹理特征，LBP 将计算纹理的局部表示。这种局部表示是通过将每个像素与其周围的相邻像素进行比较来构造的。构造 LBP 纹理描述符的第一步是将图像转换为灰度图。对于灰度图中的每个像素，在中心像素周围选择一个大小为 r 的邻域，然后计算这个中心像素的 LBP 值，并存储在与输入图像相同的宽度和高度的输出 2D 数组中。LBP 实现的一个主要好处是可以在图像中捕获非常细粒度的细节。然而，在如此小的尺寸上捕捉细节是该算法的弱项之一。例如，不能在不同的尺度上捕获细节，只有固定的 3×3 尺寸。LBP 中统一原型的数量完全依赖于标记为 p 的点的数量。随着 p 值的增加，直方图的维数也会增加。然而，对于 LBP 中给定数量的 p 点，有 $p+1$ 个均匀模式。直方图的最终维数为 $p+2$，其中添加的条目列出了所有不均匀的图案。统一的 LBP 模式非常重要，因为它们将增加额外的旋转和灰度不变性。因此，在从图像中提取 LBP 特征向量时，它们是常用的。

```
# import the necessary packages
from skimage import feature
import numpy as np

class LocalBinaryPatterns:
        def __init__(self, numPoints, radius):
                # store the number of points and radius
                self.numPoints = numPoints
                self.radius = radius

        def describe(self, image, eps=1e-7):
                # compute the LBP representation
                # of the image, and then use the LBP representation
                # to build the histogram of patterns
                lbp = feature.local_binary_pattern(image, self.numPoints,
                        self.radius, method="uniform")
                (hist, _) = np.histogram(lbp.ravel(),
                        bins=np.arange(0, self.numPoints + 3),
                        range=(0, self.numPoints + 2))

                # normalize the histogram
```

```
hist = hist.astype("float")
hist /= (hist.sum() + eps)

# return the histogram of LBP
return hist
```

LocalBinaryPatterns 类定义了 LBP 的构造函数，并接受所需的参数，即围绕中心像素的图案半径，以及沿外半径的点数。LBP 函数返回的 local_binary_pattern 变量不能直接作为特征向量使用。相反，LBP 是一个与我们的输入图像具有相同宽度和高度的 2D 数组。LBP 中的每个值，从 0 到 numPoints +2]，对应于每个可能的 numPoints +1 旋转不变原型的值。因此，为了构造实际的特征向量，我们需要调用 np.histogram 函数来统计每个 LBP 原型的出现次数。返回的直方图是 numPoints +2 维的，每个原型的都有一个整数计数。然后我们对这个直方图进行归一化，使其在返回调用函数之前总共得到 1。

```
# construct the argument parse and parse the arguments
ap = argparse.ArgumentParser()
ap.add_argument("-t", "--training", required=True,
        help="path to the training images")
ap.add_argument("-e", "--testing", required=True,
        help="path to the tesitng images")
args = vars(ap.parse_args())

# initialize the local binary patterns descriptor along with
# the data and label lists
desc = LocalBinaryPatterns(24, 8)
data = []
labels = []
```

有两个开关用于解析命令行参数。下面的一组代码用于从训练图像中提取 LBP 特征。

```
# loop over the training images
for imagePath in paths.list_images(args["training"]):
        # load the image, convert it to grayscale, and describe it
        image = cv2.imread(imagePath)
        gray = cv2.cvtColor(image, cv2.COLOR_BGR2GRAY)
        hist = desc.describe(gray)

        # extract the label from the image path, then update the
        # label and data lists
        labels.append(imagePath.split("/")[-2])
        data.append(hist)

# train a Linear SVM on the data
model = LinearSVC(C=100.0, random_state=42)
model.fit(data, labels)

# loop over the testing images
for imagePath in paths.list_images(args["testing"]):
        # load the image, convert it to grayscale, describe it,
        # and classify it
        image = cv2.imread(imagePath)
        gray = cv2.cvtColor(image, cv2.COLOR_BGR2GRAY)
        hist = desc.describe(gray)
        prediction = model.predict(hist)[0]
```

```
# display the image and the prediction
cv2.putText(image, prediction, (10, 30), cv2.FONT_HERSHEY_SIMPLEX,
      1.0, (0, 0, 255), 3)
cv2.imshow("Image", image)
cv2.waitKey(0)
```

最后，可以计算一个直方图。在二维空间中，类 Haar 特征（如 7.1 节所见）由相邻的明暗矩形组成。利用用于识别的典型特征检测和识别目标实现实时人脸检测。这是一种基于机器学习的方法，从许多正负图像中训练出级联函数。它用于检测其他图像中的目标。类 Haar 特征的存在是由检测窗口内特定位置的相邻矩形区域决定的。将这些区域的像素强度相加，然后计算这些区域之间的差。之后，将图像的不同子部分放入不同的类别中。如果差异超过了一个阈值，那么该特征就出现在图像中。为了计算在同一幅图像中不同尺度和不同位置上几百个类 Haar 特征的存在性，我们使用了积分图像技术。每个像素被赋值为其上方和其左侧所有像素的总和，还提出了对它们的方法的扩展，该方法分析了一组旋转的类 Haar 特征。该集合丰富了简单的特征，也可以高效地计算。结果，在给定的命中率下，误报率平均降低了 10%。为了训练分类器，我们需要许多图像样本来显示要检测的对象（正样本），甚至需要更多没有对象的图像（负样本）。图像的数量取决于多种因素，包括图像的质量、要识别的对象、生成样本的方法（见表 7.11）和计算能力。

表 7.11　人脸识别方法的比较

方法	精度	计算时间	注解
局部二值模式	中高等	高等	较高的准确率检测非常详细的信息和受噪声问题的影响。正因为如此，它的计算要求也很高
GMG	高等	中等	高水平的精度，在找到的面部检测与适度的计算要求

不要将所有 6000 个功能组件都应用到一个窗口上，而是将这些功能组件分组到不同的分类器阶段，然后逐一应用。如果窗口在第一阶段失败，则将其丢弃。我们不考虑其上的其余功能。如果通过，则应用功能的第二阶段并继续该过程。OpenCV 已经包含许多针对面部、眼睛和笑容的预训练分类器。这些 XML 文件存储在 opencv/data/haarcascades/ 文件夹中。可以按如下方式加载所需的 XML 分类器：

```
face_cascade = cv2.CascadeClassifier('haarcascade_frontalface_default.xml')
eye_cascade = cv2.CascadeClassifier('haarcascade_eye.xml')
```

然后，需要按以下方式在灰度模式下加载输入图像：

```
img = cv2.imread('xfiles4.jpg')
gray = cv2.cvtColor(img, cv2.COLOR_BGR2GRAY)
```

cv2.CascadeClassifier.detectMultiScale() 用于查找面部或眼睛。定义如下：

```
cv2.CascadeClassifier.detectMultiScale(image[, scaleFactor[, minNeighbors[, flags[,
minSize[, maxSize]]]]])
```

使用的参数如下：

- Image：CV_8U 类型的矩阵，包含检测到对象的图像。
- scaleFactor：在每种图像尺寸下，图像大小减少了多少？此比例因子用于创建比例金字塔。如果比例因子为 1.03，则意味着只需要执行很小的调整大小的步骤，即可将尺寸减小 3%。
- minNeighbors：每个候选矩形应该有多少邻居才能得以保留？该参数将影响检测到的面部的质量。值越高，检测次数越少，检测质量越高。
- Flags：对于旧的级联，其含义与函数 cvHaarDetectObjects 中的含义相同。它不用于新的级联。
- minSize：最小可能的对象大小。较小的对象将被忽略。
- maxSize：最大可能的对象大小。较大的对象将被忽略。

如果检测到面部，则将检测到的面部的位置返回为 Rect (x,y,w,h)：

```python
import numpy as np
import cv2
from matplotlib import pyplot as plt

face_cascade = cv2.CascadeClassifier('haarcascade_frontalface_default.xml')
eye_cascade = cv2.CascadeClassifier('haarcascade_eye.xml')

img = cv2.imread('sajin.jpg')
gray = cv2.cvtColor(img, cv2.COLOR_BGR2GRAY)

faces = face_cascade.detectMultiScale(gray, 1.3, 5)


for (x,y,w,h) in faces:
    cv2.rectangle(img,(x,y),(x+w,y+h),(255,0,0),2)
    roi_gray = gray[y:y+h, x:x+w]
    roi_color = img[y:y+h, x:x+w]
    eyes = eye_cascade.detectMultiScale(roi_gray)
    for (ex,ey,ew,eh) in eyes:
        cv2.rectangle(roi_color,(ex,ey),(ex+ew,ey+eh),(0,255,0),2)

cv2.imshow('img',img)
cv2.waitKey(0)
cv2.destroyAllWindows()
```

AT&T Face 数据库有时被称为 ORL Faces 数据库。它包含 40 个主题的 10 幅不同的图像。对于某些对象，图像是在不同的时间拍摄的，光线、面部表情（眼睛睁开 / 闭合，微笑 / 不微笑）和面部细节（戴眼镜 / 不戴眼镜）是不同的。所有图像都是在深色均质背景下拍摄的，对象处于直立和正面位置（对某些侧向移动有一定的容忍度）。人脸图像以类似于 AT&T Face 数据库的文件夹层次结构存储为 <databasename>/<subject name>/<filename>.<ext>，如图 7.57 所示。

以下功能可用于读取给定目录中每个子文件夹的图像。每个目录都有一个唯一的（整数）标签，并存储文件夹名称。该函数返回图像和相应的类。

```python
def read_images(path, sz=None): c=0
X,y = [], []
```

```
for dirname , dirnames , filenames in os.walk(path):
for subdirname in dirnames:
subject_path = os.path.join(dirname , subdirname) for filename in os.listdir(subject_path):
try:
im = Image.open(os.path.join(subject_path , filename)) im = im.convert("L")
# resize to given size (if given)
if (sz is not None):
im = im.resize(sz, Image.ANTIALIAS) X.append(np.asarray(im, dtype=np.uint8))
y.append(c)
except IOError:
print "I/O error((0)): (1)".format(errno, strerror)
except:
print "Unexpected error:", sys.exc_info()[0] raise
c = c+1 return [X,y]
```

图像表示的问题是一个高维度问题。二维 $p \times q$ 灰度图跨越 pq 维矢量空间，因此 100×100 像素的图像位于 10 000 维图像空间中。它包含太多可能没有用的信息。结果，考虑了占大多数信息的组件。因此，可以提出 PCA。这个想法是，高维数据集通常由相关变量来描述。对于最主要的信息，存在一些有意义的维度。PCA 方法在称为主成分的数据中找到方差最大的方向。可以使用 Eigenfaces 方法。定义以下代码以重塑多维数据：

```
def asRowMatrix(X): if len(X) == 0:
return np.array([])
mat = np.empty((0, X[0].size), dtype=X[0].dtype) for row in X:
mat = np.vstack((mat, np.asarray(row).reshape(1,-1))) return mat
def asColumnMatrix(X): if len(X) == 0:
return np.array([])
mat = np.empty((X[0].size, 0), dtype=X[0].dtype) for col in X:
mat = np.hstack((mat, np.asarray(col).reshape(-1,1))) return mat
```

以下代码将实现 PCA。如果维度比样品多，则会内积 PCA 公式。

```
def pca(X, y, num_components=0): [n,d] = X.shape
if (num_components <= 0) or num_components = n
mu = X.mean(axis=0) X = X - mu
if n>d:
C = np.dot(X.T,X)
[eigenvalues ,eigenvectors] = else:
C = np.dot(X,X.T)
[eigenvalues ,eigenvectors] = eigenvectors = np.dot(X.T,eigenvectors) for i in xrange(n):
eigenvectors[:,i] = eigenvectors[:,i]/np.linalg.norm(eigenvectors[:,i])
(num_components >n):
np.linalg.eigh(C)
np.linalg.eigh(C)
# or simply perform an economy size decomposition
# eigenvectors , eigenvalues , variance = np.linalg.svd(X.T,
# sort eigenvectors descending by their eigenvalue
idx = np.argsort(-eigenvalues)
eigenvalues = eigenvalues[idx]
eigenvectors = eigenvectors[:,idx]
# select only num_components
eigenvalues = eigenvalues[0:num_components].copy() eigenvectors =
eigenvectors[:,0:num_components].copy() return [eigenvalues , eigenvectors , mu]
full_matrices=False)
```

数据的排列如下所示：

```
def project(W, X, mu=None):
if mu is None:
return np.dot(X,W)
return np.dot(X - mu, W)

def reconstruct(W, Y, mu=None):
if mu is None:
return np.dot(Y,W.T)
return np.dot(Y, W.T) + mu
```

读取面部图像，然后执行 PCA：

```
import matplotlib.cm as cm
# turn the first (at most) 16 eigenvectors into grayscale # images (note: eigenvectors are
stored by column!)
E = []
for i in xrange(min(len(X), 16)):
e = W[:,i].reshape(X[0].shape)
E.append(normalize(e,0,255))
# plot them and store the plot to "python_eigenfaces.pdf"
subplot(title="Eigenfaces AT&T Facedatabase", images=E, rows=4, cols=4, sptitle="
Eigenface", colormap=cm.jet, filename="python_pca_eigenfaces.pdf")
```

在查看灰度值如何随特定的 Eigenfaces（特征脸人脸识别方法）一起分布时，很少使用彩色图。原因在于 Eigenfaces 不仅编码面部特征，而且照亮图像，如图 7.58 所示。可以从低维近似中重建面部形状。

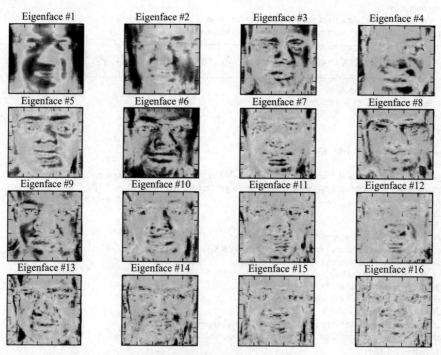

图 7.58　灰度值随 Eigenfaces 分布的例子

```
from tinyfacerec.subspace import project , reconstruct
# reconstruction steps
steps=[i for i in xrange(10, min(len(X), 320), 20)] E = []
for i in xrange(min(len(steps), 16)):
numEvs = steps[i]
import matplotlib.cm as cm
# turn the first (at most) 16 eigenvectors into grayscale # images (note: eigenvectors are
stored by column!)
E = []
for i in xrange(min(len(X), 16)):
e = W[:,i].reshape(X[0].shape)
E.append(normalize(e,0,255))
# plot them and store the plot to "python_eigenfaces.pdf"
subplot(title="Eigenfaces AT&T Facedatabase", images=E, rows=4, cols=4, sptitle="
Eigenface", colormap=cm.jet, filename="python_pca_eigenfaces.pdf")
P = project(W[:,0:numEvs], X[0].reshape(1,-1), mu) R = reconstruct(W[:,0:numEvs], P, mu)
# reshape and append to plots
R = R.reshape(X[0].shape) E.append(normalize(R,0,255))
# plot them and store the plot to "python_reconstruction.pdf"
subplot(title="Reconstruction AT&T Facedatabase", images=E, rows=4, cols=4, sptitle="
Eigenvectors", sptitles=steps, colormap=cm.gray, filename="
python_pca_reconstruction.pdf")
```

大约 10 个特征向量显然不足以进行适当的图像重建，但 50 个特征向量就足以编码关键的面部特征。从以下数据库之一（请参阅 http://www.face-rec.org/databases/ 中的所有数据库）中可以看到，使用 AT&T Face 数据库的大约 300 个特征向量，将获得准确的重建结果。可以根据经验确定选择多少 Eigenfaces 来成功进行人脸识别，但是这也取决于所使用的输入数据。

LDA 是由伟大的统计学家 Sir R. A. Fisher 提出的，他成功地将 LDA 用于分类问题中的多次测量，从而对花朵进行了分类。通过 PCA 可以找到使数据的总方差最大化的功能的线性组合。这是表示数据的一种强大方法。但是，它不考虑任何类，并且如果删除组件，则鉴别信息会丢失。PCA 识别的成分不一定包含判别信息。结果，预期的样本被混在了一起，使得分类变得困难。为了找到将它们分为不同类别的功能组合，LDA 最大化了类别间与类别内散布的比率。这个想法很简单：相同的类别应紧密地聚集在一起，而不同的类别则应尽可能远地分组。用 Python 语言编写的 Fisherfaces（费舍尔脸人脸识别算法）如下所示：

```
def lda(X, y, num_components=0): y = np.asarray(y)
[n,d] = X.shape
c = np.unique(y)
if (num_components <= 0) or (num_component >(len(c)-1)): num_components = (len(c)-
1)
meanTotal = X.mean(axis=0)
Sw = np.zeros((d, d), dtype=np.float32) Sb = np.zeros((d, d), dtype=np.float32) for i in c:
Xi = X[np.where(y==i)[0],:]
meanClass = Xi.mean(axis=0)
Sw = Sw + np.dot((Xi-meanClass).T, (Xi-meanClass))
Sb = Sb + n * np.dot((meanClass - meanTotal).T, (meanClass - meanTotal))
eigenvalues , eigenvectors = np.linalg.eig(np.linalg.inv(Sw)*Sb)
idx = np.argsort(-eigenvalues.real)
eigenvalues , eigenvectors = eigenvalues[idx], eigenvectors[:,idx]
eigenvalues = np.array(eigenvalues[0:num_components].real, dtype=np.float32, copy=
True)
eigenvectors = np.array(eigenvectors[0:,0:num_components].real, dtype=np.float32,
copy=True)
return [eigenvalues , eigenvectors]
```

使用上面的代码，现在定义了执行 PCA 和 LDA 的功能。我们可以实现 Fisherfaces：

```
def fisherfaces(X,y,num_components=0): y = np.asarray(y)
[n,d] = X.shape
c = len(np.unique(y)) [eigenvalues_pca , eigenvectors_pca , [eigenvalues_lda ,
eigenvectors_lda]
mu_pca] = pca(X, y, (n-c))
= lda(project(eigenvectors_pca , X,
mu_pca), y,
num_components)
eigenvectors = np.dot(eigenvectors_pca ,eigenvectors_lda) return [eigenvalues_lda ,
eigenvectors , mu_pca]
```

Fisherfaces 方法学习类特定的转换矩阵。它无法像 Eigenfaces 方法那样自然地捕获光照，如图 7.59 所示。判别分析通过面部特征来区分不同的人。Fisherfaces 的性能取决于输入数据。

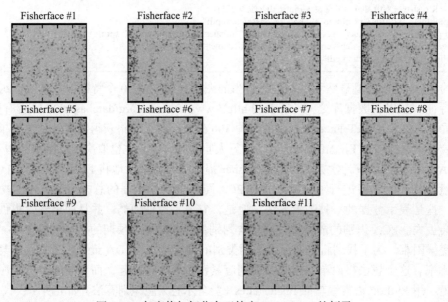

图 7.59   灰度值如何分布于特定 Fisherfaces 的例子

```
import sys
# append tinyfacerec to module search path
sys.path.append("..")
# import numpy and matplotlib colormaps
import numpy as np
# import tinyfacerec modules
from tinyfacerec.subspace import fisherfaces
from tinyfacerec.util import normalize , asRowMatrix , read_images
from tinyfacerec.visual import subplot
# read images
[X,y] = read_images("/home/pi/facerecognition/data ") # perform a full pca
[D, W, mu] = fisherfaces(asRowMatrix(X), y)
#import colormaps
import matplotlib.cm as cm
# turn the first (at most) 16 eigenvectors into grayscale
# images (note: eigenvectors are stored by column!)
```

```
E = []
for i in xrange(min(W.shape[1], 16)):
e = W[:,i].reshape(X[0].shape)
E.append(normalize(e,0,255))
# plot them and store the plot to "python_fisherfaces_fisherfaces.pdf"
subplot(title="Fisherfaces AT&T Facedatabase", images=E, rows=4, cols=4, sptitle="
Fisherface", colormap=cm.jet, filename="python_fisherfaces_fisherfaces.pdf")
```

像 Eigenfaces 一样，Fisherfaces 可以重建投影图像。但是，由于我们只能通过被摄对象的特征来区分主体，因此，还无法得到像图 7.60 所示的原始图像的极佳逼真度。

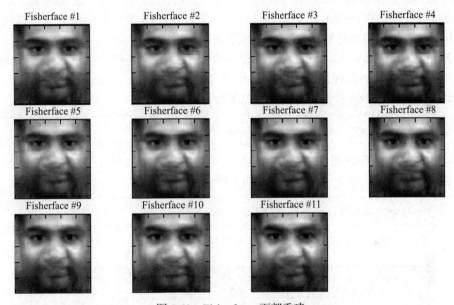

图 7.60　Fisherfaces 面部重建

```
from tinyfacerec.subspace import project , reconstruct
E = []
for i in xrange(min(W.shape[1], 16)):
e = W[:,i].reshape(-1,1)
P = project(e, X[0].reshape(1,-1), mu) R = reconstruct(e, P, mu)
# reshape and append to plots
R = R.reshape(X[0].shape) E.append(normalize(R,0,255))
# plot them and store the plot to "python_reconstruction.pdf"
subplot(title="Fisherfaces Reconstruction Yale FDB", images=E, rows=4, cols=4, sptitle
="Fisherface", colormap=cm.gray, filename="python_fisherfaces_reconstruction.pdf")
```

表 7.12 解释并比较了面部识别的不同方法 [23-24]。

表 7.12　面部识别方法比较

方法	精度	计算时间	注解
Eigenfaces	中高等	中等	更高的准确率重建文件形式的投影图像。Eigenfaces 的精度受到光照变化的影响

（续）

方法	精度	计算时间	注解
Fisherfaces	高等	中等	在计算光照的外推和插值变化方面，Fisherfaces 方法似乎是最好的，也更擅长处理表情

7.3.3　使用 PyQt 的 GUI

　　GUI 是在计算机与其用户之间的联系点（界面）上运行的软件。它使用少量的图形元素（对话框、图标、菜单和滚动条）来代替文本字符，以允许用户与计算机进行交互。通常通过诸如鼠标或触控笔之类的指示设备来访问 GUI 元素。在 GUI 下运行的所有程序都使用一致的图形元素集。GUI 现在已被所有现代操作系统和应用程序所采用。我们正在使用 PyQt 作为 GUI 开发器（https://www.qt.io/）。PyQt 是一个 GUI 组件工具箱，它是 Qt 的 Python 界面。Qt 是功能最强大且可访问性最强的跨平台 GUI 库之一。PyQt 是 Python 编程语言和 Qt 库的结合。要安装 PyQT 和 Qt 设计器，请运行以下命令：

```
apt-get install python-pyqt5 pyqt5-dev-tools qt5-designer
```

　　Qt 设计器使设计 GUI 更加容易。将小组件和其他功能拖放到窗口很方便。下面说明获取 GUI 的步骤。首先，打开一个新窗口，如下所示：

```
Open QT designer > select Widgets> click on Create
```

　　它将创建一个窗口，我们需要的小组件可以插入设计器窗口中，如图 7.61 所示。

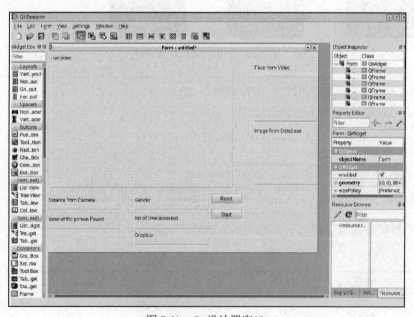

图 7.61　Qt 设计器窗口

窗口左侧的属性可用于在主程序中指定 Widgets 属性和对象名称（请参见图 7.62 和图 7.63）。

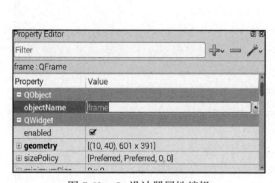

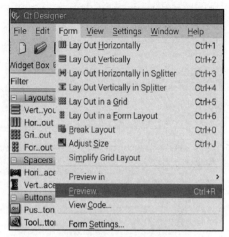

图 7.62 Qt 设计器属性编辑   图 7.63 菜单预览

用小组件和按钮固定 GUI 后，即可执行预览。它将显示 GUI 的预览，如图 7.64 所示。

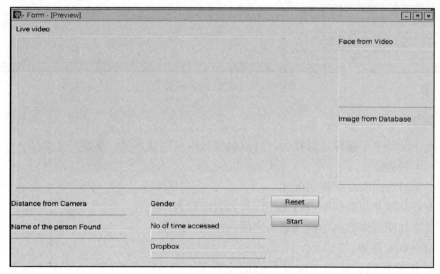

图 7.64 预览窗口

GUI 设计完成后，将文件另存为 .ui 文件，然后转到终端，并使用以下命令将文件转换为 Python 文件：

```
pyuic –x <filename.ui> -o <filename.py>"
```

新文件是 GUI 的 Python 脚本。此外，我们可以在代码中使用对象名称在 GUI 上工作，如图 7.65 所示。

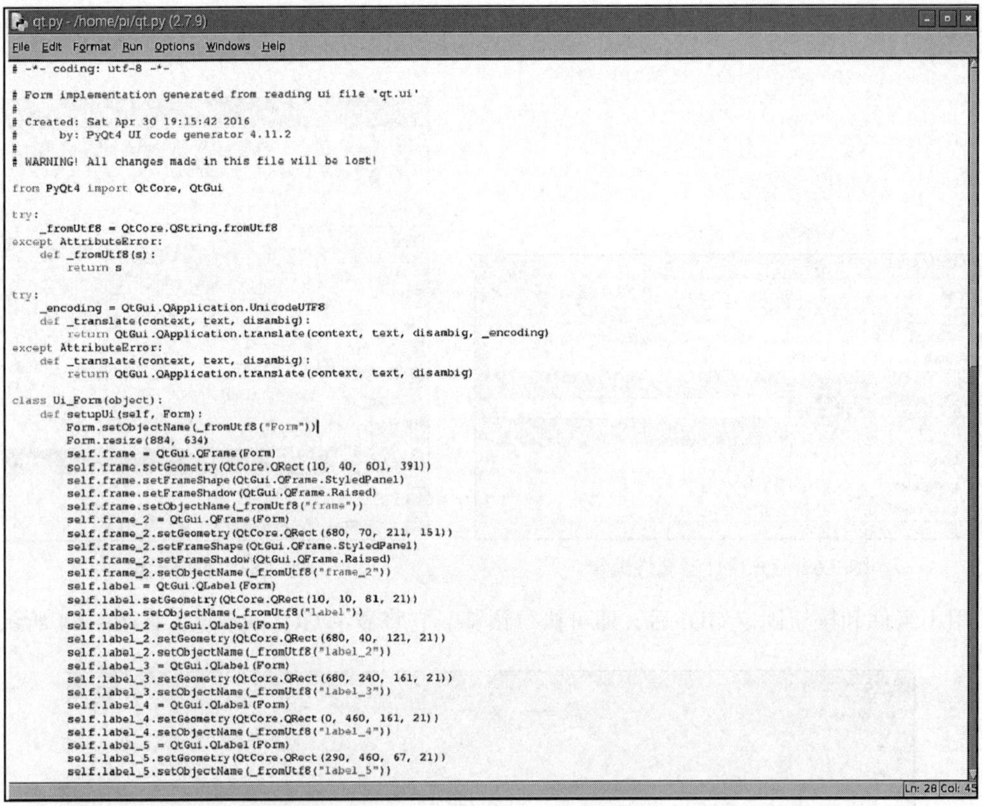

```
qt.py - /home/pi/qt.py (2.7.9)

File  Edit  Format  Run  Options  Windows  Help

# -*- coding: utf-8 -*-

# Form implementation generated from reading ui file 'qt.ui'
#
# Created: Sat Apr 30 19:15:42 2016
#      by: PyQt4 UI code generator 4.11.2
#
# WARNING! All changes made in this file will be lost!

from PyQt4 import QtCore, QtGui

try:
    _fromUtf8 = QtCore.QString.fromUtf8
except AttributeError:
    def _fromUtf8(s):
        return s

try:
    _encoding = QtGui.QApplication.UnicodeUTF8
    def _translate(context, text, disambig):
        return QtGui.QApplication.translate(context, text, disambig, _encoding)
except AttributeError:
    def _translate(context, text, disambig):
        return QtGui.QApplication.translate(context, text, disambig)

class Ui_Form(object):
    def setupUi(self, Form):
        Form.setObjectName(_fromUtf8("Form"))
        Form.resize(884, 634)
        self.frame = QtGui.QFrame(Form)
        self.frame.setGeometry(QtCore.QRect(10, 40, 601, 391))
        self.frame.setFrameShape(QtGui.QFrame.StyledPanel)
        self.frame.setFrameShadow(QtGui.QFrame.Raised)
        self.frame.setObjectName(_fromUtf8("frame"))
        self.frame_2 = QtGui.QFrame(Form)
        self.frame_2.setGeometry(QtCore.QRect(680, 70, 211, 151))
        self.frame_2.setFrameShape(QtGui.QFrame.StyledPanel)
        self.frame_2.setFrameShadow(QtGui.QFrame.Raised)
        self.frame_2.setObjectName(_fromUtf8("frame_2"))
        self.label = QtGui.QLabel(Form)
        self.label.setGeometry(QtCore.QRect(10, 10, 81, 21))
        self.label.setObjectName(_fromUtf8("label"))
        self.label_2 = QtGui.QLabel(Form)
        self.label_2.setGeometry(QtCore.QRect(680, 40, 121, 21))
        self.label_2.setObjectName(_fromUtf8("label_2"))
        self.label_3 = QtGui.QLabel(Form)
        self.label_3.setGeometry(QtCore.QRect(680, 240, 161, 21))
        self.label_3.setObjectName(_fromUtf8("label_3"))
        self.label_4 = QtGui.QLabel(Form)
        self.label_4.setGeometry(QtCore.QRect(0, 460, 161, 21))
        self.label_4.setObjectName(_fromUtf8("label_4"))
        self.label_5 = QtGui.QLabel(Form)
        self.label_5.setGeometry(QtCore.QRect(290, 460, 67, 21))
        self.label_5.setObjectName(_fromUtf8("label_5"))

                                                                    Ln: 28 Col: 45
```

图 7.65   生成的 Python 脚本

7.3.4   测试

该系统主要结合了图像处理技术和计算机视觉以及监测系统。系统功能如下：
- 密切监视处所。
- 提供带有时间和日期戳的照片。
- 将捕获的照片与数据库进行比较以找到对应的人。
- 提供诸如距摄像机的距离和进入房间的次数等信息。
- 与 Dropbox 集成。

树莓派和摄像机模块充当处理系统的主构架。Python 安装在 Raspbian（基于 Linux 的 GUI）中。OpenCV 用作 CV 和 Python 映像库模块的关键模块。系统使用 SSH 加密协议，该协议允许通过 WiFi 从连接到同一网络的不同客户端远程登录到主机，如图 7.66 所示。树莓派作为主机，使网络能够与 Raspbian 进行交互。Wi-Fi 调制解调器充当系统的服务器，该系统向主机和客户端提供 Internet 访问功能，充当信息交换的桥梁。该客户端对于 SSH 很有用，因为树莓派的信息可以从多个平台（例如 Android、iOS、OSX、Windows 和 Linux）访问（见图 7.67）。

用 Python 编写了基于 CV 的算法的脚本，如图 7.68 所示。

远程访问树莓派

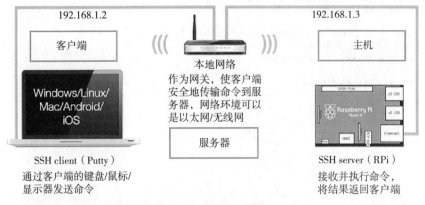

图 7.66　SSH 网络总览

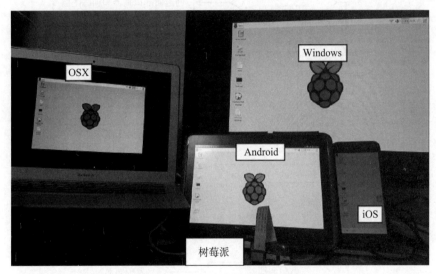

图 7.67　SSH 客户端访问树莓派

在 CV 中充分研究了从摄像机到物体的距离的计算问题。有一些简单明了的方法（例如三角形相似性方法）可以演变出非常复杂的方法。在本节中使用了三角形相似性方法。三角形相似性方法使用代数方法来找到摄像机和物体之间的距离。例如，将宽度为 W 的物体放置在距摄像机 D 距离处，拍摄照片，以像素为单位测量视在宽度。利用这些值，可以计算出摄像机的焦距 F。

```
# import the necessary packages
import numpy as np
import cv2

def find_marker(image):

        gray = cv2.cvtColor(image, cv2.COLOR_BGR2GRAY)
```

```
        gray = cv2.GaussianBlur(gray, (5, 5), 0)
        edged = cv2.Canny(gray, 35, 125)

        (cnts, _) = cv2.findContours(edged.copy(), cv2.RETR_LIST,
cv2.CHAIN_APPROX_SIMPLE)
        c = max(cnts, key = cv2.contourArea)

        return cv2.minAreaRect(c)
```

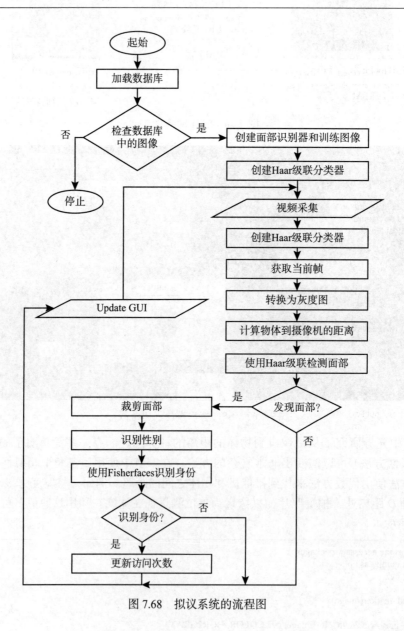

图 7.68　拟议系统的流程图

find-maker（查找标记）定义为接受单个参数图像以查找对象。此处标记使用 cv2.find Contours 函数和具有最大选择值的计数器。使用与该标记对应的计数器，可以计算出具有 x、y 坐标，框的宽度和高度的边界框。以下代码将使用通过三角形相似性计算的摄像机到物体的距离。

```
def distance_to_camera(knownWidth, focalLength, perWidth):
    # compute and return the distance from the maker to the camera
    return (knownWidth * focalLength) / perWidth
```

此函数采用标记的已知宽度，计算出焦距和图像中对象的感知宽度（以像素为单位），并应用三角形相似性来计算到物体的实际距离。

```
KNOWN_DISTANCE = 12.0

# initialize the known object width, which in this case, the piece of
# paper is 11 inches wide
KNOWN_WIDTH = 12.0

# initialize the list of images that we'll be using
IMAGE_PATHS = ["images/2ft.png", "images/3ft.png", "images/4ft.png"]

# load the furst image that contains an object that is KNOWN TO BE 2 feet
# from our camera, then find the paper marker in the image, and initialize
# the focal length
image = cv2.imread(IMAGE_PATHS[0])
marker = find_marker(image)
focalLength = (marker[1][0] * KNOWN_DISTANCE) / KNOWN_WIDTH
# loop over the images
for imagePath in IMAGE_PATHS:
    # load the image, find the marker in the image, then compute the
    # distance to the marker from the camera
    image = cv2.imread(imagePath)
    marker = find_marker(image)
    inches = distance_to_camera(KNOWN_WIDTH, focalLength, marker[1][0])

    # draw a bounding box around the image and display it
    box = np.int0(cv2.cv.BoxPoints(marker))
    cv2.drawContours(image, [box], -1, (0, 255, 0), 2)
    cv2.putText(image, "%.2fft" % (inches / 12),
            (image.shape[1] - 200, image.shape[0] - 20),
cv2.FONT_HERSHEY_SIMPLEX,
            2.0, (0, 255, 0), 3)
    cv2.imshow("image", image)
    cv2.waitKey(0)
```

通过面部图像识别性别是面部识别算法的主要任务之一。人脸具有许多视觉元素，可提供一个或多个性别识别信息源。使用数据库可以很容易地从面部特征中识别出一个人的性别，如图 7.69 所示。但是，对于 CV 而言，情况就不同了。用于面部图像的 PCA 是一种行之有效的降维技术。第一步是应用 PCA 降低维数，然后使用特征矩阵查找特征面。对于测试数据集中的每幅图像，计算特征面矩阵以对图像进行分类，结果如图 7.70 所示。

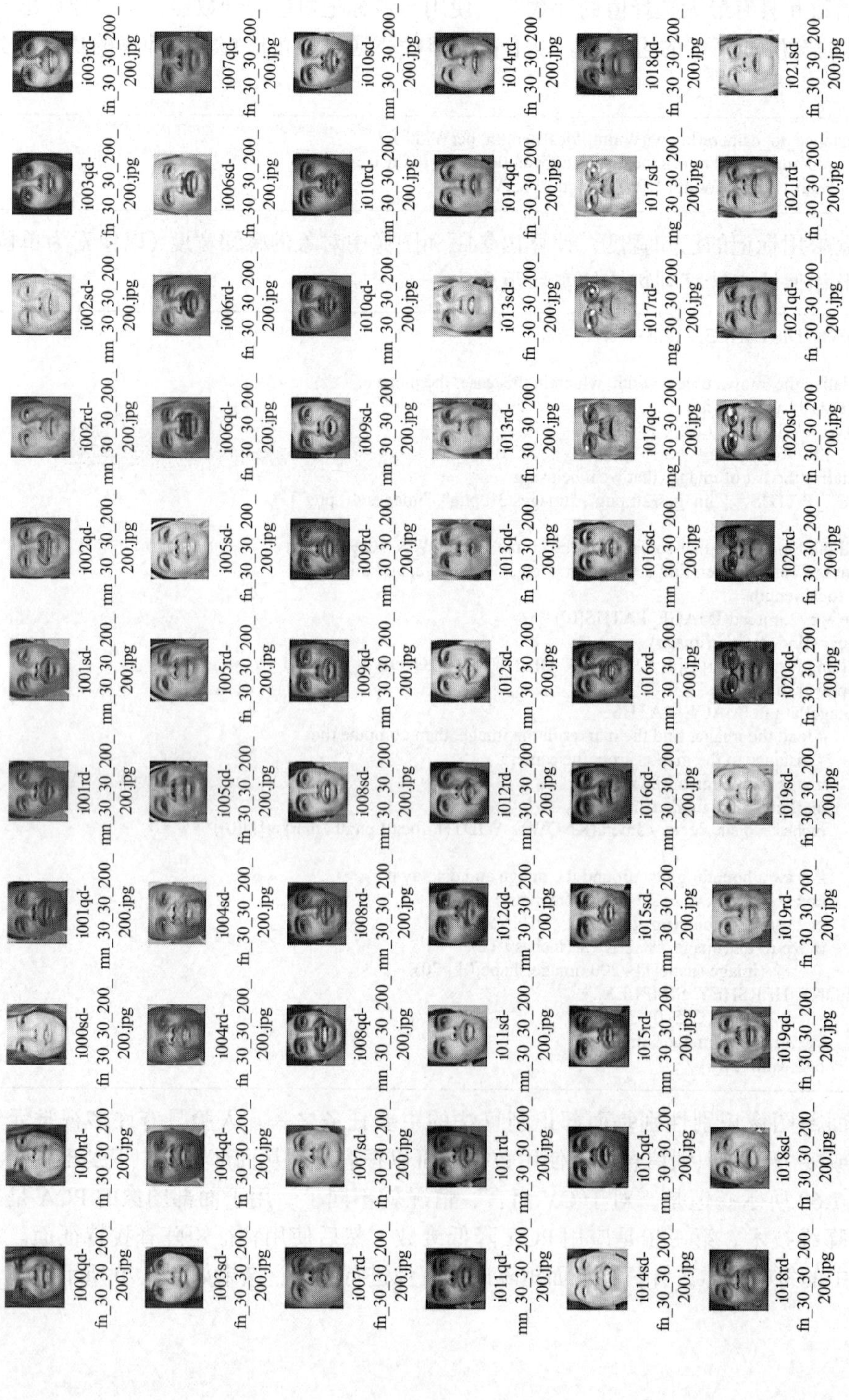

图 7.69　性别检测训练数据库

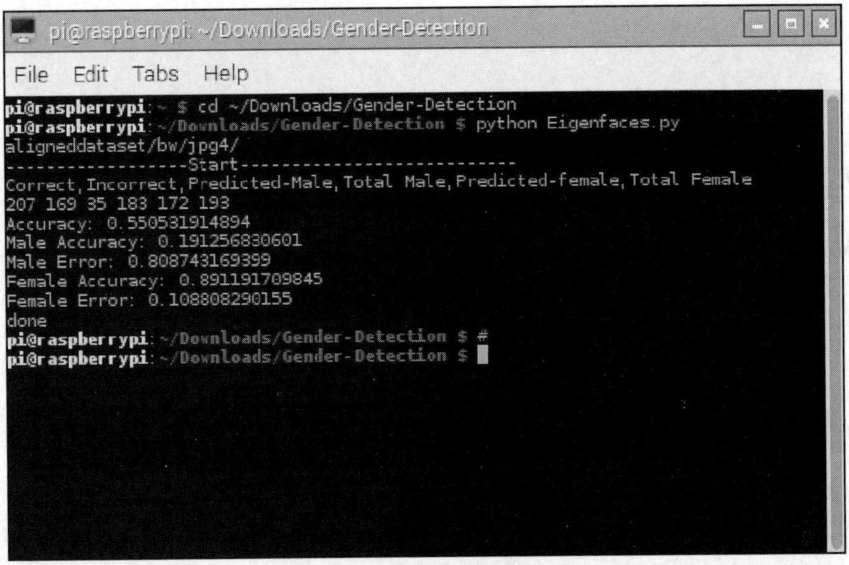

图 7.70　性别检测训练结果

```
from numpy import array, dot, mean, std, empty, argsort ,size ,shape ,transpose
from numpy.linalg import eigh, solve
from numpy.random import randn
from matplotlib.pyplot import subplots, show
import Image
import numpy as np
import os

def pca(data,k,m):
    """
        Principal component analysis using eigenvalues
        note: this mean-centers and autoscales the data (in-place)
    """
    mean_mat =data-m
    C = np.dot(mean_mat.transpose(),mean_mat)

#Eigen values and V is eigenvectors
 E, V = eigh(C)
#key will have indices of array
 key = argsort(E)[::-1][:k]

 E, V = E[key], V[:, key]
#eigen matrix ka transpose bhj rha hu i.e. k*48
 V=V.T
    #print "Dim of eigen matrix",V.shape,data.shape
```

```
# U is projection matrix
 U = np.dot(V,data.transpose())
    return U,V
#--------------Start of program--------------
dirname="aligneddataset/bw/jpg4/"
print dirname
count=0
```

```
#for color pics change it to 140,140
size=48,48

for filename in os.listdir(dirname):
        count=count+1
        image_file=Image.open(dirname+filename)
#initializing size of the image
size=image_file.size

#total no. of images
total=count

#trainging data is half the size of total no. of images
data=np.zeros((total//2,size[0]*size[1]))

count=0
trainglabel=[]                                  #training label
testlabel=[]                                    #testing label
trainf=[]                                       #training filename
testf=[]                                        #training filename,used
#later for testing each test image
j=0
for filename in os.listdir(dirname):

        if count < total//2:
                trainglabel.append(filename[7])
                trainf.append(filename)
                #print filename[7]
                image_file=Image.open(dirname+filename)
                temp = array(image_file.convert('1'))
                A = np.asarray(temp).reshape(-1)
                #print temp.shape,A.shape
                data[count,:]=A

        else:
                testf.append(filename)
                testlabel.append(filename[7])
        count=count+1
```

```
#print label
print "-----------------Start--------------------------"
m=mean(data, 0)
#print "Dim of mean ",m.shape
k=200                    #751/10=75
projmatrix,eigenmatrix = pca(data,k,m)

#saving eigen values for backup
np.save("eigmat1.txt",eigenmatrix)
#print projmatrix.shape
#print "Eigen Matrix",eigenmatrix.shape

#Eigen Matrix of size==k X size[0]*size[1]
eigenfaces=eigenmatrix*m                                  #eigenfaces=eigenmatrix*mean of data

wttraining=np.dot(eigenfaces,data.transpose()).transpose()    #sizze of weight for trainging data == SIZE(training X k)

#print wttraining.shape
```

```
#print data.shape[0],len(trainglabel),len(trainf),len(testlabel),len(testf)

male=0
female=0
correct=0
incorrect=0

for j in range(len(testf)):
        testimg=Image.open(dirname+testf[j])
        testimg=np.asarray(testimg).reshape(-1)
        #print eigenfaces.shape,testimg.transpose().shape
        wttest=np.dot(eigenfaces,testimg.transpose()).transpose()          #size of
        #weight for teseting data==SIZE(1 X K)
        #print wttest.shape
```

```
        cur=1000000000
        mini=1000000000
        maxi=0
        ind=0

        for i in range(len(data)):
                cur=np.linalg.norm(wttraining[i,:]-wttest[:])              #Dist of
        #ith-EigenFace with current test data
                if mini>cur:
                        mini=cur
                        ind=i
        if trainglabel[ind]==testlabel[j]:
        #ind is the Least distance,i.e.predicted value

                correct=correct+1

                if testlabel[j]=='m':
                        male=male+1
                else:
                        female=female+1

        else:
                incorrect=incorrect+1

print "Correct,Incorrect,Predicted-Male,Total Male,Predicted-female,Total Female"
print correct,incorrect,male,testlabel.count('m'),female,testlabel.count('f')
acc=correct*1.0/(incorrect+correct)
print "Accuracy:",acc
print "Male Accuracy:",(male*1.0)/testlabel.count('m')
print "Male Error:",1-(male*1.0)/testlabel.count('m')
print "Female Accuracy:",(female*1.0)/testlabel.count('f')
print "Female Error:",1-(female*1.0)/testlabel.count('f')
print "done"
```

与 Dropbox 的集成使图像可以上传到 Dropbox 云存储器中，这为访问图像提供了极大的灵活性。集成步骤如下：

首先，创建 Dropbox API 应用程序。单击 Greate your app，如图 7.71 和图 7.72 所示。

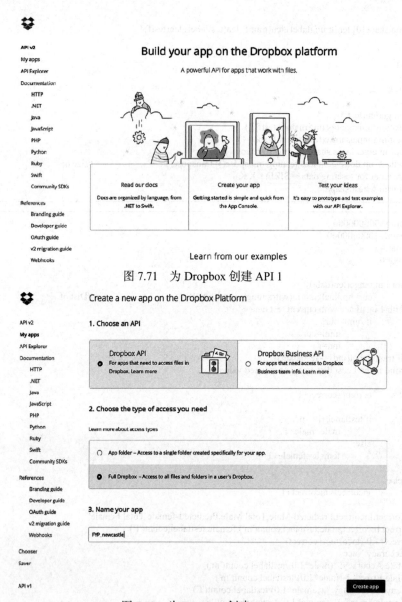

图 7.71　为 Dropbox 创建 API 1

图 7.72　为 Dropbox 创建 API 2

创建应用后，请删除 App Key（见图 7.73）和以下信息。

```
# import the necessary packages
from pyimagesearch.tempimage import TempImage
from dropbox.client import DropboxOAuth2FlowNoRedirect
from dropbox.client import DropboxClient
from picamera.array import PiRGBArray
from picamera import PiCamera
import argparse
import warnings
import datetime
```

```
import imutils
import json
import time
import cv2

# construct the argument parser and parse the arguments
ap = argparse.ArgumentParser()
ap.add_argument("-c", "--conf", required=True,
        help="path to the JSON configuration file")
args = vars(ap.parse_args())

# filter warnings, load the configuration and initialize the Dropbox
# client
warnings.filterwarnings("ignore")
conf = json.load(open(args["conf"]))
client = None

if conf["use_dropbox"]:
        # connect to dropbox and start the session authorization process
        flow = DropboxOAuth2FlowNoRedirect(conf["dropbox_key"],
conf["dropbox_secret"])
        print "[INFO] Authorize this application: ".format(flow.start())
        authCode =
"2gfc5tlVceAAAAAAAAAPIBfaYiI582zXosBfU7KVHnwQAlW8AFnc1AapyJKh
Szg"

        # finish the authorization and grab the Dropbox client
        (accessToken, userID) = flow.finish(authCode)
        client = DropboxClient(accessToken)
        print "[SUCCESS] dropbox account linked"
```

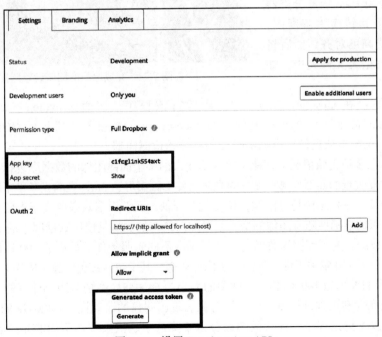

图 7.73　设置 Dropbox App API

JSON 配置文件如下：

```
{
        "show_video": true,
        "use_dropbox": true,
        "dropbox_key": "c1fcgl1nk554axt",
        "dropbox_secret": "xtbjaft3rqfkt10",
        "dropbox_base_path":
        "https://www.dropbox.com/developers/apps/info/c1fcgl1nk554axt",
        "min_upload_seconds": 3.0,
        "min_motion_frames": 8,
        "camera_warmup_time": 2.5,
        "delta_thresh": 5,
        "resolution": [640, 480],
        "fps": 16,
        "min_area": 5000
}
```

实验在所建议的系统上进行，如图 7.74 所示。实验中使用了 AT&T 数据库模型。该数据库包含 25 幅检测到的人的图像。使用 Python 程序 train.py 将所有图像转换为灰度图，裁剪为 100 × 100 的尺寸并对齐，以匹配视线高度。编码 train.py 以使用摄像机捕获图像，使用 Haar 级联分类器检测面部，将其转换为灰度图，裁剪以与视线高度对齐，然后将图像保存在数据集文件夹中，如图 7.75 所示。

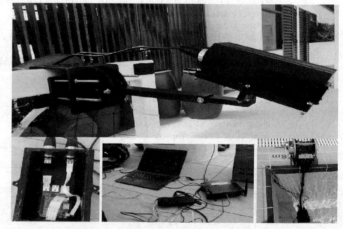

图 7.74　完成原型的测试设置照片

主程序保存在 apps/videofacerec 中。要运行该程序，请通过 python videofacerec.py - t database location 命令运行 Python 文件 videofacerec. py。在图 7.76 所示的 GUI 窗口中单击 Start 按钮后，系统将从摄像机启动实时视频并开始检测面部。

该软件已在多种光照情况下，使用包含不同人的多个面部图像的数据库进行了测试。使用 Haar 级联分类器进行的面部检测在良好的光照条件下距离可达 5m，在弱光条件下距离可达 3m，具有良好的精度。一旦距离超过限制，精度就会降低。面部识别效果取决于光照和数据库中图像的数量。结果的准确性随着图像的增多而增加。最初的测试是使用数据库中的 25 幅图像（识别率很低）完成的。为了克服这种情况，使用了在不同光照条件下拍摄的 200 幅面部图像的系统。分类器接受了 750 幅关于性别检测的图像的训练，其中包括彩色图像（RGB）和灰度图（B/W）。彩色图像的大小为 140×140，灰度图的大小为 64×48。性别检测对计算的要求很高。当使用面部识别和性别识别进行测试时，树莓派表现出明显的滞后性。900MHz 的 GPU 和 1GB 的 RAM 不足以支持该程序。视频的图像分辨率降低了。该系统在不同的光照条件和不同的背景情况下进行了测试。每个测试重复 10 次，每个功能的结果都列在表中，如图 7.77 所示。

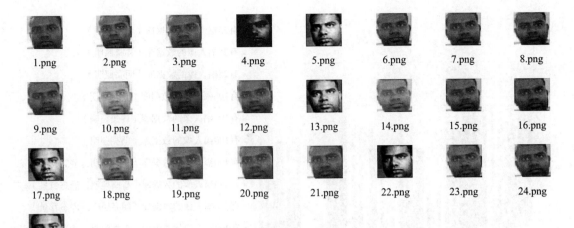

1.png	2.png	3.png	4.png	5.png	6.png	7.png	8.png
9.png	10.png	11.png	12.png	13.png	14.png	15.png	16.png
17.png	18.png	19.png	20.png	21.png	22.png	23.png	24.png
25.png							

图 7.75　面部数据库的例子

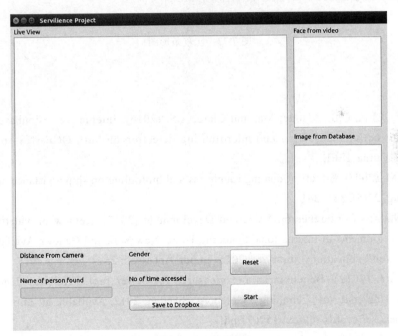

图 7.76　GUI 应用

　　系统的性能随着数据库中图像数量的增加而提高。但是，数据库的大小将影响硬件性能并开始显示延迟。面部检测和距离估计在测试中显示出良好的结果。面部识别和性别检测需要较高的处理能力。通过使用更多图像训练分类器，可以提高性别检测和身份识别的准确性。该系统旨在增强海上工业系统的安全性和监视能力，以进行人体运动检测和识别。通过实验，该系统能够处理不同的环境情况，以检测运动并估计各种光照条件下的距离。

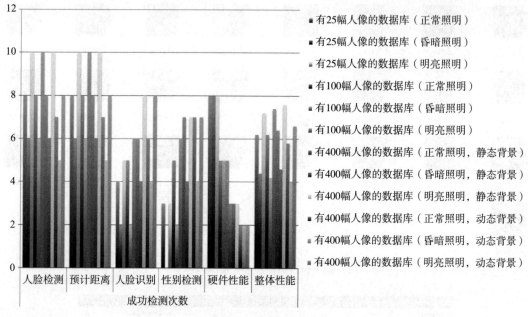

图例：
- 有25幅人像的数据库（正常照明）
- 有25幅人像的数据库（昏暗照明）
- 有25幅人像的数据库（明亮照明）
- 有100幅人像的数据库（正常照明）
- 有100幅人像的数据库（昏暗照明）
- 有100幅人像的数据库（明亮照明）
- 有400幅人像的数据库（正常照明，静态背景）
- 有400幅人像的数据库（昏暗照明，静态背景）
- 有400幅人像的数据库（明亮照明，静态背景）
- 有400幅人像的数据库（正常照明，动态背景）
- 有400幅人像的数据库（昏暗照明，动态背景）
- 有400幅人像的数据库（明亮照明，动态背景）

横轴类别：人脸检测　预计距离　人脸识别　性别检测　硬件性能　整体性能

成功检测次数

图 7.77　比较条形图

参考文献

[1] Guo, J.Y., Chin, C.S., Maode, Ma, and Clare, A.S. (2016). Interactive visionbased intelligent system for active macfouling and microfouling detection on hull. OCEANS 16 MTS/IEEE, Shanghai, China: IEEE.

[2] Schultz, M. (2007). Effects of coating roughness and biofouling on ship resistance and powering. Biofouling, 23(5), 331–341.

[3] United Nations Conference on Trade and Development (2015). Review of maritime transport 2015: Developments in International Seaborne Trade. New York and Geneva, Available at: http:// unctad.org/en/PublicationsLibrary/rmt2015_en.pdf. Accessed: 25 November 2015.

[4] Wigforss, J. (2012). Benchmarks and measures for better fuel efficiency. Undergraduate, Chalmers University of Technology, Goteborg, Sweden, 2012. Available at: http://publications. lib.chalmers.se/records/fulltext/159671.pdf

[5] Floerl, O., Inglis, G., and Hayden, B. (2005). A risk-based predictive tool to prevent accidental introductions of nonindigenous marine species. Environmental Management, 35(6), 765–778.

[6] Millett, J. and Anderson, C.D. (1997). Fighting fast ferry fouling. Fast '97. Conference Papers. Australia, 1, 493–495.

[7] Ismail, S.B., Salleh, Z., Yusop, M.Y.M., and Fakhruradzi, F.H. (2013). Monitoring of barnacle growth on the underwater hull of an FRP boat using image processing. Procedia Computer Science, 23, 146–151.

［8］ Goh, J.Y. (2015). Intelligent surveillance system for hull fouling. Undergraduate, University of Newcastle upon Tyne, UK.

［9］ Krishnamoorthy, P., Chin, C.S., Gao, Z., and Lin, W. (2015). A multi-hop microprocessor based prototype system for remote vibration and image monitoring of underwater offshore platform. IEEE 7th International Conference on Cybernetics and Intelligent Systems (CIS) and RAM, pp. 268–275.

［10］ Qianjin, Y. and Xiangjun, B. (2000). Ice-induced jacket structure vibrations in Bohai sea. Journal of Cold Regions Engineering, 14(2), June. Available at: https://ascelibrary.org/doi/pdf/10.1061/%28ASCE%290887-381X%282000%2914%3A2%2881%29.

［11］ Wang, S-Q and Li, N. (2013). Semi-active vibration control for offshore platforms based on LQG method. Journal of Marine Science and Technology, 21(5), 562–568.

［12］ Villanyeva, H., Antonio, Molina, V., and Oscar, L. (1996). Vibration measurement in offshore structure, 11th World Conference on Earthquake Engineering, Paper no. 1667, 1–6, ACAPULCO, MEXICO.

［13］ Mijarez, R., Gaydecki, P., and Burdekin, M. (2003). Continuous monitoring chirp encoded ultrasound sensor for flood detection of oil rig leg cross beams. Proceedings Sensors and Their Applications XII, IOP Publishing Ltd, pp. 545–550.

［14］ Ortiz, A., Simó, M., and Oliver, G. (2002). A vision system for an underwater cable tracker. Machine Vision and Applications, 13(3), 129–140.

［15］ Sheikholeslami, A., Ghaderi, M., Pishro-Nik, H., and Goeckel, D. (2014). Jamming-aware minimum energy routing in wireless networks. 2014 IEEE International Conference on Communications (ICC), pp. 2313–2318.

［16］ Chin, C., Lau, M., Low, E., and Seet, G. (2008). Robust and decoupled cascaded control system of underwater robotic vehicle for stabilization and pipeline tracking. Proceedings of the Institution of Mechanical Engineers, Part I: Journal of Systems and Control Engineering, 222(4), 261–278.

［17］ Chin, C.S., Lau, M.W.S., and Low, E. (2011). Supervisory cascaded controller design: Experiment test on a remotely operated vehicle. Proceedings of the Institution of Mechanical Engineers, Part C: Journal of Mechanical Engineering Science, 225(3), 584–603.

［18］ Chin, C. and Lau, M.W.S. (2012). Modeling and testing of hydrodynamic damping model for a complex-shaped remotely-operated vehicle for control. Journal of Marine Science and Application, 11(2), 150–163.

［19］ Sadat, A. and Karmakar, G. (2010). Optimal reliable and energy-aware intercluster communication in wireless sensor networks, 16th Asia-Pacific Conference on Communications, 2010, pp. 194–199.

［20］ Qiu, F. and Xue, Y. (2014). Robust joint congestion control and scheduling for time-varying multi-hop wireless networks with feedback delay. IEEE Transactions on Wireless

Communications, 13(9), 5211–5222.

[21] Ojala, T., Pietikäinen, M., and Mäenpää, T. (2002). Multiresolution gray-scale and rotation invariant texture classification with local binary patterns. IEEE Transactions on Pattern Analysis and Machine Intelligence, 24(7), 971–987.

[22] Viola, P. and Jones, M. (2001). Computer vision and pattern recognition, 2001. CVPR 2001. Proceedings of the 2001 IEEE Computer Society Conference on IEEE, Salt Lake City, Utah.

[23] Belhumeur, P.N., Hespanha, J.P., and Kriegman, D.J. (1997). Eigenfaces vs. fisherfaces: Recognition using class specific linear projection. IEEE Transactions on Pattern Analysis and Machine Intelligence, 19(7), 711–720.

[24] Jaiswal, S. (2011). Comparison between face recognition algorithm–eigenfaces, fisherfaces and elastic bunch graph matching. Journal of Global Research in Computer Science, 2(7), 187–193.